建筑理论与创作丛书

体育建筑创作新发展

李玲玲　主编　杨凌　副主编

中国建筑工业出版社

目录
CONTENTS

主题论文

Theme Thesis

21 世纪我国体育建筑发展趋势

Trends of the Development of the Sports Architecture in China in 21 Century

■ 李玲玲　陆诗亮　罗鹏　张向宁　■ Li Lingling　Lu Shiliang　Luo Peng　Zhang Xiangning

[摘　要] 本文从体育建筑内涵的拓展、本体的嬗变、创作的革命三方面对新世纪我国体育建筑发展趋势进行研究。
[关键词] 体育建筑　创作观念　发展趋势　设计模式

[Abstract] This paper researched the new trends of the sports architecture's development in our country from three aspects, such as extension of connotation, evolution of identity and revolution of creation.
[Keywords] Sports architecture, Design concept, Development trend, Design mode

纵观我国体育建筑 60 余载的发展历程，三次创作高潮清晰呈现：20 世纪 50 ~ 60 年代的从无到有、80 年代末 ~ 90 年代初的初见繁荣，2000 年后以奥运建筑为代表的新一轮高峰。三个时期的创作各具特色，尤以 2000 年后最为突出——质量提高，数量增多，新理念、新手法层出不穷。面对体育建筑创作现状，业界褒贬不一，因此从理论与实践角度对 21 世纪我国体育建筑的发展趋势进行理性梳理尤为重要。

一、内涵的拓展

1. 从狭义走向广义

体育建筑能够体现一个国家的经济实力和设计、建造水平，与其经济发展、人民生活密切相关。我国体育建筑在经历了从无到有、从少到多的量变之后，发生了巨大的质变。随着基于计划经济的体育事业发展到基于市场经济的体育产业，体育建筑已从单纯承载竞技体育发展到服务全民健身，由单一的比赛场馆发展到包含比赛、商业、健身等多功能的体育综合体。

从体育事业到体育产业——改革开放和市场经济是体育向产业化发展的催化剂，体育产业化实现了经济效益和社会效益的相互促进，能够保证体育建筑健康、长久的发展。场馆设施是发展体育产业的硬件基础，其设计也愈发关注体育社会化、产业化的发展方向。

从竞技体育到全民健身——全民健身是世界体育的发展趋向，发达国家早在 20 世纪 70 年代就已倡导并推行了这一理念。我国政府于 1995 年制定并颁布了到 2010 年分三个阶段实施的《全民健身计划纲要》，其中提出，为了满足全民健身的需求，在发展竞技体育的同时，要关注全民健身场所的设计。

从体育建筑到体育综合体——随着现代体育建筑功能的不断拓展，体育建筑从传统的专业性、单一化的功能组成向复杂的建筑综合体发展。以体育功能为核心，包含娱乐、餐饮、展览、商业等一系列相互配套、彼此关联的功能集群的建筑综合体，更注重功能组成的多元、系统以及空间组合的复合、弹性。

2. 从建筑走向城市

以 2008 年北京奥运会的筹办为契机，体育建筑创作及后奥运时代体育场馆的规划成为我国建筑界的热点。国际上体育建筑设计研究已从单体拓展至城市范畴，体育场馆作为城市公共空间的重要组成部分，在城市功能和城市生活中扮演着重要角色。

城市空间结构的节点——随着当代中国高速的城市开发与更新，体育场馆已突破了建筑本体的单纯含义。大型体育场馆因其复合功能、巨大体量和独特形象，往往成为城市空间和景观的重要节点，在城市中形成集聚中心，甚至地标。

城市开发建设的“触媒”——在当代城市建设活动中，体育建筑往往作为新区开发的启动项目，即“触媒”。它对塑造城市新形象、激发城市新发展具有积极的促进作用，并在一定程度上促成城市开发的联动效应。

城市发展战略的“大事件”——大型体育赛事等“大事件”会对主办城市的发展产生深远的影响。体育场馆作为承载这类“大事件”的物质载体，其建设本身就是一个“大事件”。以举办大型赛事为契机的场馆建设在城市的招商引资、解决就业、改善环境等方面有巨大的推动作用，能够增强城市综合实力，推动城市发展。因此“事件性”大型体育设施的建设运作往往与城市整体发展战略相结合，并成为其中重要组成部分。

二、本体的嬗变

作为体育活动发生的空间载体，体育建筑随着时代的发展，规模逐渐增大，功能日趋复杂，技术应用更加多元，形态表现更为多样。

1. 复合功能拓展

伴随着当代中国经济的飞速发展、人民生活水平的大幅提高，以及社会生产和生活方式的不断进步，体育建筑的功能也随之不断演进，新的场馆类型、功能结构层出不穷。

从单一走向多元——首先场馆类型已由传统的“老三样”（一场两馆）向多元化发展，专业足球比赛场、网球场、F1 赛车场等体育场馆（地）的建设，极大地满足了城市居民丰富文体生活的要求；其次场馆的功能层次也得到进一步拓展，一方面设施的建设水平不断提高，可举办诸如奥运会、亚运会、NBA 等国际体育赛事的现代化大型体育场馆日渐增多，另一方面随着全民健身运动的不断深化，学校体育设施、社区体育设施、全民健身馆、体育公园等群众性休闲健身设施发展迅速。

从孤立走向系统——随着功能类型及层次日趋丰富，我国体育建筑的功能结构也在发生转变。传统体育设施“单打独斗”式的建设及使用模式已不能适应社会发展的需求，当今大到区域性体育设施网络专项规划，小到单个场馆建筑设计，基于资源整合的目标，均应进行系统化、网络化的整体设计，变个体为群体，变要素为系统，实现群体效应的最大化。这已成为体育建筑功能结构的发展趋势。

从静态封闭走向动态开放——体育建筑的设计寿命一般都在五六十年，甚至上百年，功能周期却往往较短，二者的不匹配衍生出很多管理和使用上的问题。当代体育建筑也因此由以往静态、单一的功能目标向动态、多元转化，由封闭的体育竞技领域向开放的体育产业、群众体育领域转化，其建设也更加关注场馆的赛后利用及全寿命周期的综合效益。弹性设计策略与复合化的空间结构优化设计手段，将催生当代体育建筑的新范式。

2. 综合技术的探索

技术已经成为现代建筑设计的核心问题。与当今建筑学发展一致，大型体育场馆建筑设计的未来必然会向包括建筑学、城市规划、土木工程学、城市经济学、城市生态学、智能控制技术、环境生态技术等多学科、多领域技术多元结合的趋向发展。结构在体育建筑中主导地位的逐渐减弱，促使体育建筑创作开始从技术多元的视角不断进行新的探索。

技术多元创新——体育建筑中的技术创新首先突出表现为创造新结构技术，每一次技术突破都会引发建筑空间和形态的巨变，但从空间结构的发展历史来看，这种创新在当代已非常艰难。因此结构创新不再仅仅意味着新结构的创新，更多是对已有结构形式进行重组，即对结构的形成方式进行探索。另外，材料技术的发展对体育建筑创作的影响巨大，ETFE 与聚碳酸酯等轻质材料、纳米材料、绿色环保材料的不断出新，为体育建筑创作引入新的生机。伴随着全球可持续发展与生态技术、智能技术、被动节能技术、移动技术的日臻成熟，多元技术有机组合的发展态势已然形成。但我们应看到，我国体育建筑要想发展，单靠引入国际前沿的建筑技术是不够的，贯彻自主创新的思想，培养本土化人才，实现技术集成，在实践中寻找技术创新的突破口才最为关键。

建构技术合作平台——体育建筑技术是一种系统化、可重复和易交流的经验有机组合体。从设计角度看需要多专业分工合作，建筑师要具备水、暖、电、体育工艺等多专业知识，并与相关专业合作，在技术层面建构建筑、城市规划、土木工程、经济、生态、智能控制技术、环境生态技术等多元技术合作平台，相关专业人员要全程介入建筑设计。另外，当前正处于信息化、数字化时代，计算机运算技术和建筑设计软件交互性界面的发展普及对技术的推动正日益显著，在实际工程中不仅成为表述复杂性设计的技术工具，而且有助于优化设计工作流程。

走适宜技术道路——在西方国家的建筑学术和实践领域，理论与技术的发展一直水乳交融、相互促进。而在我国的体育建筑实践中，经济杠杆的决定力仍至关重要，技术创新相对较少，技术、技能缺乏突破使得设计单位往往陷入重复工作中。此种“形而上”的做法固然与中国的传统设计思维有关，但走适宜技术道路的策略多少体现了国人在当前发展环境下的设计智慧。快速的发展和建设似乎使我们无暇探索和应用更多的高端技术，所以从这个角度来看，要发展就要重视技术应用的经济性，不盲目追求高技或低技，而是注重技术的合理性，这就是我国走适宜技术路线的发展策略。

3. 有机形态塑造

体育比赛的竞技性、观赏性和参与性使得体育建筑具有鲜明的个性、优美的形态和深邃的内涵。当代体育建筑不再是单纯的体育竞技的“装置”，逐渐演变成为集社会、技术、人文于一体的综合关联，一系列符合新科技、新观念的建筑形态正不断涌现，呈现出复杂化、整体化、表皮化的发展趋势。

复杂化——在复杂性科学的影响与推动下，当代体育建筑的创作开始崇尚偶然、混沌及短暂的复杂化审美倾向，关注由固化的秩序、绝对的理性转向动态的复杂性演绎，从整体性、适应性的角度对体育建筑的本质进行全方位探索。以复杂性科学为范式的建筑理念使体育建筑空间的流动性、界面的拓扑性、形态的表现力得到了充分拓展，这是依靠传统方式塑造的形态所不具备的属性，是对世界广义复杂性更为深入与理想的表达方式。当代体育建筑形态流变的混沌与复杂性特征正是全面渗透的复杂性科学的映射，表现为形态内容的多义性、形态生成的多元性，以此将人们的视线从机械、呆板、静态的建筑形态中释放出来，投入到自由、灵动、动态且与自然更接近的形态体系之中。

整体化——当代工程技术的发展，将结构体系还原为整体性受力的趋势在当今一些大型和高度复杂的体育建筑设计中越来越受到重视。体育建筑形态的整体化趋势追随一种总体的综合性途径，探索基于内部空间动力学的形态建构规则来寻找控制全局的内在逻辑。这样的原则是把复杂的体育建筑综合体看成一个完整的个体，这与缺乏整体控制的堆砌或拼合构成建筑形态的方法有所不同。此外，形体拓扑化这一新的形态理论和生成机制对体育建筑的整体性建构具有重要的作用。拓扑学把物体看作是可以通过连续变形而改变形态的塑性体，并避免了切割和断裂。建筑师据此研究体育建筑形态所蕴含的拓扑性质，用来阐明建筑的体量、表皮、路径与空间中的拓扑结构，使得传统体育建筑的形态等级变得模糊，各形态元素之间的互相依赖得到了加强。

表皮化——在当代技术美学的影响下，体育建筑表皮获得前所未有的内在动力而觉醒，渐渐取代了实体成为形态的主角，更多地具有信息传达的媒介和社会意义的载体等特征。渗透到建筑本体的信息技术使建筑师获得了前所未有的自由，能够创造出不受重力、功能和结构制约的表皮，以此去诠释信息技术的审美语汇。除了鲜明的技术特征外，结构化表皮改变了传统体育建筑结构与外围护之间的关系，两者不再是简单的内外关系，而是由格构和填充共同构成建筑的复合表皮。这样的表面既是视觉性的又是物理性的，既是结构支撑系统又是表面围护系统，模糊了表皮、结构之间的界限。从结构主导到表皮外显的转换反映了体育建筑的唯美时尚，并展现出材料自身的魅力。

三、创作方法的革命

基于当代建筑创作领域发生的深刻变革，学科之间的综合与渗透引发了建筑设计工作程序和手段的如下变化。

1. 从分离到整合的设计模式

横向上：整合研究型设计——即整合多个学科的知识，并将之体现于最终的建筑设计或建筑概念的发展中，同时以建筑作为引发研究的诱因，反过来促进科学研究的有的放矢。整合设计要求相关学科的设计参与者全程介入，建筑师具备统筹的领导能力。走整合研究型设计道路将有助于快速提高中国建筑师的创作水平。

纵向上：从策划到运营——这是复杂而完整的系统工程，缺失任意环节，设计质量、建成效果和使用发展都要受到影响。当前我国建筑设计过程中的环节缺失主要在于程序缺失和角色缺失两个方面。前者表现为缺少建筑立项后与设计前的策划工作以及建筑建成使用过程中的评价反馈机制，往往导致设计与使用脱节；后者表现为建筑师没有全程介入从策划到运营的全过程，或缺少相关必要部门和人员的参与，比如缺少开发运营相关人员的参与，场馆赛后经营管理效益不佳的案例屡见不鲜。因此，完善设计程序、健全组织机构、丰富参与角色，对于体育建筑的设计与建设十分必要。

2. 从传统到虚拟的设计手段

从传统设计到数字设计——数字技术已经广泛地渗透到当代体育建筑创作的各个领域，其应用已经从最早的计算机辅助设计跃迁到模拟人工智能的基于算法的参数化设计。计算机已不仅仅是验证复杂设计的工具或是帮助结构计算的技巧，而演变成一种设计的媒介。参数化设计是一种开放的、并行的和动态的设计体系和研究方法，它吸收众多学科的知识理念，将数字技术手段用于设计的形成和建造，从而使体育建筑的创作从一种命令式的预知设计转变成为一种结构、材料和性能等自我呈现的过程。参数化设计帮助建筑师从更广泛的意义上理解建筑与结构契合的内在原理，避免了建筑师从表面现象出发的主观趣味对建筑形态的控制，体育建筑更为自由的形态逐渐从以往基于感性的艺术塑造转变为基于理性的形态生成，还建筑以其自身的逻辑。

从数字模拟到数字建造——当今时代，数字技术已不仅仅局限于虚拟空间中对造型的推敲和设计效果的再现，而是参与到建筑建造的各个环节，越来越多的建筑师和工程师开始使用计算机的非物质逻辑去解决实际建造的物质问题。建筑师可以依靠计算机强大的运算能力处理体育建筑设计中各种综合性的复杂问题，包括分析影响参数、图解因素分析、生成建筑形体、选择多样结果、控制数字机床、制造建筑构件、指导建筑施工等。在整个建造过程中，三维模型和数据信息已经逐渐取代了传统的图纸和手工模型，成为建筑、结构、机械、暖通等各个专业交流的平台。得益于参数化设计的精准与无限创造的可能，建筑师在创作过程中的主体地位得到了提升，使得体育建筑的形态不再受制于线性时代欧式几何体系下的机械与呆板，源于世界更广义复杂性的建筑形态得以从定性到定量，进而得以建造。

参考文献

1 李玲玲. 大空间公共建筑发展研究 [D]. 哈尔滨工业大学建筑学院，2006.

2 陆诗亮. 体育场馆建筑创作与建筑技术 [D]. 哈尔滨工业大学建筑学院，2006.

3 罗鹏. 大型体育场馆动态适应性设计研究 [D]. 哈尔滨工业大学建筑学院，2006.

4 张向宁. 当代复杂性建筑形态设计研究 [D]. 哈尔滨工业大学建筑学院，2006.

李玲玲　哈尔滨工业大学建筑学院（哈尔滨 · 150006）
陆诗亮　哈尔滨工业大学建筑学院（哈尔滨 · 150006）
罗　鹏　哈尔滨工业大学建筑学院（哈尔滨 · 150006）
张向宁　哈尔滨工业大学建筑设计研究院（哈尔滨 · 150090）

体育建筑设计的理性原则

The Rational Principle for the Sports Architecture Design

国家自然科学基金项目（50678069）

■ 孙一民　汪奋强　■ Sun Yimin　Wang Fenqiang

[摘　要] 本文分析总结了近期体育建筑设计的种种问题，通过对北京奥运摔跤馆设计理念的剖析，从基于城市和可持续的设计理念出发，试图归纳出体育建筑设计的理性原则。

[关键词] 体育建筑　理性原则　可持续发展

[Abstract] This paper summarizes the recent problems of architectural design about sports architecture, by the example of the Wrestling Competition Hall for Beijing Olympic Games 2008, from the ideas of urban design and sustainable design, trying to sum up the rational principles for sports architecture design.

[Keywords] Sports architecture, Rational principle, Sustainable development

以建筑功能类型为基础的设计研究似乎已是久远的事了，作为大型工程设计项目，体育建筑技术复杂、项目含金量高，越来越受到设计单位的重视，但作为最复杂的建筑类型之一，其相关研究却没有赢得应有的地位。体育建筑曾经作为现代社会技术进步的代表，伴随现代建筑的发展，尽显华芳。时至今日，当体育建设日益贴近市民生活，已被冷落多时的体育建筑研究突然变得迫切了。

长期以来，我国的体育事业由国家兴办，体制单一，制约了城市体育设施的发展。随着体育体制向社会化方向的逐步转变，体育产业化的趋势日趋明显。然而，限于学科分类，体育院校无法对体育建筑进行深入研究；建筑和城市规划学科也没有从根本上予以重视；设计单位发表的论文又多限于以工程实践总结为主的评论与分析；设计师思想被动，研究范围狭小，缺乏深度与广度——上述现状导致体育设施建设中存在的普遍问题是：不了解体育工艺要求、决策主观，导致建成后使用不便，形成二次浪费；城市规划布局不尽合理，片面强调体育建筑的体量宏伟与标志性，与周围环境严重冲突，致使体育馆的建设与养护矛盾突出。另一方面，体育投入渠道正在多样化，运动、休闲、娱乐等多功能的体育设施不断涌现。全民健身运动的开展和体育产业化对体育设施提出了许多新的要求，客观上需要加强体育建筑研究，为丰富多样的体育活动提供高效灵活的设施。

新中国成立后，自20世纪50年代开始，体育建筑的研究得到不断深化与积累。1990年北京亚运会的所有场馆均由国内建筑师完成，并成功地举办了当时国内最重要的体育赛事。然而，进入21世纪，伴随着跃进式的建设速度和普遍的浮躁与急功近利，违背体育建筑基本规律的错误设计经常重复出现，体育建筑的相关研究明显滞后。

北京奥运会申办成功以及全运会的主办权改由各省市竞争申请，激发了各城市兴建体育设施的热情，全国各地体育设施建设蓬勃发展，兴建规模大、标准高、配套完善的竞技体育设施已成为各地的目标。然而由于缺乏科学研究，导致主观决策，忽略了体育建筑基本的功能要求，建筑设计盲目求新求变，不仅许多新的体育功能无法满足，一些过去的研究结论也得不到应有的重视。虽然建设成本日益升高，体育设施的灵活性、适应性却没有明显改观。2004年，在北京奥运主要设施已确定实施方案后，开展了长达半年的设施“瘦身”的讨论，这样前后颠倒的过程，突显体育建筑研究的缺失，证实了早期建设决策缺乏科学研究的支撑。北京奥运建设迎来了许多国际建筑师，然而国际著名体育建筑专业设计公司的方案却大多落选。完成“鸟巢”和“水立方”的境外公司，体育建筑的研究与设计经验积累少得可怜，却因体育建筑之外的设计构思中标项目。在如此情形下，这些建筑的建设“成就”就在于对其建造复杂性的高投入、高成本的成功解决，但对体育建筑科学研究的促进却十分有限。

作为大型公共建筑，体育建筑不仅功能复杂，更承载了许多社会责任，作为城市重大的公共投资项目，体育建筑的建设迫切需要回归科学研究、理性决策、符合逻辑的设计之路。进入后奥运时代，体育建筑需要面对和解决的科学问题依然很多。首先是对体育场馆的科学定位。国际上，公共体育场馆的建设主体是以国家和公营事业投资为主，民营投资参加的多是职业化商业运营较为成功的领域，如美国的棒球、橄榄球、篮球场馆和欧洲的足球场等。而我国，体育建筑建设与养护矛盾突出的主要原因在于定位混淆，存在前期公共投入控制不严、后续支持力度不够等问题。其次是我国体育场馆建设的盲目性。由于许多城市将大型体育场馆作为标志性工程建设，项目决策由主观肇始，建设初始缺乏科学论证，建筑标准定位不当，导致建设主体内容不准确、规模确定随意、项目策划不科学，重复

1

2

3

4

5

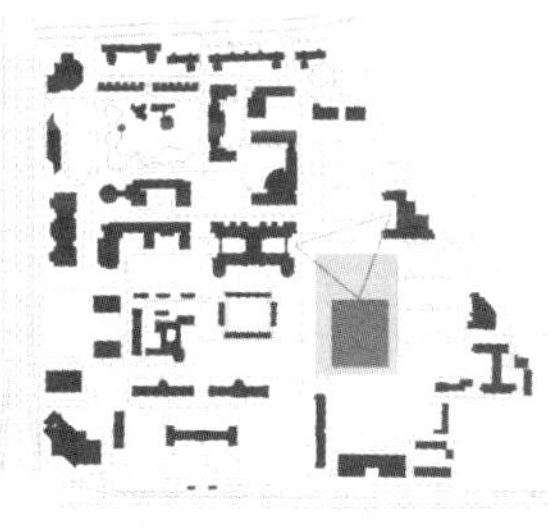
6

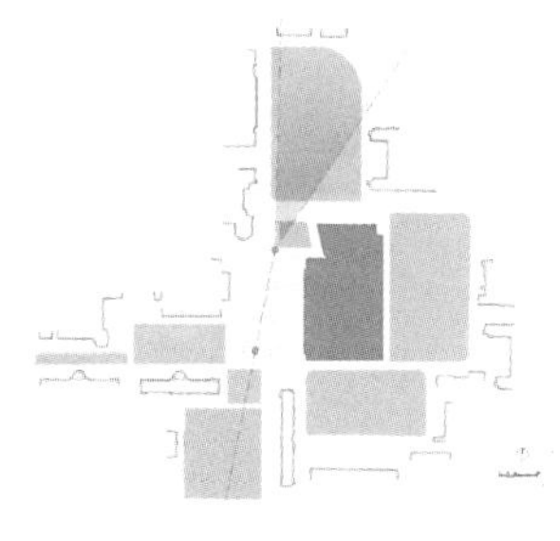
7

1 罗马小体育馆
2 东京代代木体育馆
3 美国克里夫兰体育中心总平面
4 美国克里夫兰体育中心
5 中国农业大学校园
6 总平面图底关系分析
7 开放空间界定示意

建设、恶性竞争严重。因此，科学决策的前提是全过程地关注体育场馆的建设，科学定位至关重要。同时需要特别注意的还包括提高场馆布局的科学性、加强策划与可行性研究的论证与分析。

从奥运会、亚运会到全运会、省运会，在各种运动会申办的推动下，国内城市体育设施建设的积极性不断高涨，但由于各级政府行政意志不断催化建设的标志性，体育建筑追求怪异的形态成为定式，助长了体育建筑设计的非理性趋势。体育建筑设计出现了广泛的异化现象：追求怪异的形态、浮华的表皮，导致造作的结构和重复、夸张的表皮构造，体育建筑设计标准不断提高，建设成本不断攀升。当体育建筑的评价标准已建立在美丽、虚无的故事和无病呻吟的惆怅之上时，其创作必然热衷于浮华、夸张的表皮。花样翻新的表皮暴露出的却是对体育建筑基本设计原则的无视，体育建筑内在的灵活性和适应性，以及节能降耗、提高公共开放使用率的核心价值已被遗忘。本文在反思和重温体育建筑设计的理性原则的基础上，针对体育建筑特殊性提出以下几点与大家探讨。

一、基于城市的体育建筑设计理念

长期以来，体育建筑复杂的功能组织与大跨结构选型，是设计师首先面对的问题。“建筑设计从功能出发，建筑形式是内部功能的忠实反映”这一现代建筑运动提出的基本原则，曾经被奉为圭臬。回顾体育建筑的发展史，我们可以发现，在理性主义的设计理念之下，曾涌现众多的大师与杰作。奈尔维的罗马小体育馆、丹下健三的东京代代木体育馆都是发人深省的隽永之作（图1，图2）。

基于对狭隘功能主义的反思，国际上近20年来对体育设施的相关研究已扩大到城市设计研究的范畴。体育场馆建设不仅与大型体育赛事相关，而且与城市的更新改造相呼应，规划设计研究应尤其重视体育设施对城市的影响。在审慎的城市设计研究之后，一改以往坐落于郊区的庞然大物形象，越来越多的尺度亲切、配置合理的体育设施成为城市中有意义的公共活动场所。最为著名的实例是美国克里夫兰体育中心，其策划、选址与旧城复兴计划相关，甚至建筑体量的确定都遵从了城市设计的空间组织肌理（图 3，图 4）。1996 年亚特兰大奥运会主体育场，这座赛时被某些媒体认为形象不佳的体育场实际上却是预先进行了潜伏设计的，在赛后部分拆卸组合成为新的棒球场，建设投资全部由开发商承担。这样的建设决策反映了不可先入为主、以城市需要为目标的理性规划思想。

可以看出，现代体育建筑的设计早已突破以往局限于从内到外的单项思维。关注城市整体环境、城市生活需求，从理性、实际的城市设计分析入手，已成为体育建筑设计重要的理性原则。

北京奥运摔跤馆所处的中国农业大学是一座典型的 20 世纪 50 年代规划、修建的大学校园，逻辑严整的校园建筑布局、亲切的毛主席塑像留住了那些并非久远却在快速逝去的历史。其中独具一格的是校园内几栋老旧的砖混结构的教学建筑，虽然造型与 20 世纪 50 年代的教学建筑一样普通，材料也是质量一般的红砖，但建筑师将砖体按规律稍作嵌出，丰富了墙面质感。几栋主要教学建筑虽细节有所不同，但均采用了类似的手法，加上养护良好的树木绿化，顿时形成了独特的校园氛围（图 5）。

在如此独特的校园环境之下，我们对体育建筑的构思开始于对校园空间环境所进行的严谨的图底关系分析（图 6，图 7）。最终外在的逻辑分析确定了以矩形体量为主，尽量减少建筑高度的设计构思。结合内部功能分析，我们按照建筑的主次功能将游泳馆、热身馆与主馆空间分开处理。这样从外至内、内外兼顾的理性分析方法为摔跤馆设计的成功奠定了基础（图 8 ～图 10）。

8

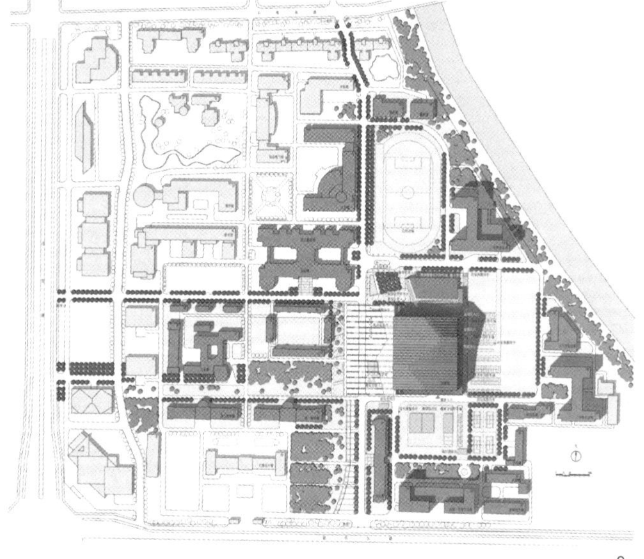

9

二、可持续的体育建筑设计策略探求

1. 节能、降耗、低成本

随着体育场馆的维护与运营受到越来越广泛的关注，“赛后运营”、“以馆养馆”甚至成为决策、管理和设计者的口头禅。然而我国的体育产业发展尚在初级阶段，体育职业联赛的社会基础薄弱，无法形成规模市场；文艺演出的市场同样不乐观，文化场所互相竞争，进入体育场馆的演出数量有限；商业、会展也同样面临专业场所的竞争。实事求是地说，目前我国的社会发展根本无法解决体育场馆真正意义上的商业运营和养馆问题。短时期内，政府补贴与支持仍将是体育场馆的主要经费来源，这一状况也决定了体育场馆应以公益服务为主的地位。另一方面，场馆使用费用多、维护成本高又客观上造成体育场馆公共服务的强度与质量下降。其中，由于建筑设计原因造成的建造与使用成本高的现象不断出现。探讨体育建筑的可持续设计策略已成为当务之急。

作为大空间公共建筑，体育场馆的采光与空调一直是运行成本

10

8 北京奥运摔跤馆以矩形体量为主，尽量减少建筑高度
9 北京奥运摔跤馆总平面
10 北京奥运摔跤馆

11

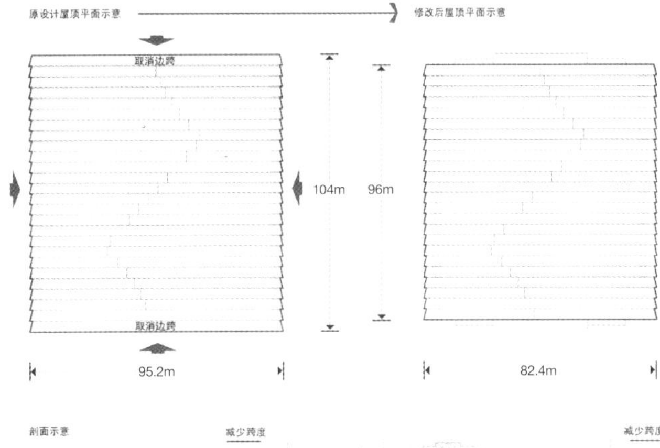

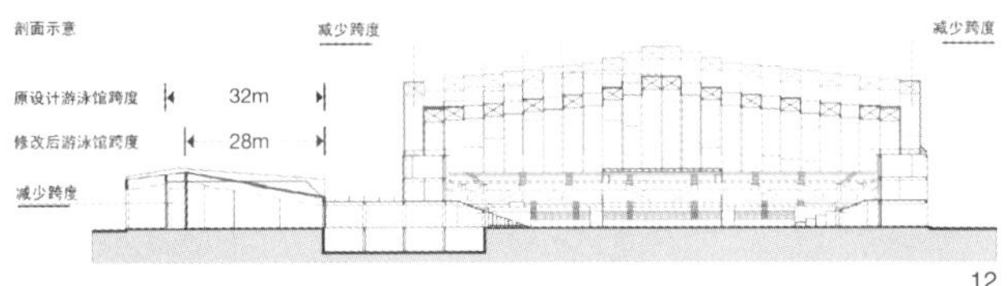

12

13

的大户。20 世纪 50 年代新中国兴建的第一批体育馆大多考虑了比赛大厅的天然采光，但由于设计、材料、工艺等原因，天窗大多封盖掉，没有起到应有的作用。天然采光的如此经历导致其后兴建的大批体育场馆成为黑盒子，如首都体育馆、上海体育馆以及 20 世纪 70 年代修建的许多省级场馆。20 世纪 80 年代开始，天窗采光重新得到部分设计师的应用，吉林冰球馆是当时采光面积较大的场馆。但时至今日，还有相当多的体育场馆无视这样的需求。

摔跤馆赛后将以学生使用为主，节能降耗、减少维护成本就成为确保体育场馆真正为学生服务的关键。我们经过努力，在设计中将自然采光、通风的可能性作为重要的原则来遵守，使建筑造型与自然通风、采光很好地结合起来。层层错开的屋面与外墙便于引入自然光，也便于利用主导风向组织通风（图 11）。

2. 精致、得体、适应性

建筑的理念与原则新颖多变，由于不加区别的主观代用，先入为主、只重外表的设计手法使体育建筑创作越来越多地陷入歧途。在将建筑创作退化为美丽叙事的气氛之下，表皮建筑泛滥正深刻影响着体育建筑的健康发展。忽略体育建筑的功能内涵，将体育建筑创作退化为“表皮 + 基本几何形体”的操作过程，导致雷同方案频繁出现。

多年来，我们在公共建筑设计，特别是大空间公共建筑上坚持的理性原则（如平面安排忌大空间重叠覆盖小空间、竖向空间安排忌讳小空间在大空间上面等在设计中必须遵守的基本原则），却被许多建筑师，特别是国外建筑师以创新的名义所抛弃，直接导致大空间公共建筑普遍存在跨度浪费、荷载分布畸形的弊端，也成为体育场馆造价不断上涨的根源。

体育建筑的主体空间构成是大跨度、大空间，虽只有 1 ~ 2 层，却不同于一般民用建筑，即高度超过 24m 也不属于高层建筑。因此，对建筑空间处理应遵守体育建筑设计的基本要求，对大跨度的“斤斤计较”和大空间的“量体裁衣”是应该始终坚持的设计理念，其重要性在体育投资不断增加的新时期具有特别意义。

摔跤馆独特造型的产生和优化并没有牺牲理性的设计原则，相反在优化过程中不断精致，不仅减少了空间体积，更丰富了建筑造型（图 12）。由于空间体积控制得当，摔跤馆节省了声学处理材料，无需作特殊的吸声处理，使用效果依然符合要求（图 13），同时设计注重空间的集约利用，在有限的体积内尽力完成最大灵活性的功能转换。赛后在体积不变、主馆仍然能够满足国际单项赛事举办要求的情况下，馆内还将出现一个供学生使用的标准游泳池（图 14）。

北京奥运羽毛球馆建于北京工业大学内，是唯一兴建于北京东南部的奥运场馆。羽毛球馆的招标要求主要包括三部分内容——10000 座主比赛馆、作为羽毛球训练基地的训练馆和赛时热身馆。在分析地形及功能使用后，我们确定三部分各成体量，以一大带两小为体量组合的基本策略。在国际竞赛的初评阶段，我们的方案与集中布置的方案共同入围。随后而来的奥运场馆优化、瘦身过程中，羽毛球馆规模首先进行了调整，从万人馆减少到 8000 座，训练中

11 北京奥运摔跤馆室内自然采光效果
12 北京奥运摔跤馆剖面、平面优化设计示意
13 北京奥运摔跤没有作特殊吸声处理，使用效果依然符合要求

心也被取消，由于我们的设计对 3 个体量进行了单独处理，每个体量的取消与缩减都相对容易实现。甚至在后期，规划变更，羽毛球馆的建设用地西移，用地规模减小时，设计都没有受到太大影响，原方案的创意一直得以保留。

3. 科学、合理、灵活性

体育建筑的功能配置包括了较为复杂的策划工作，科学合理的策划与配置需要长期的研究积累。在配置过程中，会面对许多使用要求的不确定性和发展需要，灵活适应性就成为基本原则。

本文仅就体育馆比赛场地的选型，特别是高校体育馆的场地选型提出笔者的观点。体育馆的比赛场地选型经历了一个发展变化的过程，一方面是由于篮球等运动项目本身的发展，另一方面也基于对体育场馆灵活适应性不断深入与发展的思考。20 世纪 50 年代开始，国内体育馆的场地主要以篮球场地为基准；在 70 年代后期，篮球场地在从 14m×26m 扩大到 15m×28m 的过程中，许多国内体育馆都进行了痛苦的改造；80 年代初，梅季魁教授在国内率先开展了对体育馆多功能场地的研究，提出（34 ~ 36）m×（44 ~ 46）m 的多功能场地类型，促进了场地选型的科学发展；2003 年由马国馨院士主持完成的我国第一部《体育建筑规范》则比较全面地综合了相关研究成果。

对于高校体育馆，由于兼顾比赛、教学及课余活动，场地的适应性尤为重要。1988 年，笔者在梅季魁先生的指导下，完成了关于高校体育馆的硕士论文，根据调研和分析提出 34m×50m 的高校体育馆场地选型方案[1]，并在 1990 年首次应用于哈尔滨工业大学体育馆的设计中（34m×54m）。

进入 21 世纪，国际体操比赛场地要求发生变化，40m×70m 的轮廓尺寸使大多数兴建于 20 世纪的体育馆无法满足国际体操比赛使用。2002 年，笔者提出以 40m×70m 或 48m×70m 作为场地选型的建议[2]。2002 年，我们在华中科技大学体育馆的设计中采用 40m×70m 的比赛场地，使其成为武汉第一个满足国际体操比赛要求的场馆。北京工业大学体育馆作为奥运羽毛球馆，场地的确定较为简单，但考虑到作为大学体育馆以及赛后多种利用的要求，我们以确保体育场馆最大的灵活性、适应性为原则，确定了 40m×70m 的比赛场地，以便在赛后满足包括国际体操在内的各种比赛要求。同为高校体育馆的奥运摔跤馆也采用了相同的场地选型。

羽毛球馆的场地尺寸能够适应不同比赛以及各种仪式活动，在赛后的教学及训练使用时，可布置 5 块排球场地或 10 块羽毛球场地或 25 块以上的乒乓球场地，以适应高校的多种使用要求（图 15 ~ 图 17）。

4. 简便、适宜、易建造

作为建筑物构成的重要组成部分，建筑结构和材料是不可或缺的营造手段。对于大空间公共建筑而言，大跨度结构技术尤其重要，往往成为结构技术创新的里程碑。建筑材料对体育建筑同样十分重要，新材料的出现赋予建筑创作不断更新的可能。然而，技术进步

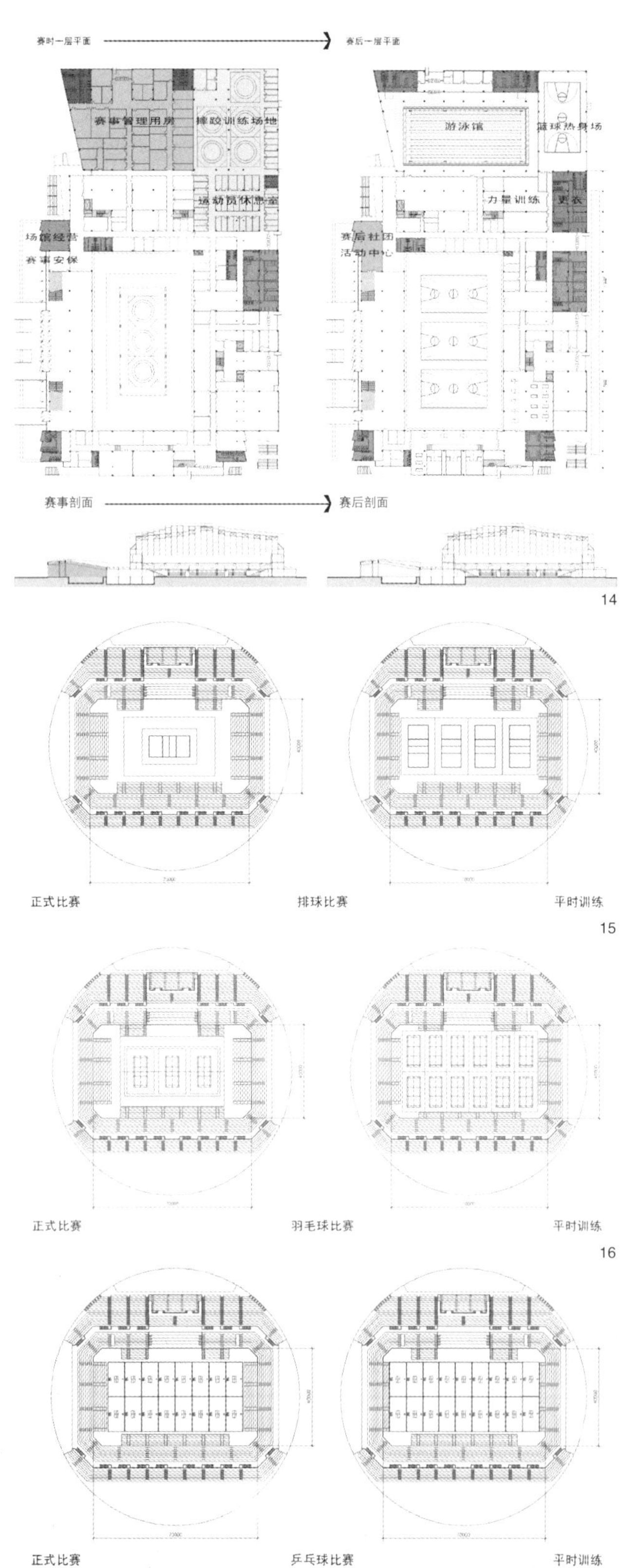

14 北京奥运摔跤馆赛时、赛后功能转换示意
15 北京奥运羽毛球馆排球比赛使用场地转换示意
16 北京奥运羽毛球馆羽毛球比赛使用场地转换示意
17 北京奥运羽毛球馆乒乓球比赛使用场地转换示意

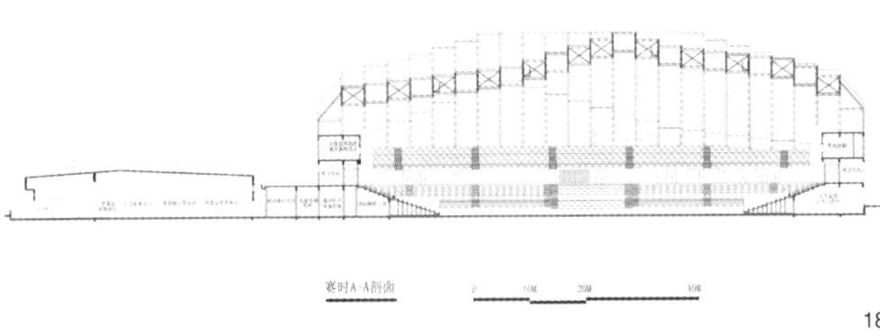
18

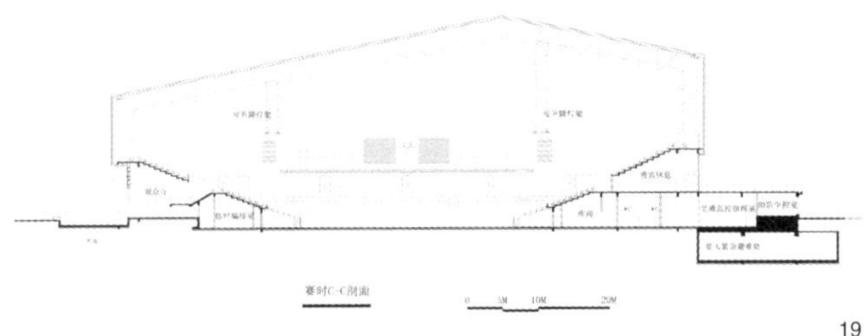
19

18 北京奥运羽毛球馆剖面（赛时）
19 北京奥运羽毛球馆剖面（赛时）

和材料更新的目的不是为了求异，而在于更好地服务于建造的本质目的——满足人的需求。

近年来，国内结构技术及材料的应用与国际接轨日渐迅速，新结构体系和材料的创造性运用也为中国设计师所掌握。然而对于体育建筑来说，应该引起注意的是，由于"表皮建筑"在体育建筑中的泛滥，许多设计为了在效果上先声夺人而将注意力集中于表皮材料的新奇，导致不符合国情、超标准、超常规材料的大量应用，体育建筑建造材料畸形使用情况普遍。更有甚者，将大跨建筑结构曲解为表皮元素的构成手段，结构设计先天缺陷明显，而用钢量等经济技术指标却节节攀升，导致体育建筑造价水涨船高。一些打着高科技旗号的材料，甚至造成体育建筑的维护成本大幅增加，成为"可持续的贻害"。

选用成熟的结构体系是设计师的基本素养与职业要求，普通材料的创新运用也是建筑师面临的挑战。体育建筑的赛后灵活使用要求存在着相当大的不确定性，屋盖在预留荷载与灵活悬吊方面对结构形式的选择具有制约性。摔跤馆没有追求结构技术的先进性，而是在满足采光和确保灵活使用上给予更多关注，采用技术成熟的门式钢架结构保证了较低的用钢量，使其成为北京奥运新建场馆中造价最低的场馆（图 18，图 19）。

结构选型是体育建筑创作的重要环节。合理的结构选型是优秀体育建筑产生的基础条件。同时我们也应该看到，结构技术只能是建筑表达的手段而不应成为建筑表达的目的。作为手段的选择，其灵活性和适应性十分重要，结构选型要针对技术要求、施工条件、工期要求、造价投资而具备多项选择，即在结构构思上要充分考虑其适应性。

以北京奥运羽毛球馆为例，根据场馆规模和奥运设计大纲的要求，我们确定以圆形为建筑基本体量，并努力营造飘逸轻盈的外观。结构选型则以积极配合建筑构思为目的。作为由高校投资建设的奥运场馆，造价控制极其严格，因此羽毛球馆方案在投标阶段即确定采用球网壳的结构形式。为了表达建筑构思，我们对力学性能良好的球网壳结构进行切割，形成流畅的曲线，不仅满足了建筑的功能要求，同时利用结构的灵活性创造出流畅的曲线造型。为了满足低视点的视觉效果，网壳在两端沿球面外延伸展，在网壳的边缘再加以曲线形的玻璃雨篷，更突出了结构本身的美感和韵律感。

在方案深化阶段，业主对结构技术的先进性加以特别强调，提出采用预应力钢结构的设想。由于我们的屋盖形式具有极强的适应性，这一要求完全可以应对。在符合建筑室内外空间形式原创构思的前提下，初步设计阶段我们提出了三种结构方案，并向业主提出了不同用钢量和经济指标的结构方案比选建议。最终在业主的坚持下完成的预应力张悬结构方案，使羽毛球馆屋盖结构成为 2008 年北京奥运场馆中最为先进的结构形式之一。但由于复杂性相应增加，工期有所延长，张悬结构本身对屋顶设备悬吊有所限制，灵活性受到制约。通过实践，我们认为结构技术的先进性、适用性与易建造性之间存在着辩证关系，不同场馆应该因地制宜地分析选用，强化适应性应该是基本的原则。

结语

展望未来，体育建筑的发展并不会随着奥运等大型体育盛会的结束而衰落。我国国民人均体育设施的缺乏是未来建设的驱动力，但面对建设与需求的矛盾，体育建筑突出科学发展，努力"去标志化"，改变形象工程的建设模式势在必行，可持续的科学发展是我国体育建筑的必由之路。

注释

①参见笔者在导师梅季魁先生指导下完成的硕士论文：孙一民．高校多功能厅堂设计研究．哈尔滨建筑工程学院，1988.

②参见笔者作为导师指导学生完成的硕士论文：李玲．体育馆多功能设计研究．华南理工大学，2002.

孙一民　华南理工大学建筑学院（广州·510641）
亚热带建筑科学国家重点实验室（广州·510641）
汪奋强　华南理工大学建筑学院（广州·510641）
亚热带建筑科学国家重点实验室（广州·510641）

当代体育建筑形态创作新趋势

New Trends of the Creation of Contemporary Sports Architecture's Form

■ 李玲玲　张向宁　■ Li Lingling　Zhang Xiangning

[摘　要] 本文研究了当代体育建筑形态创作的新趋势，并将其归纳为从单一走向复杂、从离散走向整体、从内隐走向外显、从结构走向表皮和从张力走向柔性等五个方面。

[关键词] 体育建筑　形态创作　创作趋势

[Abstract] This paper studies the new trends of the creation of contemporary sports architecture's form from five aspects, such as simple to complex, discrete to integral, implicit to explicit, structure to skin, tension to flexibility.

[Keywords] Sports architecture, Form's creation, Trends of creation

当今时代，科学技术的进步拓展了人们的视野，边缘性学科、横断性学科与综合性学科之间的渗透与融合，使得建筑学获得了混融性、多样性与开放性的发展契机。基于这样广阔的创作视阈，当代体育建筑的形态发生了深刻变革。回顾近年来世界范围内的体育建筑创作，我们可以看到一条清晰、有力的脉络，当代体育建筑从作为承载体育运动的功能性“容器”逐渐转变成为具有城市发展触媒、城市空间节点作用的鲜活有机结构，更是一个根植于多维技术合作平台、蕴涵着多义审美表征的复杂性综合关联。过去针对欧氏几何建筑形态的单一创作手段、审美原则已经不能适用于今日复杂多样的体育建筑。一系列符合新科技、新观念的建筑形态正不断涌现，表现出以下五个方面的发展趋势。

一、从简单走向复杂

随着体育建筑功能的嬗变，当代建筑师将其视为一个复杂的适应性系统，以此为基础为当前复杂的社会背景给体育建筑带来的各种问题寻找解决办法，体育建筑的形态语言开始倾向于基于复杂性科学思维的建构。对于那些热衷表现复杂韵律和自由形态的建筑师来说，以复杂性思维为基础的建筑理念是对自然关系更为深入的一种表达方式，它使体育建筑空间的流动性、界面的拓扑性、形态的表现力得到了充分的拓展，这是依靠传统方式绘制的形态所不具备的属性，是对世界广义复杂性更为深入与理想的表达方式，而以此为基点所塑造的建筑形态带给人们的不仅仅是富于韵律与变化的形式语汇，更使体育建筑的形态走向了更为高效与有机的综合（图 1，图 2）。同时这种“复杂”的建筑形态延续了有机建筑的脉络，从自然和生物形态中受到了启发，具有仿生、拟态等手法特征。这种趋势并不意味着建筑师“做作”般地将建筑形态复杂化，更非对非线性复杂现象的建筑图解与表面模拟，而是以一种历时与共时并存的复杂性科学思维来看待问题；它追求的是一种简单几何体所达不到的空间效果，是一种更为理性的人性化诗意建筑形态，通过对自然的拟态来达到与自然的和谐（图 3，图 4）。

二、从离散走向整体

体育建筑的形态虽然受限于结构，但如果结构不是离散、机械的，而是整体、有机的，那么建筑形态有变得更丰富的潜力。在自由形态的塑造中建立整体性，需要以新的方式来配置各种要素，当今富有创新精神的建筑师不再从简单的角度接受世界，而逐渐理解综合的逻辑。体育建筑的整体性表现所倡导的法则，对于单个体育建筑而言，是通过完整的界面组织、有机的要素整合，超越以往形态的堆砌与拼贴，形成由内而外的综合建构方式（图 5，图 6）；对于体育中心的群体建筑而言，是通过控制各单体建筑形态的内在逻辑，加强整体各组成部分之间的紧密关联，以流畅、视觉冲击力强的完整形象与群体效应彰显其个性，实现“同在一个屋檐下”的整体构思（图 7，图 8）。此外，拓扑化形变对体育建筑的整体性建构具有重要的作用，它在整体性框架之下将建筑看作可以通过连续形变而改变形态的塑性体，模糊了传统体育建筑形态体系的等级概念，各形态元素之间的关联性得到了加强。从更广泛的意义上讲拓扑化形变还是一种隐喻，一种对动态的形态和空间效果的追求，把建筑模式从静态的笛卡儿坐标体系扩展到动态的环境系统之中，使得体育建筑由以往单一的几何形态走向了更为整体的以环境参数和变量为主导的自由形态（图 9）。

三、从内隐走向外显

体育建筑不同的结构体系有其独特的形态特征，结构的表现力对于体育建筑形态创作来说是巨大的力量，充分挖掘结构形态自身的美学潜力，能够创造出条理清晰并极富表现力的建构体系。进入 21 世纪以后，科学的发展使建筑与结构的关系产生了新的变化，由专业分工造成的两个领域的生疏与隔阂正在逐渐弥合，体育建筑创作越来越关注结构在建筑形态塑造中的作用。技术的革命、材料的更新也带来了结构体系无法穷尽的演化。当代体育建筑的结构构件不仅作为承载形态与空间的基本要素，更多地从单一力学图式还原转变为具有艺术品格的独特构件，实现了从结构内隐到结构外显的转变。这样的转变并非单纯营造炫目的视觉效果，而是把探索建筑形式和推敲结构形式的工作整合起来，激发隐藏在建筑形体内部的丰富情感（图10）。同时，随着环境要素在体育建筑创作中地位的突显，建筑师在尊重结构技术的合理性与逻辑性的同时，逐渐转变以往冷漠、孤立的城市观念和环境观念，从结构表现的自我欣赏走向结构与自然环境、历史文脉的高度融合，将建筑的生态环境、经济效益与创新的结构形式进行更为有机的结合（图11）。

四、从结构走向表皮

在当代审美与技术背景下，体育建筑的结构因获得前所未有的内在动力而觉醒，不再仅仅作为支撑体系，并突破了传统意义上作为功能空间的围护和限定的概念，渐渐取代实体成为形态的主角，产生了结构表皮化的趋势。结构表皮化的处理方式融结构支撑系统与表面围护系统于一体，改变了体育建筑结构与外围护之间对立、割裂的关系，意在将体育建筑庞大体量所带来的纪念性意义消解，展现其唯美的时尚（图12）。此外，随着体育运动从竞技体育走向全民体育，当代体育建筑进入了以体验为中心、观众为权威的新时期，通过参与性、过程性、偶发性搭建起与公众进行文化交流与思想碰撞的平台。体育建筑的形态特质以强调人的愉悦体验而成为新的审美价值取向。体育建筑的表皮更多地具有信息传达的媒介和社会意义的载体等特征（图13，图14）。同时，在当代体育建筑的形态创作中，对建筑表皮的研究增加了对新材料与新技术的探索，建筑师越来越多地使用非传统的几何图形来组织复杂的建筑形态体系。他们通过发散的节点将建筑连接成一个动态的、复杂的空间网络，形成了具有多维视觉效果的立面体系，使得这类表面成为有着类似于细胞、晶体状的复合表皮（图15，图16）。

五、从张力走向柔性

体育建筑是承载体育运动的基本物质形态，而渗透其中的体育运动精神以及相关的艺术形式和社会文化心理共同构成了其复合的精神属性。以往时代，运动与力量是体育建筑所要诠释的永恒主题，而以此为特质的建筑形态总是体现出一种"震慑"的张力。时代的发展，自然、人文等因素赋予体育建筑更为广泛的多义性，具有柔性特质的建筑形态开始取代以往的硬边几何逻辑，这种反叛"强形体"和"单一几何形体"的"软化"特征，表现为形体向多维、塑形、无定形的方向发展（图17）。柔性的体育建筑形态所强调的是"流动、黏性"的形体特质，其产生的形变更为灵活与连续。这样，建筑师能够合理地采用复杂的形变系统，创造出适应不同文脉、功能、结构的形态体系（图18～图21）。柔性暗示着形态的演变过程和

1

2

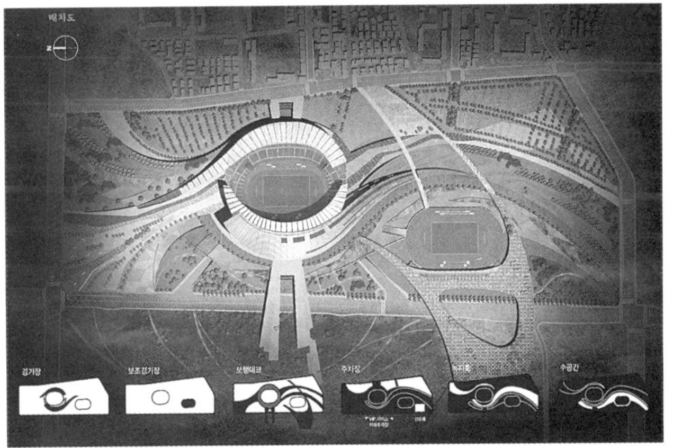

3

4

1 大连实德体育场鸟瞰图 http://www.bustler.net
2 大连实德体育场内部 http://www.bustler.net
3 仁川亚运会主体育场总平面图 http://www.bustler.net
4 仁川亚运会主体育场鸟瞰图 http://www.bustler.net

5

6

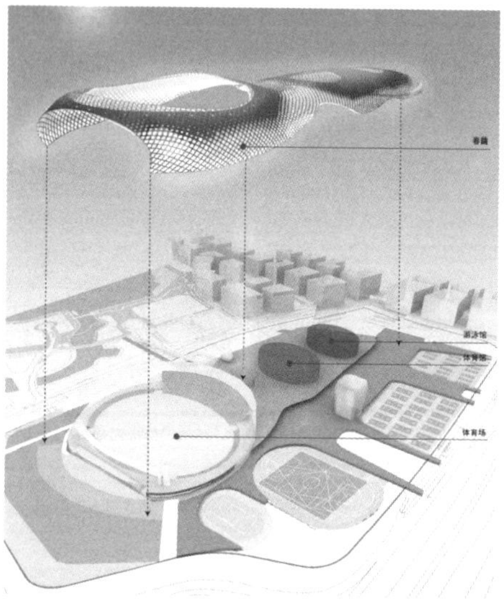

7

8

9

10

11

12

5 伦敦奥运会主体育场结构体系 http://www.worldarchitecturenews.com
6 伦敦奥运会主体育场鸟瞰图 http://www.worldarchitecturenews.com
7 深圳湾体育中心分析图 http://www.szns.gov.cn
8 深圳湾体育中心鸟瞰图 http://www.szns.gov.cn
9 广州亚运会体育馆透视图 http://www.building.hk
10 雅典奥运会主体育场透视图 http://www.flickr.com/
11 济南奥体中心透视图 http://okok.org
12 国家体育场（鸟巢）透视图 http://static.panoramio.com

形态形成的控制力，它体现的是一种活跃的机能，一种适应自然界非线性本质的发展过程。建筑师可以借此超越体育建筑模拟自然的局限性与生硬感，使得建筑形态组织的句法从形态的符号性中解放出来，在置换中兼顾了人类与自然的同质与异质。

结语

综上所述，当代体育建筑形态创作的新趋势与世界建筑潮流同生共进、互为滋养，是外在形态与内在逻辑的综合体现。很多创新的建筑形态已不仅仅是单纯设计理念的"意构"，而是在"实现"中的不断"超越"，其思想内核在于通过技术与艺术的有机融合体现体育建筑形态与结构的美学价值和文化性格。这也深刻地反映了当代体育运动内涵的嬗变——人类参与体育的终极目的不是对自然的征服，而是与自然的融合。

今天，科学技术的进步使人类社会发生了巨大的变革，对于速度和效率的追求、对于发展和变化的渴望已成为时代之趋。运用最新的科学理论与技术，创作出符合当代人的精神与心理需求的体育建筑已成为建筑师追求的目标。随着建筑技术和材料的进一步发展，必将会涌现出更多更为创新的体育建筑形态。它们所折射出的将是人类更加自由、和谐的未来。

参考文献

1 王晶，曾坚. 信息时代建筑设计的复杂性理念及其表现. 华中建筑，2007（3）：66-68.

2 高岩. 参数化设计——更高效的设计技术和技法. 世界建筑，2008（5）：28-33.

3 黄龙昶. "深度装饰"——结构与装饰的一体化趋势. 华中建筑，2007（9）：87-88.

4 陈强，付娜. 结构的表情——塞西尔·贝尔蒙德作品解读. 建筑师，2004（12）：50.

5 蔡良娃，曾坚，曾鹏. 信息时代的建筑空间形态及其生成理论. 新建筑，2006（3）：76-80.

6 尼尔·林奇，徐卫国. 数字建构——青年建筑师作品集. 北京：中国建筑工业出版社，2008.

李玲玲　哈尔滨工业大学建筑学院（哈尔滨·150006）
张向宁　哈尔滨工业大学建筑设计研究院（哈尔滨·150090）

13 五棵松篮球馆外观 http://citylife.bbs.house.sina.com.cn/
14 西班牙巴塞罗那诺坎普体育场鸟瞰图 http://www.skyscrapercity.com
15 索契冬奥会主场馆鸟瞰图 http://www.worldarchitecturenews.com
16 国家游泳中心（水立方）透视图 http://www.worldarchitecturenews.com
17 韩国华城体育运动中心鸟瞰图 http://www.archicentral.com
18 阿斯图里亚斯体育中心外观 http://www.archdaily.com
19 阿斯图里亚斯体育中心内部空间 http://www.archdaily.com
20 伦敦奥运会水上中心透视图 http://www.worldarchitecturenews.com
21 伦敦奥运会水上中心透视图 http://www.worldarchitecturenews.com

“事件性”大型体育设施应变设计研究

Flexible Design Strategy of Event Large Sports Facilities

■ 罗　鹏　李玲玲　■ Luo Peng　Li Lingling

[摘　要] “事件性”大型体育设施是为举办奥运会、亚运会等世界级体育竞技比赛而建设的单体或群体大空间公共建筑，大都具有建设标准高、投入资金大、使用专业性强等特点。然而，大型赛事或活动往往具有举办时间短、间隔周期长，甚至一次性的特点，对赛后场馆的可持续运营提出了严峻的挑战。本文从这一关键性问题切入，将理论研究与实践分析相结合，对大型场馆的应变设计策略进行研究，提出了界面开放、体量伸缩、空间通用、灵活分隔、场地变换、多元综合、循环利用等具体设计对策，旨在通过提高空间的灵活性、兼容性来实现场馆的动态适与综合高效，进而达到可持续发展的最终目标。
[关键词] 事件　体育设施　应变　可持续发展

[Abstract] Event venues and facilities refer to large-span public buildings or building complexes designed for large-scale world-wide activities such as the Olympics. These buildings feature high standard of construction, investment and specialized functional demand. The short-term utility for the events poses a severe challenge to the sustainable development of these venues and facilities after the events. This thesis combines theory with practice and focuses on the systematic study of features and adaptable design strategies of event venues and facilities. It poses concrete design strategies like open floor design, changeable space design, multiple usage of a space, flexible division, comprehensive functional space and circulating utility. Therefore the goal of sustainable development can be achieved by raising space flexibility and compatibility to make the venues dynamically adaptable, comprehensive and efficient.
[Keywords] Event, Facilities, Adaptable, Sustainable development

随着中国经济的迅猛发展和国际化的日益加强，大量世界级经贸活动、体育赛事（如奥运会、亚运会、世博会）进入我国。这些重大国际性活动对提高城市影响、促进城市发展起到了“触媒”的作用。与此同时，这些事件催生了一大批“事件性”场馆设施的设计建造。本文所研究的“事件性”大型体育设施是指为举办奥运会、亚运会等大型、特殊性体育赛事而建设的单体或群体大空间公共建筑。这些建筑具有使用目的明确、设计要求较高、规模相对较大，但使用时间短、间隔周期长，甚至只是一次性利用的特点。

从营销学的角度来看，城市承办高规格大型国际、国内活动是利用“事件”进行城市营销，属于“事件营销”的范畴。场馆设计是否合理科学，并不能以此一时一事去衡量，正如雅典奥运会在赛会期间所赢得的良好口碑只如昙花一现，那些在赛后“荒废”的场馆使雅典人头痛不已，这种“营销”显然不够成功也太不经济。因此，事件性建筑的设计不仅要考虑事件过程中的使用情况，还应考虑赛后可持续使用的科学合理性，使其真正成为营销城市的一张名片，而非弃之不舍、用之不便的滞销品。如何让这些建筑在“事件”之后继续发挥应有的作用，是设计领域面临的重要课题，也是衡量建筑设计成功的重要标准。

由于事件性体育设施所对应的事件大都具有明显的特殊性，即在规模、使用模式、文化传统、空间需求等方面与平时使用存在巨大差异，对场馆空间功能的兼容性产生较大影响，因此，必须采取应变设计对策，增强场馆空间的动态适应性，减少改造成本，实现多元灵活、综合高效的使用目标。设计对策应在体育场馆基本空间结构整合与优化的基础上，采用灵活化设计手段，显著提高场馆空间的灵活应变能力。

一、界面开放

“界面开放”是指利用可动的结构和空间界面开合技术以适应不同的空间使用要求。广义地来讲，界面开放不是仅着眼于室内场馆比赛厅界面的开放问题，而是一种变固定为弹性、变封闭为开放、为空间预留对外接口和发展余地的设计理念。

大型体育场馆赛时与赛后使用中的一个主要矛盾就是对坐席规模的要求不同。举办国际高水平体育赛事时，由于比赛精彩、社会影响力大，因此观众数量普遍较多。而赛后，过大的空间体量、过多的坐席往往无用武之地，成为累赘。反之，如果按平时使用要求进行设计，到了举办大型综合赛事时，场馆往往由于规模达不到国际赛事的举办标准而无法使用。固定的比赛空间、封闭的空间界面是造成这种矛盾的主要原因之一。界面开放，可以使比赛空间由封闭走向开放、由限制走向自由，成为调节比赛空间规模的手段之一。

悉尼国际水上运动中心在游泳馆的一侧设置了一条长 135m 的轻钢桁架拱，用来支撑屋盖和悬挂活动墙板，从而实现了墙体的自由开启。奥运会期间，将桁架拱一侧的比赛厅界面开启，加设临时看台，观众席从平时的 5000 座增加到 12500 座；赛后则拆除临时看台，悬挂上墙板，即恢复了原有的空间规模。

德国凯泽斯劳滕足球场的建设则是一个开放连续的动态过程。建设之初，设计师仅在球场两侧布置坐席，预留两个端部空间用于未来发展。随着当地足球运动的发展，在场地端部加建坐席，进而又在四角处进行建设，实现了场馆的有机生长（图 1，图 2）。这种根据实际使用要求，变静态的一次性建设为动态的有机生长的建设模式值得我们学习。实现这种“生长”的基础，是在设计中引入开放系统的设计理念，变封闭的空间体系为开放的空间体系，为未来的改变预留“接口”。

另外，界面开放还可以将室外自然环境引入室内，实现人工环境与自然环境的结合，创造可以适应不同使用要求和气候条件的高品质空间。例如日本大分县体育场、丰田体育场、荷兰阿姆斯特丹 Arena 体育场、德国法兰克福体育场、澳大利亚墨尔本殖民体育场、英国新温布利大球场、中国上海旗森国际网球中心等，均采用开合屋盖（图 3 ~ 图 6）。屋盖关闭可以避免场馆受到恶劣天气的影响；屋盖打开可以为比赛厅引入阳光、空气，有利于天然草皮的生长，节能降耗，并可解决室内空间消防安全性等问题。美国亚利桑那州金丝雀体育场、德国格尔森之星体育场（图 7，图 8）、日本札幌穹顶体育馆等体育设施，通过可移动的结构体系，使场地一侧的墙面和楼座移动，将内部的足球场地移至室外，实现场地的变换。

二、体量伸缩

体量伸缩是指通过空间界面或分隔设施的移动来改变空间体量。这一设计手段不但能够适应不同空间规模、坐席数量的要求，而且可以满足不同活动对视线、声学、能耗等空间物理性能的要求。可见，其实现的不只是“量变”，也包含着“质变”。

日本琦玉县体育馆是一座集体育、商业、音乐及会展于一体的综合性设施，该馆通过使用 64 辆台车，能够使重量约 1.5 万吨、被称作“移动块”的部分楼座（其中包括约 9200 个观众席、休息厅、卫生间、商店及机械室）水平移动 70m，从而将 23000 座的体育馆迅速变成约有 36500 座的足球场（图 9）。日本长野冬奥会速滑馆的设计师将 400m 的速滑跑道的长轴直道和小半径弯道视为不同的部分，弯道部分看台可以像活塞那样在直道的“筒”中运动，同时综合运用了一些空间分隔设施，实现了空间可变和活动规模可变，无论举办大型场地的速滑、橄榄球比赛，还是小型场地的排球、音乐会等，都可以保证观众拥有良好的空间感和视线质量。

三、空间通用

空间通用是指通过优化设计提高空间对多种功能的兼容性，有效发挥空间潜力的设计手段，其关键在于寻找灵活性与经济性的最佳契合点。伦敦大学巴莱特建筑学院的彼德·科恩教授通过实验证明，空间可容纳功能的多少与其规模的大小并非正比关系，在一定范围内空间的增大可以使其容纳功能的数量急剧增加，而空间增大到一定程度以后，使用面积的继续增加对可承载的活动数量几乎再无影响。

美国佐治亚会议中心位于亚特兰大，它拥有 5 个连在一起的大型展览空间，是美国利用率最高的“城市多功能厅”之一，在亚特兰大奥运会期间，该中心被用于举行举重、摔跤、柔道、击剑、手球和乒乓球等多项比赛，同时还用作新闻中心，功效极高。2005 年建成的意大利都灵冰球馆的比赛厅是一个通用的矩形空间，可以满足冰球、体操、田径、游泳、展览、集会等多种功能的使用要求，

1

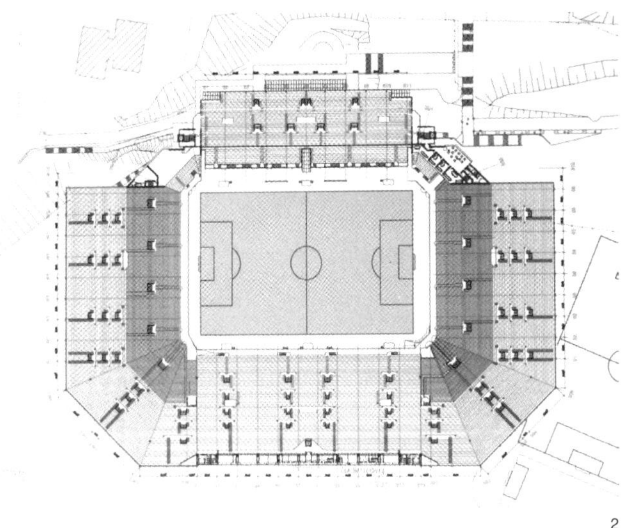

2

3

1 生长中的凯泽斯劳滕体育场
2 凯泽斯劳滕体育场平面图
3 荷兰阿姆斯特丹体育场

4

5

6

7

4 日本大分县体育场
5 中国上海旗森国际网球中心
6 德国法兰克福体育场
7 德国格尔森之星体育场

空间灵活、高效（图 10）。空间通用实现了一馆多用，虽然在建筑的一次性投入上会有所增加（因空间的跨度加大、高度增高等原因），但从长远的可持续角度来看，产出远远大于投入。

四、灵活分隔

灵活分隔是指运用灵活隔断设施（如活动墙板或活动幕帘等），将规模较大的整体空间分隔成若干相对较小的使用单元，以求实现体量变化和同时举办多种活动的目的。

"事件性"体育设施的使用在赛时和赛后的人流量上变化很大且不均衡，在场馆的日常运营中，仅历时性地举办某种活动不足以提高场馆资源的利用效率，而需要共时性地容纳多种活动。灵活分隔实际上是将场馆空间当作一个可分合的母空间来处理。母空间在需要时可以裂变为若干个子空间，各自独立，互不干扰；子空间可以合拢为大型的母空间。这种可大可小、可分可合的空间使用方式，可大幅度地提高场馆空间的使用效率，并利于形成良好的空间氛围。

德国汉堡体育馆平面为矩形，利用 3 条纵向的活动隔断将比赛厅划分为 4 块，使用时可以进行多种组合，如四个小馆、两个中等场馆、一大一小两个馆等。美国伊里诺伊大学体育馆是一个直径 122m 的圆形平面，可容纳 1.8 万～2 万名观众。其比赛厅可以由十字交叉的轻质隔断划分成 4 个扇形区域，每部分可以容纳 4500～5000 人，适合举办歌舞及戏剧演出、会议及演讲等各类活动，充分满足了学校的日常需求（图 11，图 12）。

五、场地变换

场地是实现体育场馆功能的核心空间，不同的运动项目对于场地有不同的要求。场地变换是指利用相应的技术措施来转换场地的大小、形状、质地甚至标高等，以灵活适应多元的使用要求。它通常与坐席的变化相配合，结合体育工艺、视线设计、场馆规模等方面进行综合优化。最普通的场地变换通过活动坐席的推拉、旋转即可实现，除此之外还有许多其他手段。

例如，巴黎贝西体育馆的场地通过地面和坐席的变化，可以实现从美式橄榄球、摩托车到自行车等 31 项体育比赛的场地变换，为最大限度地提高场馆的利用率创造了良好条件。日本福冈棒球馆通过两侧看台的旋转，将场地由扇形变换为矩形，满足棒球、足球等多种使用要求。日本札幌穹顶更进一步设计了可整体移动的场地，应用气垫技术和台车，使种有天然草皮的足球场地"走进"或"走出"比赛厅，从而实现了足球、棒球、文艺演出等多种活动的灵活使用（图 13）。

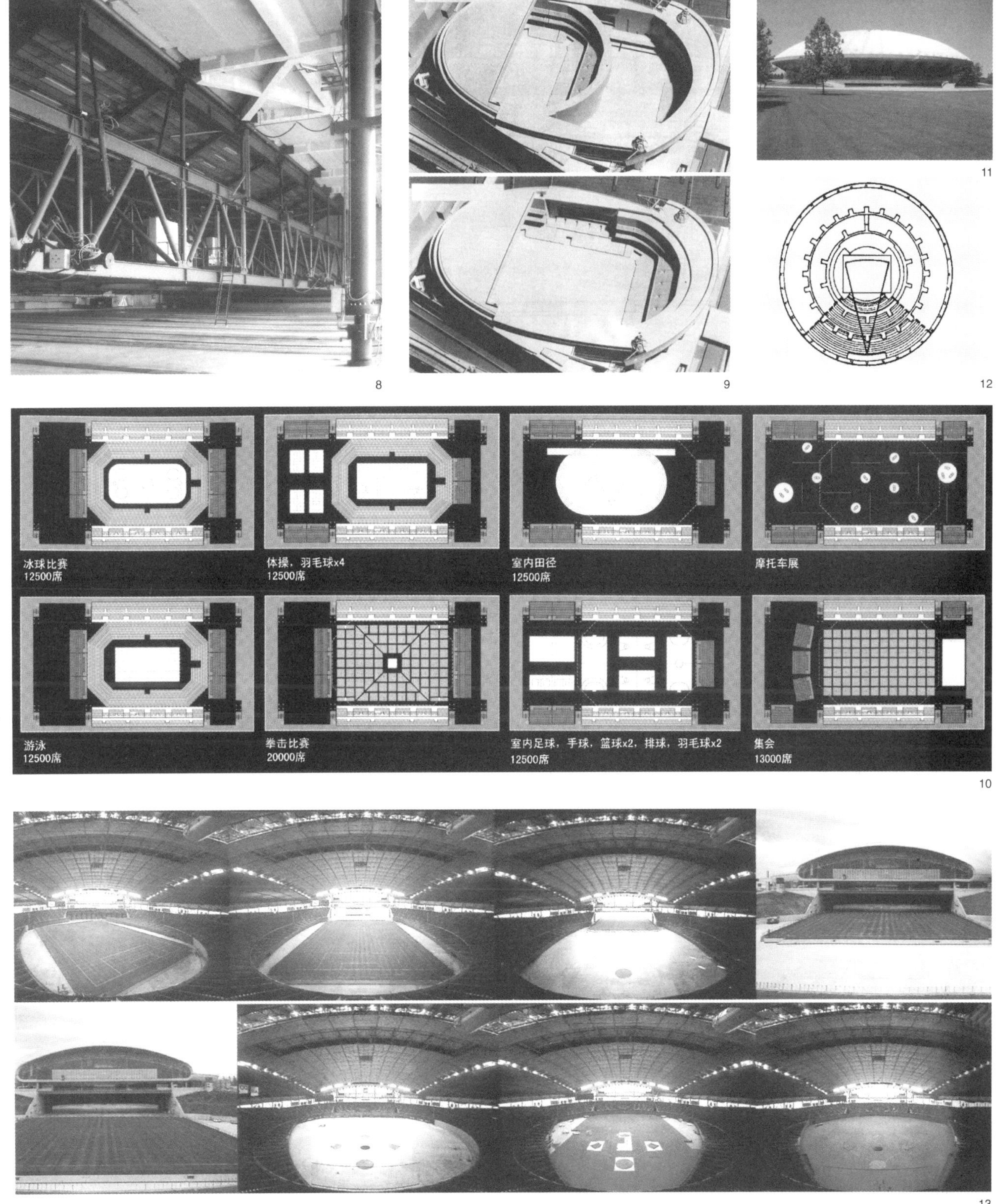

8 德国格尔森之星体育场界面开启结构
9 日本埼玉体育场空间伸缩模型
10 意大利都灵冰球馆空间多功能兼容性示意
11 美国伊利诺伊大学体育馆
12 美国伊利诺伊大学体育馆平面
13 札幌穹顶的场地变换过程

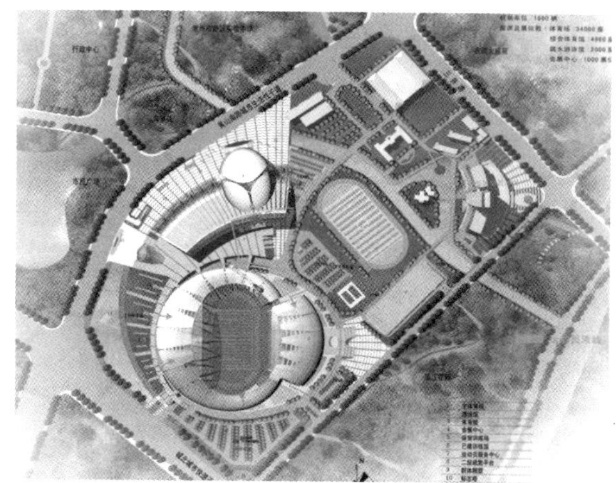

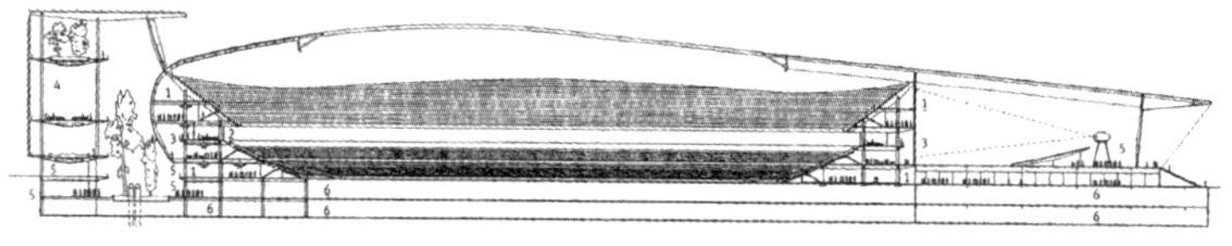

14 英国考文垂体育场
15 Arena 2020 剖面
16 中国常州市体育中心总平面

六、多元综合

多元综合是从空间结构关系的角度，指多个不同功能在一定条件下既可以彼此连通、共同使用，又可以相互分离，独立运行。不同于灵活分隔将一个整体空间分隔为不同部分，多元综合强调的是不同空间的有机组合，其本质是变个体为群组、变要素为系统，这样既有利于各功能单元之间产生共生效应，协调互补，又有利于部分附属设施的共用，大大提高了场馆的使用效率和适应能力。

英国考文垂足球体育场综合体，围绕 32500 座的足球场设置有 1.3 万 m^2 的超市、可容纳 6000 人的会议展览空间、可容纳千人的宴会厅以及一个街区活动中心，并考虑在二期建设时增加一个 250 床的酒店等设施（图 14）。英国著名体育建筑专家罗德·夏尔德设计的概念方案“Arena 2020”，将居住、商业、旅馆、办公等设施与体育场馆复合，形成多元综合、名副其实的“不夜城”（图 15）。我国常州市体育中心的设计运用场馆综合的方式，将体育场、体育馆、游泳馆、展览馆等设施综合起来，不但可以共用辅助空间，而且实现了比赛场地和展览空间的灵活分隔或连通（图 16）。

七、循环利用

针对“事件性”体育设施的使用特点，采用可重复利用的临时设施，制定材料、设备的循环利用计划，减轻赛后场馆的负担，提高资源的利用效率。悉尼、雅典、北京等近几届奥运会都运用临时设施搭建场馆，赛后拆除还可重复利用。2012 年伦敦奥运会更是在主体育场设计中大量应用临时结构和看台，赛后主体育场只保留约 2 万个坐席，其余坐席计划拆除后用于在附近学校建设的两座体育场。彼得·艾森曼在德国莱比锡奥林匹克公园体育场方案中，将体育场的看台设计成可以移动、重组的模块，奥运会后体育场大部分坐席以模块为单位移走并重组为其他体育设施。在倡导高效利用资源的当代社会，这种拆分重组、循环利用的方法，对于解决“事件性”体育设施短周期、一次性的使用问题，具有越来越重要的作用，其发展前景十分光明。

结语

当前，我们应加深对于“事件性”大型体育设施的建筑特性和设计原则的理解，不断探索其空间应变设计对策，针对不同“事件”应采取相应的解决办法，不可生搬硬套、盲目使用。大型体育设施的建设耗费巨大人力、物力，我们必须本着可持续发展的原则，运用动态应变的设计对策实现场馆的长期科学发展，使其真正成为辉煌事件后的宝贵财产。

参考文献

1 Chris Van Uffelen(2006), 2:00:6 Stadiums. Page One Publishing Private Limited.
2 Yukio Futagawa. GA Contemporary Architecture09-Sports, 2007.
3 罗鹏．大型体育场馆动态适应性设计研究 [D]．哈尔滨工业大学建筑学院，2006.
4 罗鹏，李玲玲．大型体育场馆空间弹性设计对策研究．城市建筑，2009（11）.
5 李玲玲．大空间公共建筑发展模式研究．城市建筑，2009（4）.

罗　鹏　哈尔滨工业大学建筑学院（哈尔滨·150006）
李玲玲　哈尔滨工业大学建筑学院（哈尔滨·150006）

技术契合环境的当代体育建筑设计研究

Study of Modern Sports Venue in Architectural Technology and Environment

■ 陆诗亮　李玲玲 ■ Lu Shiliang　Li Lingling

[摘　要] 本文通过对近年来国内外体育场馆作品的解析，归纳体育场馆建筑技术与环境之间发展、结合的方法与趋势，并基于结构、生态技术、材料与智能化技术等方面的比较分析，提出了体育场馆建筑技术与环境相结合所应把握的几个要素。

[关键词] 体育场馆　建筑技术　环境

[Abstract] Though the analysis of excellent sports venue design works at both home and abroad in recent years, this paper strives to explorer the approach and tendency of developing and integrating architecture technology of sports venue and the natural environment. Base on the compare and analysis, the article reflects in theory, and brings forward several elements which should be got hold of in the course of combining architecture technology of the sports venue with natural environment.

[Keywords] Sports venue, Architectural technology, Environment

大型体育建筑作为城市的一部分，应在整体上呼应城市空间环境，既要构成所在区域环境的主要形象和特征，又必须与其他区域环境共存、对话、相互促进，才能充分体现城市空间环境的整体活力。同时，体育建筑又脱离不开技术这一内涵丰富的生长语境。当代建筑师纷纷将目光转向新材料、新结构、新技术的应用，引发了创作理念、建筑造型等的巨变。然而，技术是把双刃剑，当其以先锋姿态对体育建筑创作进行响亮应答的同时，却又常常与自然环境、地域文化甚至人性相对立，其中尤以建筑环境问题最为突出。正如O.Arup 所说："……人们在已经把自己想干的事情几乎都能够加以实现、变得如此聪明的同时，在如何选择正确的实现方法这一点上却变得后退了。" 受功利主义思想影响，设计师在体育建筑创作中往往忽略与环境的融合，技术应用也常陷入片面，导致其体量、形象与周边环境格格不入，因而从技术角度探讨体育建筑的技术与环境问题迫在眉睫。本文所述的体育场馆环境是指广义的环境概念，既包括建筑的外环境也包括内环境。

一、从环境出发的技术创作观

当代社会，人们不再推崇技术至上、技术万能，而日益认识到自然的和谐、生态环境的平衡以及地方文化保护的重要性。从环境出发的技术观有别于单纯从技术出发的创作观，更加注重技术支撑下的建筑与自然乃至周围环境的协调关系。实现建筑技术回归自然，强调技术发展与应用，应以现实条件为立足点，与自然条件、文化传统相协调，防范技术理性的恶性膨胀，追求建筑技术对区域自然环境与人文环境的"适宜性"。

技术的应用在改变建筑外部环境的同时也在作用着其内部环境，使之更加舒适、可控。内部环境涉及坐席区、比赛厅、休息厅、内庭院和廊道等相互之间及对人的影响和联系。通信技术、微电子技术和控制技术等智能化高新技术为人们在内部环境开展体育运动提供了诸多便利。

随着全球建筑领域日趋生态化，绿色生态技术成为体育建筑技术表现的重要策略。建筑创作正逐渐运用生态学原理，通过正确的"技术思维"改变传统的设计观念，寻求技术与自然生态环境的和谐共生。

二、结构技术与环境

结构技术是体育建筑技术构成的灵魂。虽然体育建筑性格特征鲜明，但其创作仍无法脱离所处环境的影响和制约，将建筑视为整体环境的一部分，充分利用自然条件并与其有机结合，通过适宜的结构技术对建筑的体量、尺度、形象进行合理塑造，尽量减少对自然环境的冲击，与周围环境取得恰当的平衡。

1. 体量处理

对于结构整体性极强的体育建筑而言，屋盖结构形态及支撑结构会对体量及造型有直接影响。因此注重结构技术应用，合理选择结构形式来表现体量是实现建筑与环境融合的基本原则。

体育建筑的体量塑造受环境制约，有时会因应某种需要作夸张或缩减处理。当建筑作为所在环境的主角，设计通常采用夸张体量的处理方法。如惠州体育中心、沈阳奥体中心体育场、佛山岭南明珠体育馆等场馆的设计结合疏散要求，以设置基座的方法增大建筑的体量（图 1 ~ 图 3）；另外场馆合一也是创作中的常用手法，昆明星耀体育中心的游泳馆、网球馆及体育场设置于一个体量内，既节约了用地，共用了配套用房，同时分散的体量也得以整合、扩大，实现了统领周边环境的设计目标（图 4），哈尔滨国际会展体育中心、四川大学体育中心也是采用场馆合一的设计手段来扩大体量的典型案例（图 5，图 6）。缩小体量的案例近年也较为多见：广州新体育馆是较为成功

1

2

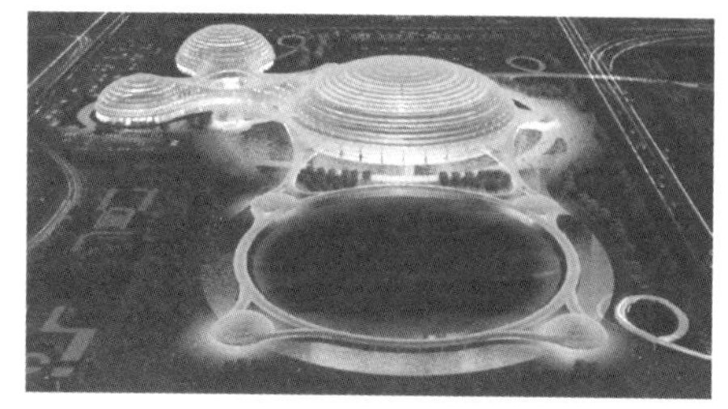
3

4

5

6

7

8

9

1 惠州体育中心
2 沈阳奥体中心体育场
3 佛山岭南明珠体育馆
4 昆明星耀体育中心
5 哈尔滨国际会展体育中心
6 四川大学体育中心
7 广州新体育馆
8 大连体育中心训练基地田径馆
9 德国慕尼黑奥林匹克公园

的案例之一，设计利用地段高差，将主体空间大幅下沉，只将屋盖和建筑入口所需要的立面高度暴露在地面之上，以避免过大体量对自然景观的破坏，三馆拱壳结构屋盖起伏多变，呼应着远处白云山的曲线形态，简洁、纯粹的建筑形象与自然环境完美结合（图7）；大连体育中心训练基地田径馆的设计也采用了类似的方法，由于紧邻体量较大的综合训练馆布局，用地紧张、空间压迫感极强，因此设计为了突出综合训练馆的主体地位，将同样规模的田径馆主体下沉一层，尽量掩藏、缩减外露体量，并采用绿化覆土屋盖，使田径馆宛如一片绿洲，与周边布局紧促的建筑群呼应，和谐自然（图8）。

2. 用地呼应

体育建筑的结构设计应根据基地的地形、地势等环境条件，选择契合用地特征的结构形态。德国慕尼黑奥林匹克公园建筑群处于山水交汇处，各场馆屋盖结构采用了张拉索网结构，塑造了三大核心建筑连绵起伏、自由飘逸的形态，巨大的建筑体量被处理得如同湖边山坡上宿营的帐篷，完美地呼应了基地的环境特征（图9）。在意大利巴达洛纳山谷地区兴建的体育综合设施包括体育场、培训设施、运动中心、篮球馆和体操馆等建筑，设计师顺应山谷地形特征，将建筑塑造成火山口形，并以金属网罩住，诠释了其对环境的理解（图10）。中国国家体育场的建设用地西高东低，设计顺应地势，取东侧低点为场地标高，将辅助用房置于地下，观众可直接进入观众席，东侧则设置观众平台，有效解决了人车分流问题（图11）。

3. 文脉延续

体育建筑的结构选型应遵循所处地域的历史、风俗、文化、物产、哲学及信仰，通过象征、隐喻等方式，使结构形态与所处地域环境形成文脉上的关联，积淀更丰富的内涵。近年来，赋予建筑象征性寓意的创作方式备受好评，以有机的自由空间造型替代由功能组织机制主导的建筑空间形体，既是对历史或现实中具体情景或事物的模拟，又迎合了大众口味。

对传统民俗事物的模仿——2014年韩国仁川亚运会主体育场飘逸的雨篷、优雅倾斜的结构造型创造了富于动感的建筑形象，更是对其传统的民族舞蹈神韵的再现（图12）。另外如济南奥体中心东区建筑群对“荷韵”的再现，上海旗忠网球馆设计对市花白玉兰的模仿等，都是通过对地方民族文化物产的模拟来诠释地方特色（图13，图14）。

对既有建筑风格的延续——2006年FIFA世界杯柏林体育场是由帝国体育场改建而成，在改造之前已被确定为保护建筑，因此改造时新建的屋顶结构隐藏于原有建筑之后，使建筑立面得以完整保留，而场馆内部则展现出极具现代感的迷人空间（图15）。

10

11

12

13

14

15

16

17

10 意大利巴达洛纳山谷地区兴建的体育综合设施
11 中国国家体育场
12 2014 年韩国仁川亚运会主体育场
13 济南奥体中心体育馆
14 上海旗忠网球馆
15 德国柏林体育场
16 大连市体育中心
17 丹东市体育中心

对自然地理特征的隐喻——大连市体育中心的设计以流畅的曲线布局隐喻涌动的海潮，主体育馆犹如跃动的浪花，游泳馆好似翻起的波浪，体育场如同海中迎风破浪的汽艇，综合训练馆等则以平缓的曲线形态隐喻岸边的礁石（图 16）。另外丹东市体育中心对海上扬帆起航情景的模拟，以及鸡西市体育馆对中国太阳最早升起地方的隐喻等，均是此类设计手法（图 17，图 18）。

4. 异地装配

近年来随着高新技术的发展，通过采用装配式的结构和构造，场馆建筑可实现异地安装，最大程度地减少建筑对环境的影响与依赖。英国的移动蜂巢体育馆主体框架由六边形可充气模块组成，外表酷似蜂巢。90m × 60m 的卵形空间内可以容纳 3500 人，中心场地面积为 2000m^2，建筑整体高度为 17m。30 个 40 英尺（12.2m）标准集装箱即可容纳体育馆全部构件，组装完成仅需 2 周，拆卸则只需 1 周（图 19）。这可能代表了体育建筑结构技术发展的一个新方向，值得我们关注。

三、生态技术与环境

可持续是当今世界的发展主题。体育建筑的建设必然占用可观的物质和资源，使用时设备运行更会消耗大量的能源，因此对于生态技术在体育建筑设计中的应用正日益受到重视。

1. 自然资源的利用

现代技术在提升建筑空间舒适性的同时，更加注重与环境生态的协调，实现人工设备与自然资源的巧妙结合。对于自然光、水、绿化、空气等外部自然资源善加利用，能够减少建筑设备的使用数量或功率，节约能源及降低消耗。

自然光利用——合理利用自然光既可降低照明能耗，又能给使用者带来自然、舒适的感受，因此在体育建筑设计中积极利用自然光源十分重要。当今体育建筑大都采用顶界面自然采光，如东京穹顶、佛山世纪莲游泳馆、大连市民健身中心（图 20）。但是体育建筑屋面结构杆件较多，利用普通天窗采集自然光会因杆件遮挡导致照度不均匀，往往不能达到比赛要求。北京科技大学体育馆应用光导技术，利用采光罩高效采集室外自然光线并导入系统内重新分配，经过特殊制作的光导管传输和强化后由系统底部的漫射器把自然光均匀高效地照射到场馆内部，使光线合理地重新均匀分布（图 21）。

雨水回收——为了节约用水并减少城市市政设施的压力，在年降雨量较大的地区，雨水可被回收并加以利用。没有混杂过多不洁物质的屋面雨水引入地下积水箱沉淀后，不仅可用于厕所冲刷、人

18

19

20

21

18 鸡西市体育馆
19 英国移动蜂巢体育馆
20 佛山世纪莲游泳馆
21 北京科技大学体育馆

工瀑布、喷泉或花木浇灌等，还可用于建筑的制冷。日本和歌山巨鲸体育馆将收集、处理后的雨水从地下泵送到屋顶喷出，对屋面进行冷却，从而降低了传入馆内比赛场的热量，喷洒的水再经由檐沟重新汇集于贮水槽，实现了循环利用（图 22）。

绿化引入——绿化这一特殊的“设备”在一定程度上能够促进人与自然有机融合，使其从单纯的物质空间范畴扩展到人文、生态的环境范畴。近年来的场馆设计越来越注重绿化的引入，虽然占用一定面积，增加部分造价，但它带来的美感及其对小气候的调节作用却不可小觑。目前场馆设计中，屋顶、墙体等绿化形式较多应用，如扬州西区新体育馆、巴黎贝西体育馆以及斯洛文尼亚卢布尔雅那城的 Stozice 体育场等（图 23 ~ 图 25）。在大连万人网球场的设计中，为减小巨大体量对环境景观的破坏，建筑整体下沉一层，外墙下部近人区域植上草皮，与周围的草坪绿树连成一片，浑然一体（图 26）。将绿化引入室内的场馆较多，多为戏水、娱乐设施，日本宫崎水上运动中心、加拿大埃德蒙顿水上乐园在室内种植高大的绿树，互动式娱乐池与绿树的组合浓缩了海滨的无限风韵，既美化了室内景观，又净化了空气（图 27，图 28）。

自然通风——自然通风可以减少场馆室内的机械通风能耗。一般而言，体育场馆体量巨大，不易实现完全的自然通风，但设计者应有意识地利用结构形体促进自然通风。日本的札幌穹顶即利用空气动力学原理，通过计算机及风洞模型试验而确定的抛物曲面造型屋面，大大减少了冬季主导风对室内空间环境的不利影响（图 29）；北京奥运会网球场坐席层开设洞口，利用结构形式产生的热压和风压进行自然通风。

水源及地源热泵——这类环保技术的出现为体育场馆的设计注入了持久生命力。采取水源或土壤源热泵汲取地热的方式，可减少制冷和加热设备的能耗。作为世界规模最大的多功能场馆之一，日本大馆树海穹顶（长轴方向 180m）利用土壤中的地下水作为夏季降温的冷源，充分考虑了环保、节能、节约资源等措施（图 30）。沈阳东北大学游泳馆选择水源热泵提供空调制冷及池水加热，每年可以节约资金近百万元人民币（图 31）。杭州奥体中心临钱塘江而建，自然资源得天独厚，设计同样利用了江水源热泵技术（图 32）。

2. 生态材料的应用

关于“生态材料”，业内目前尚无准确的定义，但其节约资源和能源、减少环境污染、避免温室效应与臭氧的破坏、容易回收和循环利用等特征广为认可。作为生态环境的一个重要分支，生态材料在生产、使用、废弃和再生循环过程中与生态环境相协调，能够实现最少的资源和能源消耗。

木材——从生态、健康、安全的角度，木材是良好的大空间屋面的结构主材。除了良好的吸声、隔声性能，从能源利用、空气及水污染等方面比较，木结构较其他结构对环境的不利影响最小。近年来，木结构在发达国家如日本和欧洲一些国家中又重新得到发展。经过特殊处理的胶合木不但具有耐火性能，还获得构造尺寸的稳定性，能够制作大跨度的直线、曲线或拱形构件，因而被应用到大空

22 日本和歌山巨鲸体育馆
23 扬州西区新体育馆
24 巴黎贝西体育馆
25 斯洛文尼亚卢布尔雅那 Stozice 体育场
26 大连万人网球场
27 日本宫崎水上运动中心
28 加拿大埃德蒙顿水上乐园
29 日本札幌穹顶

间建筑中，成为有利于环保的新型建材。日本长野奥林匹克纪念体育馆位于茂密的林地之中，其围护材料采用地产木材，与周围环境融为一体。日本大馆树海穹顶、挪威利勒哈默尔冬奥会速滑馆、德国慕尼黑奥林匹克公园内的滑冰馆等场馆的主体围护结构也都采用了当地盛产的木材，无论对环境还是建筑本身都有积极的生态意义（图 33 ~ 图 35）。

膜材——用膜作结构材料不仅可以减少建筑自重、加快施工速度、降低成本，而且还可重复利用，较为环保。澳大利亚墨尔本矩形体育场是采用膜材营造浪漫效果的代表（图 36）。2008 年北京奥运会国家游泳馆采用了 ETFE 充气薄膜，简洁的形体、通透的表皮配合高科技的灯光效果，赋予建筑梦幻般的视觉效果，最大程度地满足建筑情景意象，令人耳目一新（图 37）。

金属材料——因重量轻、承载力高等特点，金属材料一直作为大跨度及结构复杂型体育场馆的主要建材被广泛应用于独特艺术效果的造型塑造中。采用椭圆穹形结构的天津奥林匹克体育场，其表皮以金属和玻璃构成，犹如从天上飘落的水滴（图 38）。广州白云体育中心利用金属材料制作几何图案，营造了丰富的空间意趣，由成千上万相似的材料杆件和节点按照一定几何规律组合拼装而成的结构，也极具纯净的美感。

在材料的应用上，不同地区条件不同，要根据具体情况作出适宜选择。我国由于森林覆盖率低，不宜在体育建筑中大规模使用木材。另外，生态环境材料是一个动态、开放、相对的概念，其与环境的协调和自身的使用性能之间并不总是能保持均衡的发展，一定要注意不能以过分牺牲使用性能为代价。

四、智能技术与环境

进入 21 世纪，建筑中智能技术的投入和使用越来越受到重视，甚至改变了建筑的内在中枢。它以建筑为平台，兼备建筑设备、办公自动化及通信网络系统，以结构、系统、服务、管理的最优化组合，向人们提供一个安全、高效、舒适、便利的运动观演环境。1976 年加拿大蒙特利尔奥运会在信息技术方面的投入为 3258 万美元，24 年之后的悉尼奥运会在此方面的投入则高达 2.96 亿美元之巨。智能技术在体育建筑中得以发展，主要基于以下原因：

体育运动专业化趋势的要求——国内外职业体育及大型体育赛事竞技水平的逐渐提高，导致赛时成绩处理和计算难度增大，不能想象没有智能信息技术的支持如何组织一次大型的体育赛事。同时，体育场馆的运营管理也日趋信息化和智能化，场地的升旗系统、标准时钟系统、场馆人员的身份识别系统、门票管理系统、安防巡更系统等已被广泛应用于各类场馆建筑中。

环境舒适性的要求——体育场馆的商业化配置日趋完善，需要

30

31

32

33

34

35

36

37

38

39

30 日本大馆树海穹顶
31 沈阳东北大学游泳馆
32 杭州奥体中心主体育场
33 日本长野奥林匹克纪念体育馆
34 挪威利勒哈默尔冬奥会速滑馆
35 慕尼黑奥林匹克公园滑冰馆
36 墨尔本矩形体育场
37 2008 年北京奥运会国家游泳馆
38 天津奥林匹克体育场
39 2000 年悉尼奥运会主赛场

场馆安全、交通分流、信息发布等方面的智能信息系统进行控制。同时，观众对于赛事观赏体验的要求越来越高，也促使计时计分显示、屏幕转播、背景音乐、声学转播、灯光控制、通风采光等系统更依赖于智能信息化系统的控制。

设施设备的管理要求——包括通信系统、楼宇自控系统、停车场管理系统以及对水暖电等硬件设备的调控。设备的智能化不是先进设备的堆砌，而是多种先进技术的优化组合，并将这种组合贯穿设计、施工、交付使用及平时管理的全部运行之中。以2000年悉尼奥运会主赛场（图39）为例，在项目开始阶段，设计组建立了一个详细的智能化数据库，进行全周期评估。数据库内包含环境问题的各个因素以及全世界数千种工业智能化产品和技术，并且随时更新。这一数据库用来计算体育场从设计施工到日常运营管理再到最后拆除的能耗和建筑材料，以及垃圾、废气、废水产生量，以选择最佳方案。

结论：技术与环境的整合

采取技术手段为大型体育场馆创造优良环境，既不是建筑空间与造型设计之后的补遗，也不是建筑主体完成之后的环境美化工作，而是设计最重要的第一步，要从环境角度出发，注重解决大体量建筑与建设基地之间的矛盾，利用结构、设备、材料等技术要素，保持或加强自然场所的特质，创造与环境相呼应的建筑形象，提高环境的舒适度与归属感，满足使用者的心理需求，并且在可持续发展前提下，节能节水，在建设和维护中追求体育场馆建筑的最大功效。

任何一个体育场馆的建筑设计，都是于特定时间、地点的具体设计，受具体环境条件的制约，因此，体育场馆建筑的设计应该从技术与环境的实际情况出发，巧于因借，综合分析选择。

随着技术的发展和文明的进步，以前封闭单一的体育场馆建筑已开始更多向城市开放，其建筑设计也开始纳入城市设计思想。以适宜的技术增强体育场馆建筑的亲和力，使其功能、形象、尺度等有机融入环境当中，在时间、空间、地域上实现与环境的和谐统一，是体育建筑保持持久活力的根本所在。

参考文献

1 李玲玲. 大空间公共建筑发展模式研究. 城市建筑，2009（4）.
2 陆诗亮，余洋. 体育中心设计与环境. 建筑学报，2004（2）.
3 陆诗亮，梅季魁. 技术与自然的和谐共生——当代体育场馆创作研究. 城市建筑，2006（3）.

陆诗亮　哈尔滨工业大学建筑学院（哈尔滨 · 150006）
李玲玲　哈尔滨工业大学建筑学院（哈尔滨 · 150006）

体育建筑节能技术及应用

Energy Efficient Technology Research and Application in Sports Architecture

■ 姜益强　林艳艳　■ Jiang Yiqiang　Lin Yanyan

[摘　要] 随着北京奥运会的成功举办，我国掀起新一轮的体育建筑建设热潮，各类高标准的体育场馆越来越多，能源耗量与日俱增，节能潜力巨大。本文将对相关节能技术及应用进行初步探讨，为从事体育建筑设计的相关人员提供参考，使体育场馆的节能潜力变成节能现实。

[关键词] 体育建筑　节能技术　应用

[Abstract] With the success of the Beijing Olympics, a new burst of enthusiasm for sports was set off in China. More any kind of high standard sports buildings will be constructed, more energy will be consumed, thus, there is great potential for energy-saving. Therefore we should follow the design concept of sustainable development in sports buildings, use energy reasonably and effectively, and enhance energy efficiency to reduce energy consumption. This article will present a preliminary exploration on energy-saving technologies and its applications, expecting the relevant personnel to take action to turn the energy saving potential into reality.

[Keywords] Sports buildings, Energy efficient technology, Application

目前，我国建筑用能已超过全国能耗消费总量的35%~40%，其中公共建筑耗能巨大（每年竣工公共建筑约为4亿m^2）；在公共建筑全年能耗中，大约50%~60%消耗于采暖、通风、空调制冷及热水供应。随着2008年北京奥运会的成功举办，我国掀起新一轮的体育热潮，各类高标准体育场建设越来越多，能耗量与日俱增。未来20年，中国要想走能源消耗最少、环境污染最小的发展道路，就必须实行节能优先、环境友好的可持续能源发展战略。

从目前情况来看，体育建筑具有较大的节能潜力，其设计应合理使用和有效利用能源，不断提高能源利用效率，以减少能耗。

一、利用建筑构造实现节能

首先，建筑体形力求方正，避免狭长、细高，尽量避免东、西朝向外表面积过大，既减少太阳辐射，也能获得充足日照。建筑物平面布置应充分考虑各个房间功能以及温湿度要求，巧妙布局以获得满意的节能效果。

其次，尽量减少窗户面积，控制窗墙比，改善窗的热工性能。在保证日照、采光、通风要求的条件下，尽量减少窗户面积。同时应采用吸热玻璃、镀膜反射玻璃，设置密封条，改善窗的气密性能。

最后，加强墙、屋顶围护结构的保温与隔热。选用热阻大的墙体材料或者采用隔热性能较好的夹心墙；大面积的玻璃幕墙，可采用非透明材质，即玻璃后面仍然是保温隔热材料，以达到保温遮阳效果。

此外，当体育建筑外围护结构必须采取透明玻璃幕墙，且面积较大时，可考虑采用弹性幕墙，如三层玻璃夹着反紫外线的透光窗帘，并且百叶片可以根据情况调整提起和关闭状态，从而减少冬、夏季冷、热负荷及照明能耗，最大限度地减少建筑对常规能源的消耗。

二、冷热源合理选择与匹配实现节能

冷热源合理选择不仅关系到投资大小，而且关系到运行是否经济，调节是否方便，以及整个冷、热源的可靠性等。目前大多数现代体育场馆既要满足赛时总冷、热负荷要求，又要兼顾赛后各种用房功能需求，造成赛时赛后负荷相差悬殊。所以即便用常规做法考虑了空调冷负荷变化设置了大、小制冷机，仍不能满足极低负荷时的调节要求，造成能源极大浪费。所以，应根据当地能源供应条件、现场条件合理选择和匹配使用冷热源，实现节能。

1. 地埋管地源热泵系统

地埋管地源热泵系统被称为是21世纪以节能、环保为特征的最具发展前途的空调技术之一。体育场场地面积大，地下有充足的可埋管空间，可以考虑选用土壤源热泵空调系统配合空调主导冷源设计，满足赛时部分负荷调节特性要求。如国家体育场“鸟巢”使用了地埋管地源热泵，用于补偿体育场空调系统等。

2. 水源热泵作为冷热源

水源热泵是以水为热源（汇）进行制冷/制热循环的一种热泵，水的比热容大，传热性能好。对于具有丰富地下水、地表水、处理后污水的地方，体育馆可选水源热泵作为冷热源，达到节能目的。如北京奥运村居住区42栋楼房都采用再生水源热泵系统，提取污水处理厂的二级出水（再生水）中的温度，为奥运村提供冬季供暖和夏季制冷，每年可节约燃煤数千吨，减少大量二氧化碳等温室气体的排放。

当热泵系统同时有冷、热负荷需求时，如能通过制冷水源热泵的冷凝器获得热量、制热水源热泵的蒸发器吸收热量，并通过冷热源吸收和释放热量进行调节，则系统的综合能效比更高。该类热泵系统可在冷、热负荷同时存在的场合使用，例如游泳馆等。

3. 冰蓄冷作为冷源

在有夜间低谷时段的廉价电力供应和相应的优惠政策支持的地区，可采用蓄冷空调技术全部或部分转移制冷机的用电时间，有利于平衡用电高峰，缓解供电矛盾；当结合低温送风技术时可以节省空调末端冷量输送系统的能耗；使空调蓄冷系统中制冷设备满负荷比例增大，运行稳定，避免了制冷机经常处在部分负荷运行，提高了设备的效率和利用率。

4. 冷剂式空调系统

对于体育场馆的商服房间、弱电相关的设备房间（如固定通信机房、屏幕控制室等），在采用自然通风不能满足要求时，可采用变制冷剂流量多联机空调系统，从而在主冷源不运行的情况下，保障商服房间营业和弱电及控制系统的安全高效运行。

总之，实际应用中应根据工程概况、场馆设计的要求及功能，以及各场馆使用情况分析负荷特点，优化主体冷热源和辅助冷热源的使用策略，利用严格的运行管理，从而达到最佳的节能效果。

三、空调风系统的优化设计实现节能

体育馆建筑的比赛大厅、观众席通常采用集中式空调系统，与比赛有关的附属用房采用半集中式空调系统，其余附属用房需满足比赛要求并兼顾赛后经营使用设置分散式空调系统。合理选择空调系统形式后，要对集中空调系统的系统划分和气流组织进行合理设计，并注重新风自然冷源的使用，以实现节能。

1. 分区空调形式

大型体育馆满足比赛场地温度要求时，由于观众席首排座椅与尾排座椅高差较大，无法满足尾排观众的温度舒适性要求。因此，采用分区空调措施，各区空调机组采用不同的送风温度，可降低空调机组的运行成本、节约能源。

2. 分层空调形式

分层空调是指仅对下部工作区域进行空调，而对上部区域不进行空调。在大空间采用分层空调和置换通风，尽量减少无效空间区域的能耗，只满足有效区域的舒适度。与全室空调相比，采用分层空调，夏季可节省冷量 30% 左右。

设计分层空调时，以送风口中心为分层面，将整个高大建筑物在垂直方向分为二个区域，分层面以下的空间为空调区域，分层面以上的空间为非空调区域。空调区域高度应根据工作区的高度、送风射流的垂直落差以及考虑必要的安全因素后确定。空调区域高度越低，节能效果越明显。

3. 合理设计气流组织

体育馆比赛大厅与观众席区气流组织形式的设计，应根据体育馆的等级、规模、用途以及运行的节能性综合考虑确定。常用的包括上送下回、侧送下回、下送上回和分区送上下回等。

4. 多种气流组织形式的结合利用

对于体育馆类高大空间而言，不同区域的气流组织要求不同。一般大厅比赛用喷口侧送方式，进行小球比赛时，可调节喷口送风角度，使场地风速有所减小；观众席区则可采用下送风形式（如座椅下送风），既能满足人体热舒适性，又能达到最大节能效果。

5. 利用 CFD 模拟气流组织形式辅助设计实现节能

高大空间体育馆其内部空气流动远比一般建筑复杂，采用 CFD 方法可以在较短时间内获得体育馆内空气分布的详细信息，解决公式局限性导致计算不准确、设计不合理的难题，设计出合理满意、低能耗的气流组织形式。

6. 注重新风自然冷能的利用

全空气空调系统应具备调节新风比的条件，过渡季尽量利用新风，可进行全新风运行，减少空调运行。对冬季，室外空气温度较低，条件允许情况下，场馆内区消除余热可充分利用天然冷源进行空调降温，减少能源浪费。

四、太阳能的利用

太阳辐射能在能源开发和利用中具有独特的优势，建筑中的太阳能利用主要包括太阳能热利用，太阳能的光热、光电及其综合利用。

1. 太阳能采暖

一般的体育馆墙体都采用保温隔热性能好的节能材料实现节能，很少使用被动式太阳能利用技术。国家游泳中心的墙体和屋顶就利用新型多面体钢架钢结构，钢结构钢架内外覆盖 ETFE 膜充气气枕的膜结构系统实现白天蓄热、夜间释放的太阳能的热利用。与参照建筑相比，采用 ETFE 材料降低了室内空调负荷，节省能耗 17%。当经济比较可行后，也可采取主动太阳能采暖系统、太阳能热泵采暖系统等，北方严寒地区要做太阳能集热器的防冻工作。

2. 太阳能热水系统

含有游泳中心的体育馆可以采用太阳能热水系统供应游泳馆的淋浴用水等部分生活热水负荷，实现节能；太阳能不足时，可由市政热力或能源中心提供热水，达到能源的合理分配利用。

3. 太阳能光电技术

景观照明以及草坪照明等可利用太阳能光伏发电技术提供电源，与环境融合，实现建筑与生态环境一体化。如“鸟巢”安装了 100kW 的太阳能光伏发电系统，日均发电量超过 200kWh，可为 1.5 万 m^2 的地下车库提供充足的照明电力；此外，太阳能光电、光热系统不仅能够发电，而且能够提供一定的热水。目前，太阳能利用的问题是多晶硅太阳能光电板及太阳能光热板与体育建筑的一体化及如何进一步降低太阳能板的初投资。

五、空调系统的节能设计与运行的其他措施

空调系统的节能设计与运行措施不仅能使空调冷热源的容量合理减少，而且能减少运行费用，下面针对体育建筑相关节能设计及运行的其他措施进行简单分析。

1. 空调负荷计算时系统划分

大型单体建筑要考虑内外分区，单体建筑面积较大，外区需冬

季供热，夏季供冷，内区需全年供冷。负荷计算应综合考虑，系统划分时应考虑内外区分设空调系统。条件允许时用内区热量转移至外区供热，减少冷热源开启时间，从而节省运行费用。

2. 按需通风（Demand Control Ventilation）系统

比赛大厅和商业中心人流随时间变化，设计时可考虑按需通风，根据人流数量适时增加或减少新风。合理减少冷热源开启时间，节省运行费用。

3. 夜间机械通风系统

夏季昼夜日较差较大的地区，可利用夜间通风，对整个体育场馆和商业中心夜间进行预冷，以减少第二天空调及冷源开启时间，达到节能效果。

4. 热回收技术的利用

体育建筑的商业中心可设置新排风热回收装置，节省大量新风预热或降温所需的冷量，减少冷热源开启的台数和时间。比赛大厅在条件允许时，其空调机组宜设置送、排风热回收装置，提高其节能效果。此外，冷水机组可采用冷凝热回收型冷水机组，将冷凝热用于生活热水的预热及休闲池池水加热，节约能耗。

5. 冷却塔免费供冷技术

冬季或过渡季时，体育建筑的大型商业中心或内区需要供冷时，可考虑利用室外冷却塔和室外冷空气进行热交换，制取所需的冷水供内区空调用，冷水机组不用开启，从而节省运行电费。

6. 能量的合理组织利用

能量合理地组织利用可以避免重复加热或冷却，减少设备运行台数和时间，并在设计中有意识地引入节能理念。例如，体育场馆的排风可作为地下车库的补风等，不仅改善了地下车库的环境，而且节省了车库补风机的运行时间和冬季加热量。

7. 自然通风的充分利用实现节能

合理采用自然通风可以取代或部分取代空调系统，能减少空调能耗和风机能耗，采用 CFD 数值分析，模拟场内热环境及风环境，确定合理的通风口位置及开口大小，有利于形成较好的自然通风效果。

8. 辐射采暖与供冷系统

地板辐射供暖是一种对房间热微气候进行调节的节能供暖系统。利用低温热源地板辐射采暖加周边散热器采暖，增加人员活动区的热舒适，减少顶部空间的耗能，对体育馆场这种大空间建筑非常适用。此外，对于负荷不大的房间可采用隐含在吊顶内的毛细管顶棚辐射采暖与供冷系统，具有很好的节能效果。

此外，还有大温差供冷技术、变水流量技术、变风量技术、水环热泵技术（天津奥体中心，南京奥体中心采用）、自然冷能利用技术、蓄能技术等节能技术，都具有很大的节能潜力，在条件允许时可以考虑采用，在此不一一列举。

结语

随着我国城市建设的发展和人民对建筑环境要求的提高，体育建筑能耗不断增加。作为体育建筑设计的相关人员，应在确保使用功能的条件下降低能耗，因地制宜、合理利用天然冷源、可再生能源和新能源；优化空调设计，避免冷热抵消，充分利用新风；合理规划气流组织，利用现代技术软件辅助设计以及充分利用自动控制系统有效运行管理实现体育建筑的低能耗运行，从而为节能减排，建设资源节约、环境友好型社会作出贡献。

参考文献

1 孙凤明，暴磊，简文清．体育建筑节能措施．山西建筑，2007(26)：265.

2 徐占发．建筑节能技术实用手册．北京：机械工业出版社，2005.

3 孙健，赵莉萍．公共建筑节能设计要点分析．科技信息，2009（10）：286.

4 丁高，李莹．国家体育馆暖通空调设计．暖通空调，2007(6)：12.

5 鱼剑琳，王丰浩．建筑节能应用新技术．北京：化学工业出版社，2006.

6 龚京蓓，王鸿莲．国家体育馆暖通空调设计．暖通空调，2008(9)：68.

7 平川，毛红卫．国家游泳中心暖通空调设计亮点．节能环保．2008(5)：52-53.

姜益强　哈尔滨工业大学建筑热能工程系（哈尔滨·150090）
林艳艳　哈尔滨工业大学热泵空调技术研究所（哈尔滨·150090）

大跨建筑混合结构的分类

The Classification of Hybrid Structure in Large-span Architecture

■ 刘宏伟 ■ Liu Hongwei

[摘 要] 作为新型结构体系，大跨混合结构目前在学界尚未有统一明确的分类，本文根据其是否含有索（膜）单元和结构体系抵抗变形能力的强弱，将混合结构归纳为两大类别 7 种形式，为进一步研究奠定理性基础。

[关键词] 大跨建筑 混合结构 类型

[Abstract] Hybrid structure of large-span architecture is a new field of research, yet there is no definite classification about it so far. Based on the ability of resistance of deformation, the author classifies hybrid structure of large-span architecture into two main categories and seven subcategories for the further research.

[Keywords] Large-span architecture, Hybrid structure, Classification

一、混合结构的分类原则

为使复杂的课题易于理解，最好将其内容按系统加以分类。若分类来源于事物自身原有的本质，则专业领域的分类是合理的。混合结构指不同类型的结构混合形成一种新的结构体系，是将两个或多个具有不同的改变力之方向机制的结构体系结合在一起而构成拥有新机制的、独特的、有效的结构[①]。作者综合考虑力的改向机制、受力性质、结构形态三个因素，把大跨结构归纳为四种基本结构单元类型，即索（膜）单元、拱（壳）单元、梁（板）单元和杆单元[②]。根据目前研究情况来看，按是否含有索（膜）单元和结构体系抵抗变形能力的强弱，可以简单地把混合结构分为两大类——刚性混合结构和刚柔混合结构。

二、刚性混合结构

刚性混合结构是由分属拱（壳）单元体系、梁（板）单元体系和杆系单元体系中的两种或两种以上的结构类型混合而成的结构，与“组合结构”不同（“组合结构”多数情况下是出于对造型和使用功能上的考虑，结构意义并不明显），双（多）亲子结构的结构等级和地位相同，结构协同性增强，能体现优势互补，具体分为拱（壳）单元＋梁（板）单元、拱（壳）单元＋杆系单元、梁（板）单元＋杆系单元三种型式。

1. 拱（壳）单元＋梁（板）单元

拱（壳）单元体系力的改向机制为形态作用，即通过简单的法向压应力改变外力的方向。梁(板)单元体系可以看作是“线性”部件，长而直且具有刚度，不但能抵抗轴向作用力，还可以通过截面应力来接收垂直轴向的外力，力的改向属于截面作用机制，虽是最理想的构形工具，但与“自然”力流法则基本冲突。拱(壳)单元与梁（板）单元的混合，通常是利用前者良好的受力机制完成结构跨越，同时提供给后者多个弹性支点；后者主要完成建筑构形任务，并通过合理的布置支撑避免前者不利次应力的产生(图1，图2)。

2. 拱（壳）单元＋杆系单元

杆系单元体系是一种多组件结构，因杆组件截面与其长度相比较小，故只能沿着其长度方向以法向应力传递力量，力的改向机制是依靠个别的拉力和压力杆件间的协调作用（向量作用）而构成。杆系单元结构体系骨架明晰、力流控制简单，也是大跨结构中最为普及的一种结构体系。国内研发较多的如肋拱式拱支网壳、组合网壳、板锥网壳等（图3）。

3. 梁（板）单元＋杆系单元

梁（板）单元体系中的梁结构不但能抵抗结构轴向荷载，也可依靠加大截面抵抗垂直结构轴向作用力。板结构可以看作是梁结构在平面维度尺寸的加宽（折板则看作是斜向联结的板），特点是平面内刚度大，若板是平行于作用力的方向（对应重力是垂直方向），则承载机制最有效,若板正交于作用力方向（对应于重力是水平向），则承载机制最弱。梁（板）单元＋杆系单元的混合结构可以分为两种机制：一种是杆系单元为梁（板）单元提供中间弹性支点，降低梁（板）单元内力峰值，达到减小结构截面、受力经济合理的目的；另一种是梁（板）单元为杆系单元提供稳定性保证，充分发挥杆系单元结构材料潜能，提高整体结构效率。

三、刚柔混合结构

刚柔混合结构是利用柔性结构抗拉性能和刚性结构抗压、抗弯性能共同协作提高结构整体性。根据索（膜）单元的不同作用，将刚柔混合结构又分为混合吊挂体系、混合张拉体系、混合加劲体系和半刚性悬挂体系 4 种型式。

1 德国利普斯霍尔塔桥
弧形的桥身保证纤细钢拱的平面外稳定，别致的支杆布置创造出动人的韵律，整个结构如同一曲优雅的乐章

2 葡萄牙里斯本世博会幻想馆
利用木材受压好的特性，巧妙地布置杆系支撑上部的梁（板）单元，既避免了拱结构的失稳问题，又创造出暖意浓浓的室内空间

3 山东荣成市体育馆
目前国内跨度最大、拱肋钢管直径最大的拱支网壳是由上海现代设计集团魏敦山等人设计的山东省荣成市文体中心体育馆。体育馆钢结构屋盖曲面为三个等直径的球面相贯后截取外表面，三个球面的圆心在同一水平面内，并且圆心之间的连线是一个等边三角形，9根主拱肋连接形成球面的网壳结构，分别交会于三个轴对称布置的混凝土支座上，最大跨度122m

1. 混合吊挂体系

混合吊挂体系指悬挂体通过拉索悬挂或斜拉在承载体上，是把桥梁建造的手段运用于建筑上，以获得不同的结构形象。悬挂体可以是单点的质量块，也可以是具有一定尺度的结构整体。拉索分为承担结构自重和外荷载的承重索与通过施加预应力来提高结构整体刚度的稳定索。承载体形式很多，但必须是刚性结构，如钢柱、钢拱、桁架、混凝土塔柱等。混合吊挂体系可充分发挥拉索的高强度和施加预应力的优势，减少用钢量，同时由于在悬挂体跨中提供吊挂点，起到了分割结构跨度、减小挠度、降低构件内力峰值的作用。根据不同的吊挂型式，混合吊挂系统可分为两种——悬挂混合系统、斜拉混合系统。

（1）悬挂混合系统

悬挂系统是指悬挂体通过拉索悬挂在跨越其上的承载体上。承载体可以是刚性的拱或桁架等，也可以是柔性的悬索。刚性结构悬挂是刚性的拱或桁架等结构跨越悬挂体作为承载体，形成巨型骨架，在跨中多点提供直线吊挂点，协作吊挂体共同完成跨越的任务。柔性的索跨越悬挂体作为承载体，结构自重会大大减轻，稳定性则成为关键所在。通过对稳定索施加一定的预应力，可提高结构的整体刚度（图4，图5）。

（2）斜拉混合系统

斜拉系统是指悬挂体通过拉索斜拉在两侧的承载体上。承载体不需要跨越悬挂体，竖向受力成为主要考虑的因素，相对于悬挂混合体系传力路线更加简洁。悬挂体可以是桁架、薄壳等。斜拉系统按承载体上布置拉索的形式又分为单向、双向和多向斜拉（图6～图8）。

2. 混合张拉体系

混合张拉体系是指“用拉压杆件将不稳定的构件或构架进行整合并使之稳定的体系，反力（水平推力）可以是自锚式，杆件也可以接触”[3]。这种体系的特点是利用拉索控制结构的受力状态，根据拉索和压杆布置型式又分为立柱系统（Strut System）、骨骼系统（Skeleton System）、单元系统（Unit System）三种类别。

（1）立柱系统

立柱系统是指在刚性子结构和拉索间插入立柱（竖向压杆），拉索在刚性子结构下为折线状布置，通过立柱对刚性结构的跨中提供一些弹性支点，最后锚固住刚性结构端部，形成自平衡系统。立柱系统包括张弦梁（桁架）结构、弦支穹顶结构等（图9～图12）。

（2）骨架系统

骨架系统是指在刚性结构骨架上跨中多点直接锚固拉索而不通过压杆作用。拉索受力分为两类——支撑索（结合少量压杆）与刚性骨架承受固定荷载（结构自重）、稳定索抵抗活荷载以避免结构变形。两种拉索也可按照是否施加预应力分为两类——预张索和非预张索。骨架系统充分利用刚性结构骨架承载性能，拉索起到减小结构截面使之轻巧和维护系统稳定的功效。与立柱系统相比，骨架系统减少预应力，更多依靠刚性结构本身而非通过拉索的预张提高

4

5

6

7

8

4 西班牙毕尔巴鄂沃兰汀步行桥
柔美的曲线钢拱加上纤直细若无物的钢索，宛如地中海妖娆女神怀中的竖琴
5 葡萄牙阿尔加威法鲁体育场
在4根桅杆上悬挂拉索吊住体育场屋面，整体感觉非常轻盈
6 加拿大蒙特利尔奥体中心体育场（单向斜拉）
7 澳大利亚悉尼展览中心（双向斜拉）
8 英国爱丁堡地球动力研究中心（多向斜拉）

9 浦东机场一期（单向）
10 所泽体育馆（双向）
11 上海南站（辐射）
张弦梁结构是刚性梁与拉索通过立柱的混合。最早概念由日本大学的 M. Saitoh 在 20 世纪 80 年代初提出，它得名于“弦通过撑杆对梁进行张拉”这一基本形式。张弦梁结构体系比较成熟。根据空间使用要求，单向、双向或放射状布置
12 北京工业大学体育馆
弦支穹顶是刚性网格壳与拉索通过立柱的混合，也有文献称之为弦支网壳。日本的 M. Kawaguchi 于 1993 年提出的概念，并付诸工程实践。实际上，张弦穹顶的来源可以有两种理解：一是来自于索穹顶，即用刚性的上层网壳取代索穹顶中的柔性上层而得到；二是用张拉整体的概念来加强单层网壳结构，以提高单层网壳的稳定性及结构刚度。两种理解方法同时也说明了张弦穹顶是张拉整体类的结构体系
13 法国斯特拉斯堡车站
14 日本出云穹顶
索 – 拱结构是沿拱弦向布置拉索，在拱形圆心（或上方）拉结在一起，形成车幅式轮廓，平衡拱水平推力的同时又提高拱整体稳定性。沿拱身跨度方向逐段布置拉索，根据拱在荷载下局部应力和弯矩变化，通过拉索锁进预应力进行调整，使受力均匀变形减少
15 英国伦敦斯坦斯泰德机场
用索将铰接的不稳定构架整合的索 – 树结构
16 柏林海马馆
索 – 网格结构在单层推力网格单元平面内斜向张拉预应力拉索，承担或传递剪力到支座，整体协作保证刚度维护稳定。拉索布置在网格外侧或内侧均可

9

10

11

12

13

14

15

16

结构刚度。骨架系统包括索—刚架结构、索—拱结构、索—树结构、索—网格结构等（图 13 ~ 图 16）。

（3）单元系统

单元系统是指运用张拉原理形成结构单元组合的系统，概念来自于张拉整体结构（Tensegrity）——由三角形的预应力索网与互不相交的压杆组成的结构，是 20 世纪中期由 B. Fuller（富勒）提出的，它的英文词 Tensegrity 是由张拉 Tension 和整体 Integrity 缩写而来。张拉整体结构被定义为“连续的拉索和不连续的压杆所构成的自应力平衡体系”。与张拉整体不同的是，混合张拉单元系统的压杆可以连续结成刚体，通过拉索张拉获得稳定性和刚度。相比之下，混合单元系统对预应力的张拉要求降低，较张拉整体结构更具实际操作性。单元系统有三种型式，分别被命名为富勒单元、外张单元和内拉单元。

3. 混合加劲体系

混合加劲体系是利用刚性子结构作为加劲或稳定柔性子结构的构件，如在锚固好的索结构垂直方向铺设横向构件（替换以往柔性稳定索），下压这些横向构件两端，使之产生强迫位移后固定，以此在整个体系中建立预应力，形成整体刚度好的混合结构。横向加劲刚性构件起到三个作用，一是均匀地传递和分配可能的集中荷载和局部荷载于承载索上，二是使结构体系建立了预应力提高整体刚度，三是将单向布索的平面结构转化为空间结构。也可先不对横向构件进行下压，拉索通过桁架下弦后再施加一定的预应力进行张拉，结构特点是安全系数高、索上内力相对较小，使用中需要注意张拉过程中平面桁架的侧向稳定。作者所在学科团队最近设计完成的福建省莆田市体育馆便采用了这种结构（图 17）。

4. 半刚性悬挂体系

柔性索结构本身不能抗弯、抗压，要采取一定的措施使其具有必要的刚度和抵抗变形能力，以满足结构的各种功能要求。以往在单层索结构中，要采用重屋面或加超载方法（在横向稳定索上施加预应力）使索保持较大的张力形成稳定系统；双层索结构则要在稳定索与承载索之间加入立柱，通过张拉建立较大的预应力来保持一定的受力形状。但是，这些措施的作用还是有一定限度的，与刚性结构相比，索结构的形状稳定性和刚度只是维持在可接受的水平上。而且，这些措施会进一步加大边缘构件和支撑结构的负担。如何处

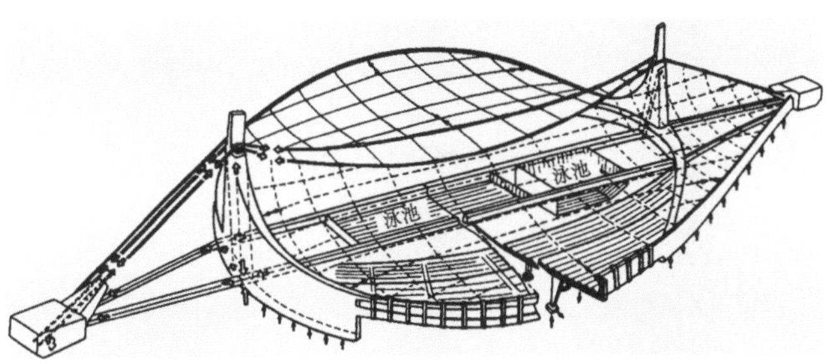

17

18

19

理好这些边缘构件和支撑结构，往往成为索结构设计中的核心问题，在很大程度上也抵消了采用轻质索结构带来的经济效益。为了克服索结构刚度差的问题，将柔性结构的材料特性变更为具有抗弯刚度，如将悬挂的承载索改为刚性的 H 型钢或桁架等结构，形成半刚性（Semi-Rigid）结构（也有称作劲性索结构），力改向的机制混杂了形态作用和截面作用或向量作用，这样的结构也被看作是混合结构的典型类别（图 18，图 19）。

结语

结构体系的本质就是其自身的功能和属性，本文类型研究抓住这一本质，从而避免了单一从改向机制、受力性质或结构形态上考虑而造成的混乱，为进一步研究同类问题奠定理性基础。

注释

①H. Engel 著. 结构体系与建筑造型. 林昌明，罗时玮译. 天津：天津大学出版社，2002

②刘宏伟. 大跨混合结构创作解析. 城市建筑，2007（11）. 作者曾在文中对混合结构的基本概念作过相关解析。

③M. Saitoh 著. 空间结构的发展与展望——空间结构设计的过去•现在•未来. 季小莲，徐华译. 北京：中国建筑工业出版社，2006

参考文献

1 董石麟，罗尧治，赵阳著. 新型空间结构的分析、设计与施工. 北京：人民交通出版社，2006

2 M.Saitoh, *Tension And Membrane Structures On Recent Examples Aimed at Holistic Design*, Proceeding of The IASS Symposium. 2002.

3 Bin-Bing Wang, "Cable-Strut Systems". In: *Construct. Steel Res.* Vol. 45, No. 3, pp. 291–299, 1998.

4 沈世钊，徐崇宝，赵臣，武岳著. 悬索结构设计. 北京：中国建筑工业出版社，2006.

5 日本钢结构技术协会著. 钢结构技术总览［建筑篇］. 陈以一，傅功义译. 北京：中国建筑工业出版社，2003.

刘宏伟　同济大学建筑与城市规划学院（上海·200092）

17 福建省莆田市体育馆
作者所在学科团队最近设计完成的福建省莆田市体育馆便采用了这种结构。观众厅平面为 57m x 75m，结构最合理的跨度应选择横向。但纵向布置结构可以使比赛馆、训练馆的结构连续，屋盖尾部无论落地还是翘起的部分都直接由曲线的结构自然生成，尾部落地处加以暴露能显示出结构的力与美。最终商定该钢屋盖主要受力构件为纵向平面桁架结构，最大跨度 75m，在桁架下弦间设置了横向拉索，通过施加预应力增强结构整体刚度和稳定性。这样布置屋盖钢结构还有一个好处是，当下部钢筋混凝土框架结构由于建筑主体纵向跨度达 185.5m，需要设置沉降缝时，钢屋盖仍可以作为一个整体而不需分缝。如此一来结构的整体性更加优良，也减少了屋盖分缝处防水不利的一系列麻烦问题

18 日本代代木体育馆
最早出现于建筑领域的半刚性悬挂体系

19 日本长野冬奥会速滑馆
钢木复合结构组成的半刚性悬挂体系

国际体育赛事和体育建筑

International Sporting Event and Sports Architecture

■ 廖含文 ■ Liao Hanwen

[摘 要] 本文简要回顾了国际大型体育赛事的种类、规模和影响以及与之相关联的体育建筑的发展，并着重讨论了国际赛事下体育建筑设计需要考虑的几个问题和当代大型场馆的设计趋势。

[关键词] 体育建筑 体育运动 国际体育赛事

[Abstract] This article firstly provides a brief review of international mega sports event in terms of their classification, scale, historic context and impact. It then discusses the evolution of modern sports architecture with the focus on the changing demands,technical advance, development tendency and what need to be considered in designing such facilities for a contemporary international sports events.

[Keywords] Sports architecture, Sport, International sports events

体育运动自古以来都是人们日常生活中不可或缺的重要组成部分。古希腊哲学家亚里士多德认为，智力的健康依赖于体育的健康；我国的古代思想家孔子也提出“文武兼备”的修身原则。然而随着人类社会的不断进步，体育事业已经从单纯的以强身健体、陶冶情操、丰富社会文化生活为目的的个人或集体活动，拓展成为一个具有广泛影响力的大众化产业。据统计，目前全球体育产业每年的总产值已经超过 5000 亿美元，并以年均 5% 的速度在继续增长。在美英等一些后工业化国家，体育及相关产业在国民生产总值中的比重甚至超过了石油、冶金等传统工业部门。得益于全球产业结构调整和当代传媒技术的迅猛发展，体育产业日益国际化、专业化、信息化、商业化和表演娱乐化，催生出了一批规模巨大、影响空前的国际赛事，也对体育建筑的设计和建设提出了更多更高的要求。

一、体育活动和大型赛事的发展

当代国际大型赛事的发展和演变是与体育活动的不断细化与普及分不开的。体育活动是从远古人类的生产劳动中逐步产生和发展起来的一种古老的社会文化现象，在各大文明古国的历史典籍和文物资料中都不乏关于古代体育活动的记录。然而不同的文明对体育的理解却是不尽相同的。现代英语“sport”一词来自于中古法语中的“desport”一词，本意是“娱乐”；希腊语中的“体育”（Αθλητισμός）则含有“竞技”的意思；波斯语中有关体育的词汇大多带有 bord 词根，意思是“取胜”；而现代汉语“体育”字面上的意思是“身体教育”。这些词汇从不同方面展现了体育活动在人类社会中所扮演的各种角色。最古老的体育赛事可以追溯到公元前 776 年至公元 394 年，在奥林匹亚举办的古希腊运动会，其后各种形式的竞技活动在各国相继出现。宋代大诗人陆游在《晚春感事》中曾写下“蹴鞠场边万人看，秋千旗下一春忙”的诗句，描写的就是他年少时在咸阳观看足球比赛的场景。

当代大型国际赛事可以分为两大类，第一类是体育单项的国际赛事。目前，很难精确统计全球被广泛参与的体育单项的数量及种类，因为有些项目存在区域性的变种或亚种（如澳大利亚足球和爱尔兰足球规则上都是英式足球的变种）。到 2009 年为止，在总部位于摩纳哥的“国际运动单项总会联合会”（Sport Accord）注册的世界性体育组织共有 87 个，分别管理着超过 100 项的体育运动（大类）。这其中有 33 项奥运会比赛项目（包括夏奥会和冬奥会），包括最为大众所熟知的田径、游泳、足球、篮球等；34 项得到国际奥委会承认但未被列为奥运会正式比赛项目的体育运动，如武术、高尔夫、棒球和橄榄球等；以及近 30 项未得到国际奥委会承认但仍有相当国际影响力的项目，如泰拳、飞碟射击、日本剑道、合气道等。此外还有 50 多个未在国际体育大会（Sport Accord）注册的世界性体育组织也管理着一些广受大众欢迎的运动，包括F1 方程式赛车、门球、划龙舟、赛马等。这近 200 项运动基本涵盖了在全球范围内最受欢迎的体育运动形式。这些被广泛参与的体育单项每隔一段时间就会举办不同规模和等级的比赛以促进自身的发展。较大规模的比赛包括“世界锦标赛”，亦称“冠军赛”（championship）、“世界杯赛”、“职业联赛”、“循环赛”等，规模小一点的包括“公开赛”、“挑战赛”、“邀请赛”、“大奖赛”等。有些运动项目世界锦标赛和世界杯赛合二为一，如足球、橄榄球；更多的运动则既有世锦赛，也有世界杯赛，而世锦赛往往代表该项运动的最高水准。

与单项体育赛事相对应的另一类国际赛事是“综合运动会”，相当于若干个单项体育赛事的集合。其中最具代表性的首推四年一度的夏季奥运会，其他的综合运动会大多以奥运会为蓝本制订游戏规则，但只针对特定的人群设立。如区域性的综合体育赛事——亚运会、东亚运动会、泛美运动会、南太平洋运动会等；针对特定职

1

2

1　英国白城体育场（1908 年建成，1908 年奥运会主场馆）
2　南非 Moses Mabhida 体育场（2009 年建成，2010 年足球世界杯场馆）

业团体的世界大学生运动会、世界军人运动会、世界警察运动会；针对特定种族、性别、政治和文化集团的英联邦运动会、泛阿拉伯运动会、世界妇女运动会、世界伊斯兰运动会等。

从规模和影响力上看，最重要的国际赛事是夏季奥运会。北京第 29 届夏奥会吸引了来自 205 个国家和地区的 13000 多名运动员及 2400 名记者参加，共售出 680 多万张观众票，据调查全球有 47 亿人通过电视转播观看了奥运比赛。相比之下，足球世界杯影响则要小很多，例如 2010 年南非足球世界杯决赛只售出了 317 多万张观众票，据估算有大概 10 多亿人通过电视转播观看了比赛，尚不到夏奥会的一半。不过并非同级别的综合体育赛事就一定比单项体育赛事影响力更大，甚至在某些运动项目上国内赛事比同类国际赛事更加出名。比如英联邦运动会在英国（甚至世界）的影响力就不及温布尔顿网球公开赛，全美职业篮球联赛（NBA）也比篮球世锦赛拥有更多的观众。全美职业篮球联赛 2008 ~ 2009 赛季有 1200 多场比赛，共有 2100 多万人次的观众到场助威；而全美职业棒球联赛 2009 年赛季共 2400 多场比赛，总共卖出 7300 多万张观众票，平均每场有超过 3 万名观众观赛。这些国内赛事（但有国际转播）从任何角度上看都不逊于同类的国际赛事。

二、体育赛事和体育建筑

体育建筑的发展和演变在很大程度上与国际赛事特别是现代奥运会的开展密不可分。现代体育建筑的雏形可以追溯到古希腊的马蹄形赛马场（Hippodrome）和古罗马的圆形斗兽场（Amphitheatre）。举办 1896 年第一届现代奥运会的 Panathenaic 体育场就是在一个马蹄形赛马场的遗址上改建而成的。然而其狭长的 U 形跑道并不适应现代体育运动的有效开展，赛跑选手必须在跑道尽头急转才不会冲进观众区。随着奥运项目比赛规则的逐步完善，1908 年在伦敦举办的第四届奥运会终于催生了世界上第一座接近现代意义的体育场——伦敦白城体育场（图 1）。这座现代体育场的鼻祖采用近椭圆形的平面布局，可容纳 8 万名观众，有着完整的看台和轻钢结构挑棚。不同于现代田径体育场的是其跑道场周长为 536m，而不是后来通用的 400m，在田径跑道外围铺设了一圈向内倾斜的自行车赛道，在运动场中央建有一个 100m 长、17m 宽的露天游泳池和一个供高台跳水的铁塔。然而，白城体育场过于集约化的设计在事后被证明容易干扰比赛选手的发挥，现存的电影胶片还记录着疲惫的长跑运动员被自行车赛道凸起的边缘频频绊倒的场景。1908 年奥运会后，游泳比赛场馆和自行车赛场陆续从田径运动场中分离出来，形成了自己的建筑格局，并分别在 1956 年墨尔本奥运会和 1976 年蒙特利尔奥运会的建设中从露天场馆演变为室内场馆。田径体育场的跑道长度也几经变化，在 1928 年阿姆斯特丹奥运会时期确定为 400m 长的规格。此外，射击、射箭、划艇、马术、篮球、排球、曲棍球等众多项目也都在 20 世纪的奥运比赛和其他国际赛事中逐步形成了自己的场馆建筑形式，并不断发展完善。

不同的体育赛事自然对场馆设计有不同的要求，然而万变不离其宗。体育场馆一般都包括三大元素，即用于比赛和训练的运动场地、观众坐席以及辅助服务设施三个部分。根据所服务的体育项目不同，比赛场地在形状和大小上会有较大差异，也决定着整个场馆的平面布局和建筑朝向；观众坐席、看台和挑棚设计则主导着整个场馆的观众容量、工程造价和主体建筑与结构形式；辅助服务设施往往被置于看台之下，决定着场馆的服务内容、整体运营效能和非赛季时的功能拓展。

辅助设施是场馆设计中最复杂的部分，用于国际大型赛事的体育场馆，其辅助空间一般分为五大功能区，包括为运动员及随队官员提供更衣、休憩、盥洗、临时诊疗和赛前热身空间的运动员区；为竞赛组织者提供管理办公、信息发布、技术仲裁和兴奋剂检验的竞赛管理区；为观众提供餐饮、娱乐、卫生、票务和商业零售空间的观众服务区；为场馆正常运营提供设备存储、运营控制、机房和安保监控的后勤服务区；以及为媒体记者、赞助商、俱乐部人员和重要宾客提供特别看台、节目制作、商业展示和社交聚会空间的媒体和贵宾区。设计上要求这些区域彼此既相对独立又相互关联，尽量保障房间的多功能性和通用性，满足紧凑（compact）、安全（safe）、方便（convenient）、舒适（comfortable）、灵活（flexible）和经济（economical）的目标。

三、国际赛事下的体育场馆设计需要考虑的问题

国际赛事的特殊性决定了为其服务的体育场馆在设计上需要特

3

3 荷兰阿姆斯特丹体育场（1994 年建成，1996 年足球欧洲杯场馆）

别注意几个问题。其一是场馆的规模和容量既要满足比赛主办方的规定也要兼顾赛后长期使用的需求。国际赛事往往给比赛场馆的规模和质量提出较高的要求，如国际田联规定用于夏奥会和世锦赛的田径赛场必须达到 6 万人规模；国际泳联则规定奥运会决赛场馆须至少能容纳 1.2 万名观众，以此来创造热烈壮观的现场比赛气氛。然而规模过大的场馆不仅造价昂贵、运营费用高，也容易造成赛后使用率低、看台闲置、维护困难等问题。从视觉质量的角度看，过大的体育场馆也难以给后排观众提供良好视线。足球比赛的最大视距是 190m，以此计算 8.5 万人是极限规模；田径比赛则应以小于 6 万人为宜。近几年国际上比较流行的做法是利用临时看台将场馆设计成“比赛模式”和“赛后模式”以解决短期和长期使用上的矛盾。如 2000 年夏奥会的主体育场——澳大利亚体育场在奥运会模式下可容纳 11 万人，会后则缩减为 8.3 万人规模；可容纳 8 万人的 2012 年伦敦夏奥会体育场赛后将只保留 3 万个固定座椅。临时设施并不仅局限于看台座椅，其他如帐篷、活动房屋、流动售货亭、临时卫生间等设施近年也在体育场馆内得到广泛使用，使看台下部的辅助服务空间设计得以简化。如伦敦奥运会体育场的卫生间和部分功能房间就是利用废弃的集装箱设计的，并将在会后被移除，使看台下部空间可以根据新的使用要求重新设计。

第二个需要关注的方面是对场馆的人工环境实现多级设计和控制。由于电视转播的需要，国际赛事需要场馆提供更高的照度。如羽毛球世锦赛需要场馆的水平照度和垂直照度都达到 1200lx、色温大于 5000K、显色指数大于 90，而一般比赛只需要 500 ~ 750lx 就够了。此外国际赛事对场馆的温度、湿度、通风和观众舒适度等方面都有较一般体育活动更为严格的要求，这些要求经常使得场馆的设计标准过高而难以维持长期运营。目前，国际大型体育场馆通常根据不同的使用需求配置多级照明系统，并利用微环境控制技术对通风、温度、湿度等环境参数进行分区控制，以此创造更为灵活的使用管理模式并节省运行能耗。

第三个需要考虑的因素是加强场馆的多功能性以增大它未来的使用机会。利用活动座椅技术可以使运动场地短时间内在不同比赛模式下相互转换。活动座椅有两种，一种是通过机械牵引可在轨道上滑移的座椅，多用于室外大型体育场；另一种是可以随时装卸的临时看台，多用于室内场馆和临时比赛场地。美国设计师曾经对棒球场地和橄榄球场地互换做过研究，并形成了较为成熟的做法，即以棒球场的扇形场地为轴，将下层半月形看台转动 45° 形成长方形场地，如澳大利亚 ANZ 体育馆设计出了可在长方形足球场和椭圆形板球场之间相互切换的活动座椅方案。场馆的多功能设计还体现在

4

5

4 澳大利亚悉尼足球场（1988年建成，2003年橄榄球世界杯场馆）
5 中国台湾太阳能体育场（2009年建成，2009年世界运动会主场馆）

为非体育比赛模式（如演出、展览、大型集会）提供必要的配套设施，事实上很多室内比赛场馆和大型会展中心之间是可以轻松实现相互转换的。

此外，国际赛事还有一大特点是从申办到举办周期短，准备工作压力大，场馆建设必须遵循严格的时间表，这给场馆的决策、勘察、设计和建造管理工作都带来一定的挑战。这就要求建设者强化公正透明的招投标过程，加大民众参与力度，高效运用决策资源。对于综合性的国际赛事而言，由于举办城市需要同时兴建多个体育场馆（如夏奥会需要准备30多个场馆）和配套设施，新场馆的选址和布局、其周边城区的规划和基础设施建设以及新建项目和现有城市肌理之间的关系都是需要特别关注的问题，需要决策者结合城市的长远发展统筹考虑。国际赛事的最后一个特点是影响力巨大，因而其比赛场馆的艺术形式和工艺水平往往具有展现和引导该地区历史文化、民风习俗、经济发展和科技进步的窗口效果。因而国际赛事下的场馆设计应勇于创新、敢于突破，对新工艺、新材料和新产品的推广起到示范作用。

结语

自1896年第一届现代奥运会诞生起，国际大型赛事的蓬勃发展促进了体育建筑从一代走向另一代的革命性变革。有学者认为体育建筑的发展经历了四个阶段——最简单的开敞型体育场是第一代体育场馆；具有更为复杂人工环境控制系统和服务设施的室内体育馆是第二代体育场馆；具有可开闭屋顶、活动座椅，更加注重多功能性和娱乐休闲性的综合体育中心是第三代体育场馆；而进入信息时代后，信息化、数字化及网络化的普及成为第四代体育场馆的重要特征。这个总结有一定的道理，但是近年来国际大型体育场馆的发展呈现多元化的特点，在自动化和信息技术不断提高的同时，场馆设计形式有趋于简约的趋势。造价昂贵且操作复杂的可开闭屋顶并没有成为体育场设计的主流，可拆卸和循环使用的临时性结构和设施则得到越来越广泛的应用。这是21世纪关注生态、节能、环保和减排新思维的反映。据报，道伦敦2012年奥运会将仿效德国2006年世界杯的成功经验，将所有服务配套设施都安置在场馆之外集中设立的“欢乐区”（Happy Zoon），除方便观众共享节日的狂欢气氛之外，各主要体育场的看台下几乎不需要做什么复杂的处理，使场馆的设计和建造都得到大大的简化。伦敦奥运体育场的规模和北京鸟巢相仿，但用钢量只是后者的几分之一。北京鸟巢的建筑成就已经得到了世界建筑界的广泛认同，但是伦敦的环保理念也值得我们学习和借鉴。

今天，举办有影响的大型国际赛事已经成为拉动一个国家或地区经济发展的重要举措，也成为衡量一个社会综合实力和文明程度的标志。而任何国际赛事的成功举办都离不开专业、高效和实用的体育场馆与设施，研究和探讨国际赛事下的体育建筑因而具有现实意义。

参考文献

1 王冰冰，李艾芳，孙颖. 多元与高效——对大型体育场馆赛后运营的思考. 华中建筑，2006（8）.
2 马国馨. 社会化产业化的体育及体育设施. 世界建筑，1999（3）.
3 蒋建科. 当代中国体育建筑的发展. 山西建筑，2005（4）.
4 De Coubertin, P., The Modern Olympic Games. In: Athens 1896 OCOG (ed.) *Official Report of the Games of the I Olympiad, Athens 1896* (one volume). Athens, Organising Committee for the Games of the I Olympiad Athens 1896.
5 Blain, Neil. “Media Culture”: Sport as Dispersed Symbolic Activity. *Culture, Sport, Society*, Vol. 5, No. 3. 2002：227–254.
6 Gordon, B. F., Olympic Architecture, Building for the Summer Olympic Games, New York, John Wiley & Sons, 1983.
7 BOCOG. *Official Report of the Games of the XXIX Olympiad, Beijing 2008* (four volumes), Beijing, The Beijing Organizing Committee for the Games of the XXIX Olympiad.
8 bd Magazine, HOK's 2012 Olympic stadium design revealed, *bd Magazine*, 2007(12).

廖含文 英国格林尼治大学建筑与工程学院

奥运会城市重构

Olympic Haussmannization

■ 廖含文　大卫·艾萨克 ■ Liao Hanwen　David Isaac

[摘　要] 本文从多个角度探讨了奥运会的城市重构问题，特别总结了历史上奥运设施和现有城市结构相结合的几种主要模式以及影响奥运规划的主要因素，指出不同模式下奥运场馆的选址、规划和布局对调整城市空间和未来发展方向的潜在影响。

[关键词] 重大事件策略　奥运会　城市更生　可持续发展

[Abstract] This paper examines the Olympic Haussmannization from different angles, particularly the ways that Olympic sites have been integrated into the host city's urban fabric evident in history, and the key issues that impact on the delivery of such a scheme. Focus is made on their location, grain and aggregate layout, and their potential to adjust the urbanscape and the orientation of local development. The strength of the analysis lies in the combination of theoretical studies and the richness of empirical information.

[Keywords] Mega-events strategy, Olympic Games, urban regeneration, sustainable development

一、概述

“Haussmannization”在英文中是一个不太常用的词汇，可以译为“奥斯曼式的城市大规模改造”，源自法国城市学家奥斯曼男爵（Baron Haussmann）在法皇拿破仑三世的授意下于1868年开始对巴黎进行的一系列大规模改造。正是基于那次成功的城市重构，巴黎彻底摆脱了狭窄、拥挤的中世纪城市格局，构建了以林荫大道网络和大尺度多层公寓为体系的现代城市景观，使城市中心区对中产阶级始终保持着吸引力，并由此奠定了巴黎将近150年始终为欧洲文化和艺术之都的历史[①]。

本文以Olympic Haussmannization为题，是为了借用该词所表达的历史和文化内涵，来探讨以夏季奥林匹克运动会为依托，对举办城市进行大规模改造的问题，及其对于当代城市可持续发展战略（sustainable development）的意义。

二、夏季奥运会和城市重构

20世纪后半叶以来，随着经济全球化的影响和当代高科技产业的发展，世界主要城市的经济结构和社会环境发生了深刻的变革。一方面，工业化国家的城市经济从传统的制造业向以信息、娱乐业为主的知识密集型产业转化，对城市基础设施的更新提出了相应的要求；另一方面，全球制造业的重心向发展中国家和地区转移，加速了某些地区的城市化进程，使很多发展中国家城市急剧膨胀，导致了一系列社会和环境问题。因此从世界范围来看，全球经济网络的调整迫使体系中的城市也必须对自身的空间环境进行一定范围的重构，以适应新世纪的发展需求。

此外，由于全球气候和生态体系的不断恶化，不可更新资源面临枯竭，环境保护问题日益引起人们的重视。城市重构不仅仅为了提高环境舒适度和生活质量，还肩负着将城市引入可持续发展框架的任务。通过不断调整生产及生活设施的空间分布、规模和形态，塑造更加完善的交通网络和公共空间体系，可以有效地降低城市活动对能源（特别是交通能源）的消耗，改善市区小气候，减少温室气体和其他有害物质的排放，并由此逐步构建一个良性的城市生态系统。

近几十年来，利用举办“重大事件”以吸引国际（或国内）投资，促进主办地的经济发展和城市重构的策略（mega-event strategy）逐渐为各地的决策者们所重视。重大事件是指各种一次性或定期举办的、围绕特定主题（文化、商贸、科技或体育竞技等）展开的、具有重大影响力和经济规模的社会活动。Roche在《重大事件与现代性》一书中指出，重大事件往往具有鲜明的特色（dramatic character），可以反映大众流行诉求（mass popular appeal），并具有深远的国际意义[②]（international significance）。在当今各种全球性“事件”中，规模最大、影响最广、最为世界城市所青睐的首推夏季奥林匹克运动会（下文简称“夏奥会”）。成功举办夏奥会不但象征着一个国家和城市国际地位的提升，而且意味着巨大的经济利益和发展机遇。自从1984年洛杉矶奥运会对全球赞助机制进行改革以来，其后的每个举办城市几乎都从“奥运产业”中获得了相当可观的政治和经济效益。加拿大学者Hiller在近著中甚至指出，世界对奥运会的狂热已经达到了一个新的巅峰，即使是一次不成功的申办，也会给申办城市带来更多的国际曝光率和正面影响[③]。自申办2012年夏奥会的举办权开始，国际奥委会不得不引进更加严格的两阶段淘汰制度以面对趋之若鹜的申办城市[④]。

筹备重大事件往往都伴随着一定规模的城市建设活动，但是不同的重大事件对举办城市的影响有着很大差异。例如威尼斯双年展，长期使用固定场地而鲜有涉及城市的其他区域；世博会则大量依赖临时构筑物（各种展馆）以追求短期的戏剧性效果；世界杯足球赛经常由多个城市共同承办，而对每个举办城市环境的冲击则相对有限。相比较而言，夏奥会对举办城市的基础设施和接待能力要求最高，对城市结构和环境的潜在影响也最为显著。为了在全世界普及奥林匹克精神，《奥林匹克宪章》禁绝了在任何一地循环使用永久性比赛场馆的构想，也不允许多个城市共同承办这一活动，以保证相对集中的规模和影响。同时，国际奥委会和各专项运动联合会对比赛场馆的规格和设计标准都制定了严格要求，使得完全依赖临时性场地进行比赛变得不太现实。

尽管举办夏奥会对任何城市而言都是一个庞大而艰巨的任务，奥运建设和城市重构之间却并不存在必然的因果联系。1988 年和 1992 年奥运会的主办地汉城（今首尔）和巴塞罗那都堪称利用举办奥运会对城市进行大规模改造的经典范例；而另外两个奥运城市洛杉矶（1984）和亚特兰大（1996）却得益于其良好的市政设施和成熟的管理手段，大量使用现有场馆和临时设施而降低了奥运会对城市环境的改造力度。这些实例表明，即使面对同样规模的奥运会，如何进行奥运设施的规划和布局关系到举办城市能否重构以及如何重构。

当然，世界上只有有限的大城市能有机会举办四年一度的夏奥会，然而此类研究的意义并不仅局限于奥运会的范畴。它对各类城市利用其他世界性或区域性的大型活动（如亚运会、洲际运动会等）以促进城市更新同样具有借鉴作用。譬如几年前英国的曼彻斯特利用筹办 2002 年英联邦运动会对部分老城区进行的成功改造就对研究中型城市的策略性重构提供了新的素材。

三、夏奥会举办城市重构的历史沿革

自从 1896 年雅典第一届奥运会以来，现代奥林匹克运动已有 100 多年的发展历史，至 2007 年为止，共有 17 个国家的 21 座城市承办过夏季奥运会，但是以奥运会为目的的大规模城市建设活动还是近几十年的事。严格意义上的奥运城市建设史可以追溯到 1908 年的伦敦奥运会，那里诞生了世界第一座专门为奥运会建造的比赛场馆——伦敦白城体育场（White City Stadium），它所囊括的功能几乎可以举办当时所有的奥运赛事。这种以“单一场馆”为模式的奥运建设被其后的几座举办城市所继承和效仿，并一直持续到 20 世纪 30 年代。这一时期奥运会对举办城市的影响是有限的。

1932 年洛杉矶奥运会兴建了第一座集中式的奥林匹克村，标志着奥运建设向多样化、规模化发展。随后的 1936 年柏林奥运会则被认为是奥运发展史上的里程碑。当时执政的纳粹政府动用了巨额资金对柏林进行了大规模的改造，改善了道路系统，修建了规模空前的比赛场馆群。尽管其初衷是为了粉饰太平，客观上却开创了运用奥运会进行城市重构的先河。

第二次世界大战之后，特别是从 1960 年罗马夏奥会开始，奥运会的国际影响、比赛规模和参加人数都不断扩大，对举办城市的要求也越来越高。与此相应，奥运城市建设的内涵逐步从传统的比赛场馆和奥运村，扩展到包括交通工程、通信系统、文娱设施、宾馆酒店、园林绿化以及其他城市基础设施的广阔领域。奥运建设逐步被纳入城市的整体规划和发展策略中来。

对城市进行重构的目的当然是为了更好地服务于当时的社会经济需求，因而以奥运会为目的的城市重构在不同的历史时期表现出不同的作用和面貌。在第二次世界大战后的 20 世纪 50 ~ 70 年代，它经常和举办城市的大规模扩张和土地开发相结合，以容纳快速增长的城市人口；在 20 世纪 80 ~ 90 年代，它则被用来促进城市中心区的复兴（regeneration），以平衡早先兴起的“郊区化”浪潮；而 2000 年悉尼打出“绿色奥运会”的口号，则标志着当代奥运城市重构的目标已经转移到促进举办地区“可持续”的生态经济模式、构建节能和环保型城市形态的方向上来。

四、夏奥会城市重构的基础

利用夏奥会对城市进行重构的基础在于当代奥运会的组织和运作对举办城市服务设施所提出的庞大而复杂的要求。根据《2016 年奥运会申办手册》，夏奥会的举办城市必须提供的设施包括：为 28 个大类的 300 多项比赛提供 40 个左右的正式比赛场馆和近百个配套训练场地；为超过 15000 名参赛人员提供多功能的奥运村；为至少 15000 名媒体记者提供信息和广播中心，以及记者村；为世界各大体育组织和普通观众提供至少 40000 套旅馆住房；此外，还要保证城市在交通、能源、通信、后勤和娱乐设施上有足够的容量来满足多达 100000 名的奥运会观光客的需求[④]。

根据 Millet 的总结，为建设全套奥运会的服务设施，一座城市需要征用将近 400hm^2 土地，这还不包括场馆周围的公共空间和奥林匹克公园用地（表 1）。当然，考虑到所有举办城市都将使用一部分现有场馆和临时设施，而且某些项目还可以合用一个场馆，表 1 所示数字可能会在实践中有所减少。但是这一结果也足以令人侧目：在数年内系统性地规划和安排上百公顷面积的城市空间，对任何城市的结构和环境而言，其影响无疑是不容忽视的。

更为重要的是，表 1 所列出的仅仅是和比赛相关的奥运设施，并不包括举办城市对交通、通信、旅游和市政基础设施等项目的建设。事实上，对于很多举办城市而言，比赛场馆和运动员村只是相对较小的建设任务，而重头戏是上述对市政设施进行提升的部分。图 1 比较了 1964 年以来各届奥运会的建设费用支出，其中深色部分是各城市用于建设比赛场馆和奥运村的费用，浅灰色部分则代表其他建设项目的花费。从图中可以看出，大部分城市用于服务设施的建设费用（indirect-Olympic investment）都占到总建设费用的 50% 以上，奥运会总体建设规模和对城市的影响潜力由此可见一斑。

从图 1 也可以看出各届奥运会在建设规模上的惊人差异。1972 年慕尼黑、1984 年洛杉矶和 1996 年亚特兰大 3 届奥运会的建设规模相对较小，相应地对城市的影响也小。毋庸置疑，足够的资金投入和建设规模是保证城市得以重构的先决条件。当然，城市是否需要重构以及以需要以多大的力度进行重构则是另一个问题了，需要根据城市具体的经济、环境和社会发展状况来确定。

表1　主要奥运设施的占地面积[5]

夏奥会比赛相关设施								
室外场馆			室内场馆			住宿设施		
种类	数量	占地面积（hm²）	种类	数量	占地面积（hm²）	种类	建筑面积（m²）	占地面积（hm²）
射箭	1	5	羽毛球	1	3	运动员村	300000	60
田径	1	8	篮球	1	4	其他参加人员村	200000	25
棒球	2（1主）	9	拳击	1	1.5			
皮划艇	1	75	自行车	1	4	国际奥委会各机构	100000	5
障碍划艇	1	15	击剑	1	1.5	青年营	100000	7
马术	1	20	艺术体操	1	3	分类合计	700000	97
足球	4（1主）	20	跳床			服务设施		
曲棍球	1	10	自由体操	1	3	种类	建筑面积（m²）	占地面积（hm²）
射击	1	30	手球	2	6			
帆船	1	15	柔道/摔跤	1	1.5	信息中心	50000	3
垒球	1	3	游泳	2	5	广播中心	40000	2
网球	1	4	乒乓球	1	1.5	组委会	40000	2
沙滩排球	1	3	跆拳道	1	1.5	其他后勤服务机构	50000	2
训练场地	80	20	举重	1	1.5			
马拉松	–	–	排球	1	4			
分类合计	17+80	237	分类合计	16	41	分类合计	180000	11
总计	正式场馆：（至少）41，训练场地：80，占地：386hm²							

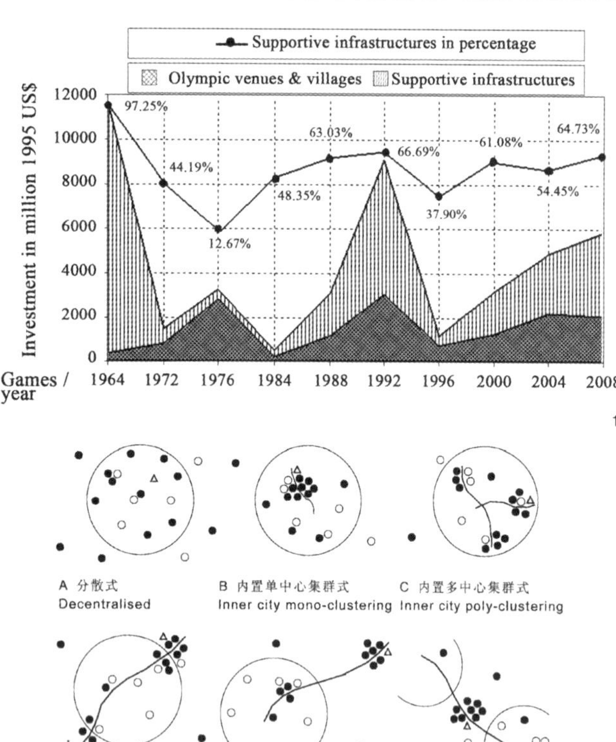

1　奥运会建设费用比较[6]（1964～2008）
2　奥运场馆嵌入城市空间模型[6]

值得一提的是1964年的东京奥运会，其对于市政服务设施的投入竟然占到奥运建设总支出的97%以上。东京在1958~1964年，全面改造了城市的交通和上下水系统，新建了11条城际高速公路、22条高等级公路、107km总长的地铁和城市轨道交通，扩建了成田国际机场，总投入高达2万亿日元。然而，很多上述建设项目和奥运会的组织运作并没有直接联系，譬如说同时期建成的“新干线”悬浮列车，是为了连接东京、京都和大阪城市带，而不是服务于奥运会赛事。从此意义上说，东京的某些奥运建设内容只是顶着备战奥运会的名义而已，是为了满足“城市（的长期发展）所需”而非“奥运会（的短期组织）所需”而设立的。

然而这种建设模式的可行性在1984年后已经大为降低。一方面奥运会建设的投资形式已经从20世纪60年代的纯政府行为转化为当前流行的由政府引导、公私合营的投资方式（public-private joint venture），其操作必然受到市场规律的支配和利润驱使；另一方面国际奥委会也希望各城市减缩投资的范围，以避免造成奥运会劳民伤财的误解。其结果就是比赛场馆和运动员村等与奥运会直接挂钩的项目在奥运整体建设中的比重加大，其他项目的建设须更加紧密地围绕服务奥运会的主题。如此一来，对主要比赛场馆群的选址、规划和布局便成为城市如何利用奥运建设进行重构的关键所在，它们可能在城市中形成新的发展中心，吸引人口迁移和经济活动；或提高土地价值，吸引后续投资；或促进交通网络的延伸，调整城市运输结构；或开发新的公共绿地，改善城市生态环境。这就引发了关于奥运场馆如何妥善地嵌入城市现有空间结构的讨论。

五、夏奥会城市重构的模式

历史上奥运场馆嵌入城市空间的模式可以总结为6种类型（图2）。这里以13座新建场馆、6座现有场馆和1座奥运村为示意建立研究模型（这一组数字和比例的选取是在充分总结以往奥运规划案例的基础上产生的）。

采用分散式布局的城市包括伦敦（1948）、墨西哥城（1968）和洛杉矶（1932，1984）等。其特点在于场馆均匀分布于城市中心组团内，无明确定义的奥运会主中心。这种布局只需要征用较少的土地资源，配置灵活，而且便于充分利用现有设施。但其对城市结构的影响最小，只能对城市进行局部调整，且后续发展空间不足。另外这一模式的一个致命弊端是由于比赛场地过于分散，使运动员和观众参会产生诸多不便，给城市交通也带来很大压力。由于近年来国际奥委会在评标时已多次表达希望场馆能够尽量集中布置，这一格局因而已逐渐不受推崇。

采用内置单中心集群式的城市包括柏林（1936）、赫尔辛基（1952）、慕尼黑（1972）和蒙特利尔（1976）等。其特点在于大部分场馆集中位于城市中心组团的主奥运会场，其他场馆则分散布局于城市大区域内。这一模式具有对城市中心区进行大规模重构和更生的潜力，使城市发展呈内敛态势，有助于将人口和经济活动引向内城，促进内城复兴，赋予内城新的文化内涵和空间特征，提高城市建设密度，并由此抑制郊区化和城市蔓延。它的缺点是需要在内城征用较大规模土地，灵活性差，设计工作局限性多，征地费用高，且在建设开发中容易对传统街区造成破坏，并有可能在奥运工程施工中对城市居民的生活形成较大干扰。

采用内置多中心集群式的城市包括东京（1964）、莫斯科（1980）、巴塞罗那（1992）和伦敦（2012）等。其特点在于大部分场馆位于城市中心组团内的多块奥运会场（一般3~4块），其他场馆则分散布局于城市大区域内。这一模式和内置单中心集群式比较类似，也能够促进内城发展，重构内城空间，此外它还有土地征用相对灵活、促进内城公共交通网络发展等优势——因为主办者需要在峰会期间保证几个奥运会场之间的物资和公交运输，连接几大发展区域的道路和公交设施必然列入建设议程。值得注意的是这一模式有利于在奥运会后形成多中心、分散集中式的城市格局（decentralised con-centration），这是一种被认为比较节能的城市形态（"可持续城市"理论认为居住区围绕小型经济和生活中心布局有利于减少居民的长途通勤需求而降低交通能源消耗）。

采用外围集群式的城市包括墨尔本（1956）、罗马（1960）、汉城（今首尔，1988）、雅典（2004）和北京（2008）等。其特点在于大部分场馆位于城市边缘的一块或多块奥运会场，其他场馆则分散布局于城市大区域内。这一模式便于征用大面积土地，奥运工程建设期间对内城居民的日常生活影响较小，并且有助于在城市外围形成新的发展集团，使城市结构有组织地向外扩张。由于奥运场地离市区较远，组织者一般会选择同时开发贯穿城区的快速轨道交通体系，连接新老城区，因而也具有调整均匀蔓延的城市形态并使之向以交通线为依托的带形城市转化的潜力（transit-oriented development）。这一模式适用于面临发展压力、需要有机疏散内部快速增长的人口的发展中城市。其缺点是有可能侵占耕地或自然绿地，对新城区基础设施的开发费用高，并加速城市蔓延等。

亚特兰大（1996）部分采用了卫星集群式的模式。其特点是相当部分场馆集中在远离城市集团的一块或多块奥运会场，其他场馆则分散布局于城市大区域内。这一模式属于大区域规划范畴，对城市的影响不大，但有助于在城市周围形成自给自足的卫星市镇，并以快速公共轨道交通和老城区连接。尽管这一模式有助于构建多中心的区域城市网络，并因此为很多规划学者所称道，但是从承办奥运会的角度考虑，由于奥运会场馆过于偏远，给组织管理工作带来很多不便（亚特兰大夏奥会因此受到很多批判），也不利于赛后的场馆再利用，且新城区基础设施薄弱，开发费用较高，故而不为国际奥委会所提倡。

采用联合集群式的城市目前只有悉尼（2000）。这种模式实际是外围集群式的一个变种，其特点是集中场馆群被策略性地选定于两个正在发展的城市组团之间，有利于开发连接两座城市的快速公共交通系统。但它的危险性是有可能形成一片过于庞大的城市群，导致城市蔓延，且场馆远离现有城区，投资费用高，赛后再利用也有相当难度（悉尼奥运场馆的低利用率几年前已经开始显现出来）。

综上所述，各种规划模式都有不同的利弊。分散式和内置单/多中心集群式适用于人口基本稳定或衰退中的城市以吸引内向投资，吸纳人口内移，重构内城空间结构，清理违章建筑和问题街区，改善交通体系和人居环境，并由此全面促进城市更新；而外围集群式、卫星集群式和联合集群式则更适用于快速发展中的城市，以缓解内部压力，有机疏散快速膨胀的城市人口，明确城市未来的扩展方向并构建多中心的区域发展体系。奥运规划要综合考虑各方面的因素并根据举办城市的具体情况因地制宜地进行。

结语

奥运会走过了百年历程，在很多举办城市都留下了多姿多彩的建筑作品和文化遗产，也给这些城市的发展和变迁带来了深刻的影响。从某种意义上来说，奥运城市规划是当代奥林匹克运动（Olympic Movement）不可或缺的组成部分，也是西方城市发展史上的重要篇章。"奥运城市"并非一个真正的城市流派，而是一个被不断发展、不断发掘的设计理念和文化现象。不同城市接纳奥运会的模式可能不尽相同，但它们殊途同归，共同演绎着奥林匹克运动创始人顾拜旦（De Coubertin）关于建立"当代奥林匹亚"（Modern Olympia）的恢宏理想。

必须指出，奥运城市重构是一把双刃剑，它可能给举办城市带来梦寐以求的环境和社会变革，使城市"浴火重生"；也有可能使城市背上沉重的债务负担，变成劳民伤财的"政绩工程"，或割裂当地的历史传统与文脉，令社会弱势群体流离失所（gentrification）。因此，奥运会城市规划和建设必须立足于长远目标和效益，把握城市的问题所在和发展趋势，在深入论证不同方案的利弊得失、全面考量各方利益、广泛征求公众意见的基础上展开。

伴随着新世纪经济和社会的发展，世界很多城市都面临着内部重构的压力，包括夏季奥运会在内的世界性大型活动为这一目标的实施提供了宝贵契机。探讨如何利用奥运会等重大事件实现城市重构、构建可持续发展的城市形态具有现实意义。本文仅仅为这项工作的深入开展提供了一个起点。

注释及参考文献

①参见：Rudlin, D and Falk,H. *Building the 21st century home, the sustainable urban neighbourhood*. Oxford: Architectural Press, 1999.

②参见：Roche, M. *Mega-events modernity: Olympics and Expos in the growth of global culture*. London: Routledge publishing, 2000, p.1.

③参见：Hiller, H. *Towards a science of Olympic outcomes: the urban legacy*. IN: Proceedings of the International Symposium on the legacy of the Olympic Games, 1984~2000, November 2003, Lausanne: International Olympic Committee, pp.103~109.

④参见：IOC *Manual for candidate city for the Games of the XXX Olympiad 2012*, Lausanne: International Olympic Committee, 2003.

⑤参见：Millet, L. *Olympic Village after the Games*, IN: Proceedings of the International Symposium on Olympic Village, November 1996, Lausanne: International Olympic Committee, p.123.

⑥参见：Liao, H. and Pitts, A. A Brief Historical Review of Olympic Urbanization, *The International Journal of the History of Sport*. Volume 23, November 2006, pp. 1232-1252.

廖含文　英国格林尼治大学建筑与工程学院
大卫·艾萨克　英国格林尼治大学建筑与工程学院

荷兰 2028 奥运畅想

NL2028 Olympics Dream

■ 何宛余 ■ He Wanyu

[摘　要] 荷兰的申奥研究团队通过对城市和奥运本身的研究，来探讨阿姆斯特丹和鹿特丹申请承办奥运会的可能性与可行性。本文介绍了相关研究成果及概念性构想。

[关键词] 荷兰 奥运 城市 贝尔拉格学院 维尼 · 马斯

[Abstract] Dutch Olympics bid team try to find out the possibility and feasibility of Amsterdam and Rotterdam become the Olympic city by research the cities and Olympic Game. This paper introduced the achievements and conception of this study.

[Key words] Netherlands, Olympic Game, City, Berlage Institute, Winy Maas

当我国在为 2008 年奥运会做最后准备的时候，荷兰已开始着手申请 2028 年夏季奥运会的准备工作：荷兰政府与荷兰奥委会委托荷兰建筑师协会、贝尔拉格学院与 MVRDV 建筑师事务所合作展开荷兰申奥研究。2007 年，贝尔拉格学院成立由维尼 · 马斯（Winy Maas）领导的研究团体，专门研究荷兰申奥的相关课题。

为何申办奥运会？（Why Olympics?）

奥林匹克运动会作为地球上最具影响力的全人类盛事，不仅能使主办城市受到全球几十亿人的关注，收到巨大的社会和经济效益，也是城市更新的“催化剂”，为东道主展示综合国力提供有利契机。

为何荷兰？（Why NL?）

荷兰作为西欧的强大经济体，拥有欧洲最高的人口密度。从 2000 年开始，随着经济的发展和人口的增加，荷兰对体育设施的需求急剧增长。这种需求能够促进国民体质的增强，也为承办大型运动盛会（如奥运会和世界杯等）提供可能性，还能提高荷兰在国际运动赛事中的地位，发展基础设施建设，增加旅游收入等。申办奥运会为发展高级体育设施提供契机，同时能给荷兰带来展示综合国力与更新城市的机会。基于国家经济基础和实际需要，荷兰政府愿意以积极的姿态去迎接奥运这个“催化剂”。

为何 2028？（Why 2028?）

1928 年奥运会的主办城市即是荷兰阿姆斯特丹，对荷兰人而言，再一次承办奥运会是庆祝阿姆斯特丹奥运 100 周年的最好方式。2028 年奥运会距今仍有 20 年时间，荷兰政府与荷兰奥委会有足够时间做好充分准备，并于 2016 年前后向国际奥委会申请奥运会主办权。

“奥运会并不一定会给城市带来负面影响。当今，奥运会的经济问题在现代媒体的推波助澜下得到广泛关注，在此之下，新协同模式的可能性正被发掘。以巴塞罗那为例，1992 年的奥运会使地方、区域和国家当局第一次站在同一战线上，将预算的 11% 用于奥运设施，65% 用于基础设施，26% 用于地下工程。城市很难实现这些项目。现在的问题是：城市转型该是什么结果？一个新的不知由谁设计的城市规划？一项不知能否通过中央政府审批的市长政策？为此，组织一个将所有议程涵盖结合起来并让其项目可被理解的框架是必须的。在 1992 年我们有这样一个项目，我们叫它奥运会……” 1992 年巴塞罗那奥运会的主设计师 J · 阿茨毕罗（J. Acebillo）在贝尔拉格学院接受采访时说道。

奥运设施是一个汇集了不同地域和生产目的、有争议的实体“空间”，其目标是将资本最大化，并将之转换为城市的物质性变化，最终结果的优劣取决于奥运项目的质量。

奥林匹克委员会是一个类似于另一种联合国形式的实体，有其背后的政治议程，并将之不痛不痒地称为“申奥”。最终正是这种国际视野所揭示新的经济和地缘政治关系能够促进“奥运后”城市的发展。在各种政治战场里，一个成功的奥运候选城市，必须能够宣传全球性的地方利益或涉及全球面临的紧迫性问题，并以当地作为解决方案的样本：最终的奥运项目必须在现实世界所面临的迫切问题的框架内符合“就地取材”和建筑层面上国际“奥林匹克”的政治意义。

巴塞罗那成功地将奥运建设转化为城市发展的动力，将奥运所要求的基础设施建设纳入城市的发展进程，并提出了奥运项目赛后利用的问题。此后，如何避免奥运项目成为“白色巨象”（white elephant 指大而无用之物），怎样才能将城市既有问题与奥运城项目的发展策略相结合，成为各国申奥城市必须面对的问题。

城市与运动（City & Sports）

进入新千年的人们，在享受着高质量物质生活的同时，也承受着巨大的精神压力。运动作为强身健体、舒缓压力的健康生活方式越来越被大众喜爱，同时也得到政府、保险公司、医疗机构等的大力支持，各种规模的运动设施相继建设。但是，在拥挤的城市里，这些设施往往被排挤在外，体育场、游泳馆等建在市郊，健身房、网球场等则寄生于某栋建筑。市民往往需要花费大量的时间与精力才能接近这些有开放时间限制的运动设施。

但这种日常需求为什么无法满足，是因为在城市发展的进程中从未将体育设施纳入其中，还是缺少这样一个契机？

城市与奥运（City & Olympics）

1. 城市

在确定本次参与申请奥运的主办城市之前，一个问题引起了民众的争论：选择阿姆斯特丹——荷兰第一大城市、全国文化中心、1928年奥运会主办城市作为申奥城市，还是鹿特丹——荷兰第二大城市、欧洲第一大港口，作为申奥城市更有利。为此，在正式确定申奥城市之前，有必要对两个城市进行一系列的研究，进而分别提出与两个城市相应的申奥策略，再进行具体的比较。

对两个城市的研究分别从以下方面入手：人口的数量、分布、密度等，经济的GDP状况、商业侧重、资本分布等，基础设施方面的道路交通系统、轨道交通系统、空中交通系统、既有体育设施等，城市规划的建设发展方向、建筑密度、空地状况等，并通过统计数据，分析、整理、归纳数据发现城市面临的问题，总结城市发展趋势、城市现状地图等，并将其作为展开奥运策略的出发点与依据。

2. 奥运

研究内容主要包括奥运历史（特别是历史上的奥运主办城市与奥运村的关系），与之相应的世界经济、社会、环境等方面的历史演变与未来趋势（图1），以及各个奥运场馆的相关内容（比赛场地面积、容纳的观众数量、场馆各配套设施的规模、比赛时间表安排等）（图2）。在研究各场馆类型的基础上，探讨场馆组合的各种可能性（图3）。

最后，在以上研究基础上探讨实际环境中的运用，即“奥运”与“城市”结合所得出的奥运策略。

奥运策略一：堤坝奥运——鹿特丹

设计：亚历山大·马丁罗尼（Alessandro Martinelli）

1. 简介

基于奥运项目“线型”空间组合的研究基础，设计将此原型运用于鹿特丹高泛滥风险的河岸或海岸边，借此修建奥运“超级堤坝”（图4，图5）。

2. 预设情景

2028年距荷兰最后一次下雪的时间已经过去了20年。在此之间，随着温度的上升，人们能有更多的时间在户外活动。然而，由于极地冰帽季节性的减少，海平面缓慢提升，更巨大的变异也正崭露头角——随着冬夏季海平面的连续变化，海水正在逐步扩展。与此同时，气温和蒸发量也在增加，这些因素加速了荷兰全境国土的沉降。与2000年相比，荷兰土地至少下沉了2m。

冬季，雷暴冲洗着欧洲，并迅速提高了河流的水平面。这种河流的季节性行为会在夏季阻断河道，增加海港作为水陆之间独特交流的新意义。在荷兰的经济年度收支表中，水管理与控制变得越来越重要。为提高维护系数，堤坝的尺寸变得越来越大。这种负担迫使公共行政机构寻求新的战略，并重新考量成本与效益之间的关系。

逐渐增加的土地安全隐患导致荷兰最具发展力地区的经济增长失速，并使得越来越多的居民迁出兰德斯塔德（Randstadt，荷兰中部近海低地区域，包括阿姆斯特丹、海牙、鹿特丹和乌得勒支）区。港口与其周边地区的双刃剑关系也威胁着港口作为政府公司的未来发展。

在这个全球经济沉船的时刻，奥运会的吸引力与英雄式命题正逐渐缺失。由于缺少消费品牌与奥林匹克的联姻，国际奥委会正濒临破产的边缘。在这种情况下，大海与自然能否成为一个新的元素去挽救奥林匹克运动，建立一个新的契约并使其摆脱消费行为的致命束缚？

3. 本地化

“如果荷兰将要进行更多的频繁让步，就不得不将空间让与水，而不是从水中获取空间”[①]，奥运的申办过程将成为导则，并由此去理解如何保存一个新的“后”荷兰式的奥运组织方式。如果需要新的英雄式命题，是否会将超级堤坝在奥运开幕式上开启？抑或就此终结对于海水过量流入的担心？

4. 策略

是否存在依靠移动土地来获取足够的空间去支持奥运会赛事体育设施的可能性？通过土地下沉去创造比赛场空间，就像古代希腊泛雅典奥林匹克体育场的复制品。是否有将荷兰工程学大师杰作——大堤坝变形成为竞技大道的可能性，从而唤起新的荷兰式的“无尽平坦”。

5. 氛围

荷兰设计师对围海造田形成低地景观具有丰富的经验，并对欧洲及其周边地区的填海造田工程产生深刻且持续的影响。如果说历史上低地的建立标志着人与水的关系迈出跨越性的一步。那么奥林匹克超级堤坝的建立，将会给荷兰带来一项全新而又经典的抗洪经验。这种独特英雄式的挑战能促使奥运预算的迅速到位，还全球一个惊世演出。

奥运策略二：马戏团奥运——阿姆斯特丹（马戏团奥运）

设计：崔真恩（Jeong Eun Choi）

1. 简介

在研究奥运项目各场馆大小、坐席数量、后勤需要等基础上，设计将各个庞大的场馆分解为集装箱能装载的配件。配件可以反复

5 马戏团奥运研究
6 马戏团奥运构想
7 马戏团奥运研究

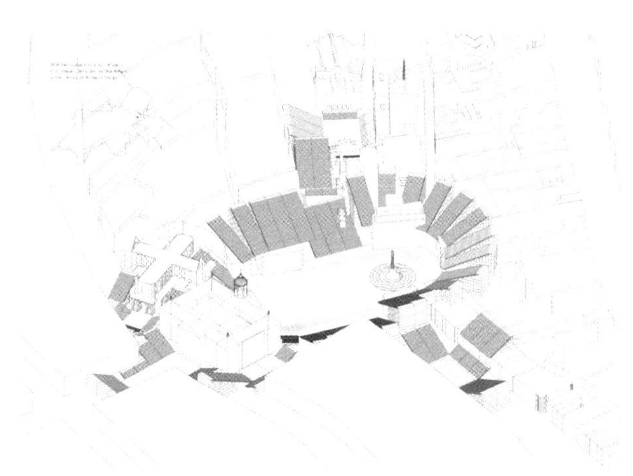

使用，并在城市空地内便捷搭建、拆除，借此实现“环保奥运”（图6～图8）。

2. 预设情景

2028年，奥运会已经膨胀为一个由成千上万运动员参加，包括一千多项大小项目的庞然大物。承办国家难以负荷，纳税人愤慨不已，赞助商也因利益的减少而开始抽离赞助资金，这些不得不面对的现实让奥运身处尴尬。因此，为奥运这一庞然大物找到可以栖身的现代城市（城市需要奥运品牌效应）变得越来越困难。奥运组织机构开始接受可以重复使用的临时设施（场馆），这样也可以减少申奥成功与奥运举办之间的八年建设时间。

荷兰阿姆斯特丹拥有举办顶级运动盛事的经验（如1928年的奥运会）和强大的交通系统，它可以成为有史以来第一个举办“移动奥运”（临时搭建设施、场馆需要根据比赛项目不断更新转移）的城市。荷兰的工程师和后勤专家们有能力妥善处理和组织搭建符合各项标准的奥运临时设施与场馆，举办一场“马戏团”式的奥运会。

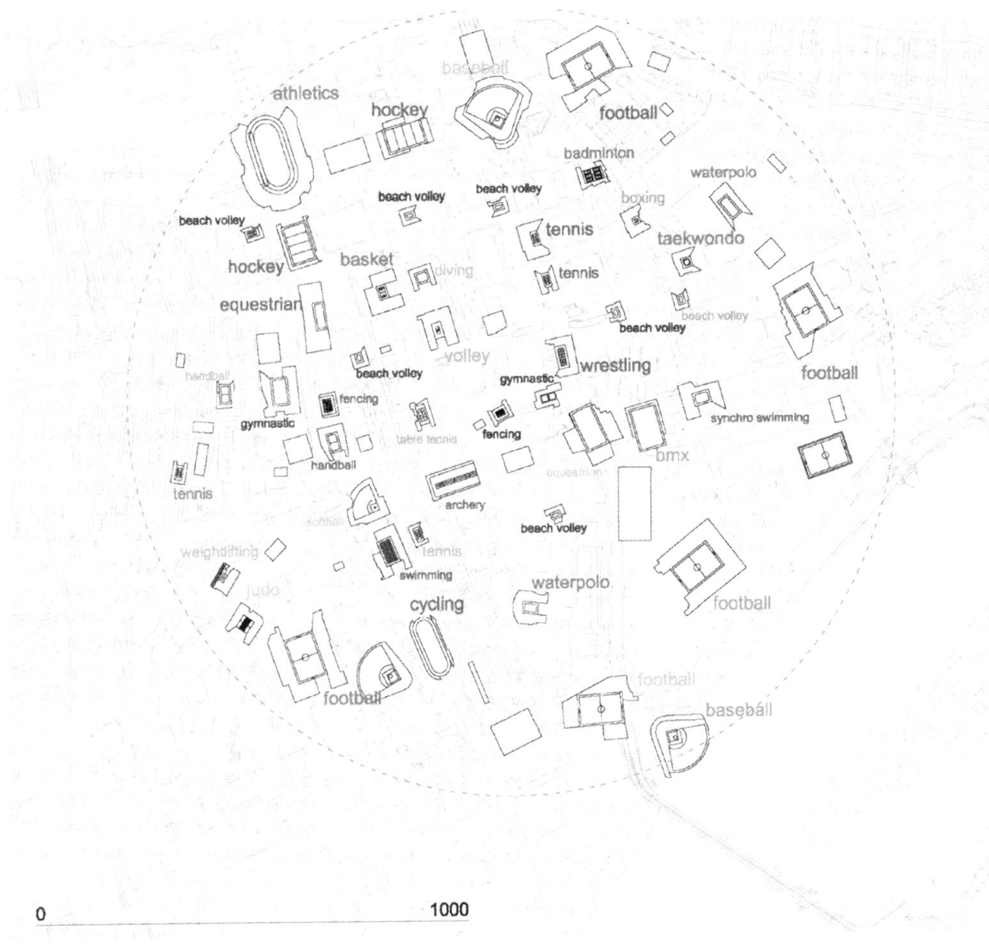

the crossroads
baseball > weena
equestrian > coolsingel
softball > eendrachtsplein
football > schiedamsedijk
judo > rochussenstraat

the courtyards
diving > aert van nesstraat
volley > van oldenbarneveltplats
table tennis > oude binneweg
tennis > mauritsstraat
weightlifting > mathenesserlaan

the waterworks
bmx > westblaak
beach volley > hoogstraat
baseball > boompjes
boxing > meentbrug
baseball > erasmusbrug

the squares
athletics > stationsplein
football > binnenrotte
waterpolo > binnenrotte
waterpolo > boshoek
football > museumpark
tennis > toni koopmanplein
basket > schouwburgplein
taekwondo > grotekerkplein
badminton > raamplein

the boulevards
tennis > coolsingel
wrestling > coolsingel
synchro swimming > blaak
archery > blaak
hockey > weena
football > weena
hockey > westersingel
equestrian > westersingel
fencing > westersingel
handball > westersingel
swimming > westersingel
cycling > westersingel

the parasites
tennis > kruisplein
beach volley > kruiskadehof
beach volley > stadhuisplein
beach volley > beurstraverse
beach volley > witte de withstraat
fencing > binnenwegplein
gymnastic > gaffeldwarsstraat
gymnastic > coolsingel

8 城市奥运研究

奥运会结束后，临时设施与场馆配件将被回收，并运输到下一个奥运主办城市，用于下一次奥运会。

3. 本地化

如何举办一个“马戏团”式的奥运会?

荷兰是有一个有着悠久贸易交流与提供海外运送历史和文化的国家。看看荷兰的各个港口便会发现，那里存放数以百万计的集装箱。为什么不能用这些集装箱作为奥运会“马戏团”的容器呢?

那将会是一个便捷的奥运会；一个可以在城市里走动的奥运会；一个可以回收的奥运会；也是第一个完全预制的奥运会!

4. 策略

设计运用几种方式将奥运转化为集装箱奥运：使用滑模式的观众席位；采用折叠的操场材料；为水上运动项目提供特制的透明容器等。

一个集装箱可以装载 187 个观众席位，或者 13 个厕所，也可以是 2 间的奥运村住宅。如果按奥运项目来组装货柜，一个曲棍球项目场馆，就等同 143 辆卡车所拉载的 143 个集装箱。

如此推算，整个奥运会需要 18459 个集装箱，其中 14175 个用于奥运场馆，另外 4284 个用于奥运村。集装箱还可以有其他用处。比如，作为媒体屏幕或涂上国旗象征的完美广告工具。

阿姆斯特丹“马戏团奥运会”的行程可以是这样的：第一天，港口奥运；第二天，机场奥运；第三天，建筑奥运；社会住宅区奥运，绿色奥运……“奥运马戏团”将持续在阿姆斯特丹各地进行为期 17 天的表演。

5. 氛围

21 世纪的奥林匹克运动会将像马戏团般游走于城市中。城市的每一部分都将是 17 天奥运会的场地。人们在城市的各个角落为奥运加油喝彩。奥运会结束后，我们关于奥林匹克的记忆将在城市中无处不在。

奥运策略三：城市奥运——鹿特丹

设计：玛利亚・S・吉伍迪斯（Maria S.Giudici）

1. 简介

在研究鹿特丹市中心街道、建筑与空地的空间关系和奥运项目的各项要求的基础上，将奥运场馆巧妙地逐一嵌入城市中心，一改

9 城市奥运研究
10 城市奥运构想

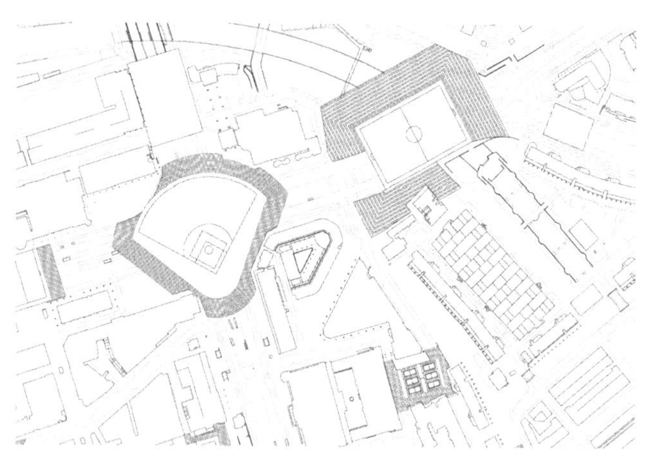

9

10

市中心沉闷的商业氛围，使其充满活泼的运动精神和生活气息（图9，图10）。

2. 预设情景

2028年，奥运会成为只有少数人能买得起门票的精英游戏。

当中产阶级在经历一场严重的经济危机后逐步走向破产，并被困在走向新前景的途中。与此同时，经济精英却在全球范围内蓬勃发展，贫富差距因此变得越加明显和巨大。城市分裂为一个商业化且昂贵的市中心和一个低收入的郊区。但市中心也日益面临在聚集社会里垮掉的威胁。

奥运申办城市需要提出一个充满激进行为的议案，将奥运会作为激发新城市中心生活的催化剂。

荷兰是一个多民族混居且相对年轻的国家，将向毫无生活氛围的城市中心以及同样没有活泼气息的精英游戏发出挑战。由此，运动与生活都将重返城市街道。

3. 本地化

城市需要将奥运视为一个强有力的社会工具，与此同时，奥运也能从运作得当的城市中心活动中得到增值。

"城市奥运"的前提是为每个运动项目建设一个独立场馆。在通常情况下，奥运场馆是能被多重利用的，以尽量减少新建大型体育设施，更重要的是符合将多个项目放在同一建筑中的原则，以配合精心策划的电视广播时间表。"城市奥运"强调的是体育运动的首次体验与感受，而不是传统的大众媒体传播体验方式。这也是为什么公共空间是开放的物理空间，而避免被限制和束缚。传统奥运会后大型体育综合场馆对城市来讲是一种负担，而不是一种资产。而在"城市奥运"中，在城市中逐一嵌入单个场馆的做法有效避免了"白色巨象"现象。

4. 策略

与其在郊区组建体育中心，不如把运动场馆分布到市中心半径1km的范围内。这样人们可以方便地从一个赛场步行到另一个，而且，这种散布场地的布局方式也鼓励游客一边徒步穿梭于各个体育场馆一边探索游历城市中心。

此外，奥运村和媒体中心被放置在一个位于场馆分布虚拟圈中心点的摩天大楼——奥运塔里，这就避免了创造另一个如过去大多数奥运村那样的"村落"。"奥运塔"被置于鹿特丹的战略要点：两处主动脉——库辛格（Coolsinge，鹿特丹市中心地名）和莱本（Lijnbaan，鹿特丹市中心地名）——之间，其房地产价值将成为平衡举办奥运会费用的契机。从媒体中心所在的"奥运塔"可以观看到下面所有的场馆，并能同时观看所有比赛项目。

由于既有空间的限制，场馆看台将调整以适应实际的可用空间，这意味着在某些情况下，现有建筑物将象征性地成为大型场馆的一部分，城市居民将有机会在自家的窗口观看赛事。最后，一些场馆将被部分拆除，移除临时看台，仅剩地面场域——即体育运动领域本身——最终成为向城市开放的体育场地。

5. 氛围

这样，任何人都有机会在奥林匹克体育场内活动，那么，奥运将给这个城市带来重新思考和布置公共空间的机会。那些剩余空间和被遗忘的广场因此能被重新发现，并转变为上演独特奥运经历的舞台布景，而城市本身也将提供一个巨大的舞台背景，通过将比赛带回到街道上的方式提高奥运影响力，使人联想到的旧时体育比赛或锦标赛。

最后，与"城市奥运"夺回了电视时代已缩小的民众感情一样，城市也抓住机会，赋予其市中心超越纯商业消费的真实社会与政治职能。当体育不再仅是简单的观赏盛世时，城市中心将再次成为人类体现其价值和展示野心的地方。

注释

①J·M·德弗里斯（J.M. de Vries），荷兰运输、公共工程和水管理部副部长。原文引自2008年出版的《一种对待水的不同方法》

何宛余　荷兰贝尔拉格学院

设计作品

Works of Design

南非约翰内斯堡足球城体育场

Soccer City，Johannesburg，South Africa

■ Populous建筑事务所 ■ Populous

项目概况

项目名称：南非约翰内斯堡足球城体育场

设计单位：Populous 事务所

合作设计：Boogertman Urban Edge & Partners

用地面积：254700m²

坐席数量：94000

获　　奖：The Prestigious SAPOA Excellence Awards

摄　　影：Chris Gascoigne

足球城体育场坐落于南非约翰内斯堡市索维托镇，自其翻新工程2010年5月完工以来，已接待游客超过100万人次。随着体育场对其自身显著地位的重新诠释，有关它所承载的国家级足球、橄榄球赛事，以及世界级演唱会、各类庆典会议活动等内容的讨论也在继续推进着。

足球城体育场是由世界知名的Populous事务所会同南方本土企业Boogertman Urban Edge & Partners合作设计完成的。体育场配有坐席94000个，为南非体育场之最。它是2010年南非世界杯开幕式、揭幕战及决赛的举办地，同年8月还首次承办了国际橄榄球协会三国赛中南非队同新西兰队的比赛。

体育场工程历时三年，动用了9000吨钢筋混凝土，为当地创造了数百个就业机会，而且这一工程的影响比一座体育场要深远得多。足球城体育场工程规划建设了一座独立自营型培训中心，旨在帮助当地工人培养其未来就业所需的各项技术、技能。有近800人先后接受了诸如吊车操作、混凝土浇筑等一系列的技能培训，为索维托培养了体育场建设之外的其他技术工人。

建筑特色综述

设计师选择了“葫芦”（或者说是非洲主妇烹制美食用的炊具）作为建筑的造型，因为这种元素最易被辨认，而且让人不禁联想起非洲大陆。

体育场原有的层级结构形态以及西侧正面看台的高层坐席均围绕中央比赛场地进行了全面扩建。为大范围改善观赛视线及舒适度，重建了原有低层护栏，并加高上层原有护栏墙，形成二层看台，从而将球场原有的二层看台改建成为了三层看台。上层护栏墙和重建的下层护栏墙与下层广场相连，同时广场又同平台层相通。原有双层看台以及高层看台之间配有三维舷梯结构，全部包含于建筑立面之内。除此之外，各层还设有独立电梯以及阶梯过道，为VIP通道提供了可靠的安全保障。

体育场曲线立面由纤维混凝土面板制成，精选的8种颜色和2种质地代表了非洲大陆景观中的绿荫和其他图案。整个立面由10个垂直插槽连接而成，在地理位置上同另外9座世界杯场馆共处一线，同时象征性地指向柏林体育场。场馆的这一布局体现了夺冠之路的内涵。“葫芦”形立面采用倾斜式无模壳灌注三维弯曲混凝土柱作为支撑结构，其相对基座的水平偏心距达6.5m。

上层看台由一个巨型三角空中构架圈悬吊支撑，以PTFE膜包覆，膜结构颜色同附近金矿砂颜色类似。构架圈底部覆有多孔网膜，形成了平滑的悬挂式屋顶造型。

整个VIP区连同体育场管理办公室都设在西侧主看台的后部，并配有专用VIP入口。全新的更衣室、媒体工作区、礼堂以及VIP停车场均设在体育场西侧平台下的新地下空间内。体育场的碗状造型映射“葫芦”形规划，而座椅随着墩座墙的升高，经外侧围栏和橙色棚顶的勾勒，其轮廓在红光的照射下，俨然成了“一座火盆”，自然将“葫芦”里的激情引燃。

选择混凝土作为结构主体主要是为了配合原有结构，这样不仅实现了全部预置部件现场灌筑的目标，更节约了成本，加快了工程进度。

立面支撑柱

混凝土结构中实现难度最大的就是立面支撑柱结构的设计和施工。整个立面由120根围绕体育场的倾斜式混凝土支柱支撑，柱体高16.3m，柱顶相对基座的水平偏心距为6.5m，能够产生较大的力矩和桩基础负载能力。

由于这些纤细的柱体要提供巨大力矩以及支撑力，混凝土中的钢筋极为致密（860 kg/m³），这给振捣棒的使用造成了极大的困难。最终，GLTA和Interbeton公司选择使用免振自密实混凝土完成了柱

1 体育场夜景

1

体结构的建造。所有立面支撑柱由水平拉杆连接，利用周边张力限制立面结构及支撑柱的长期偏斜。立面支撑柱的设计和施工须十分谨慎、精确，可以借助临时搭建的支撑结构防止柱体和立面在施工建设过程中的偏斜。值得一提的是建造立面支撑柱所需的临时钢结构将由事务所回收，在一个艺术家团队的协助下，再组建成艺术雕塑，并将安放于体育场以及纳斯瑞克区的显著位置。

建筑覆面

建筑师力图选取一种最能反映“葫芦”这一自然概念的材料来包覆立面，在对各类材料进行广泛研究之后，覆面材料最终得以敲定。在放弃了复合铝、钢材料以及多种顶棚方案之后，建筑师无意中接触到了一种产自奥地利 Rieder Elements 公司的名为 Fibre C 的挤压纤维混凝土板材。该板材漆面多样，亚光、喷砂面等一应俱全，搭配以各种朴素简约的颜色，能够营造出独特的斑驳覆面效果。该板材质地轻盈，厚度仅为 13mm，为 1200mm×1800mm 标准板材尺寸，由镀锌钢副架固定。另外，该板材具有绝佳的热力性能，通过了冰雹击打、渗水以及褪色等多项严格测试。

阶梯过道

八条大型人行阶梯过道的设计有效解决了高层看台观众入场、离场的疏导问题。这些阶梯过道同时还为各层看台提供了行车通道，过道随碗状立面起坡，自一层向下层立面变换位置。除去倾斜式立面支撑柱以外，其他用于支撑阶梯过道的柱体结构亦为倾斜式设计，因此也对复杂的设计分析方案及建筑技术提出了更高的要求。

More than one million visitors have attended events at the redeveloped Soccer City stadium in Soweto, Johannesburg, in South Africa, since its completion in May 2010. Negotiations for national soccer, rugby, international concerts, festivals and conference are continuing as the high profile stadium begins to redefine itself in the developing Soweto Township.

Soccer City was designed by global architects Populous, in collaboration with local South African firm, Boogertman Urban Edge & Partners. The 94,000-seat stadium is the largest capacity stadium in Africa. It hosted the opening ceremony and first and final matches of the 2010 FIFA World Cup in South Africa, and its first Rugby International with the Tri Nations match between South Africa and New Zealand in August.

The stadium took three years to construct, used 9,000 tonnes of reinforced concrete and has created employment for hundreds of people in the local area. The legacy from this project goes much further than just the stadium. A self-sustaining training centre was established by the Soccer City Project to enable local workers to get involved and develop their skills for future employment. Nearly 800 people were trained in a range of skills like crane operation, and concreting which provided them and Soweto with skills beyond the stadium construction.

2 场内全景
3 8 种颜色纤维混凝土面板打造的体育场立面

Architectural description

The “Calabash” or African pot designed was selected as being the most recognisable object to represent what would be automatically associated with the African continent.

The structural profile of the existing suite levels and upper-tier seating of the existing western grandstand were extended all around to encircle the pitch. The existing lower embankments were rebuilt to vastly improve the view lines and comfort of the most popular seats in the house. The upper third of the existing embankment was raised to form a secondary tier, thus turning the stadium into a 3-tiered, rather than a 2-tiered stadium. The upper embankment and the rebuilt lower embankment are accessible from the lower concourse, which is fed from the podium level. The two suite levels and the upper tier are accessed via 3-dimensional ramp structures that are contained within the façade of the pot. The suite levels also have separate lift and stair lobbies at each corner for dedicated secure VIP access.

The stadium has a curvilinear facade made up of fibre reinforced concrete panels, in a selection of 8 colours and 2 textures, which reference the shades and textures of the African landscape. The pot is punctured by open or glazed panels which create a suggestion of pattern on the façade that comes into its own when the inside volumes are illuminated. The façade is articulated by 10 vertical slots which are aligned geographically with the 9 other 2010 FIFA World Cup stadia, as well as symbolically connecting to the Berlin stadium. They are representative of the road to the final. The calabash façade is supported by inclined off shutter three dimensional curved concrete columns which have a horizontal eccentricity of 6.5m in relation to its base.

The upper roof, which is cantilevered from an enormous triangular spatial ring truss, is covered by PTFE membrane in a colour similar to that of the adjacent mine-dump sand. The bottom of the trusses is covered by a perforated mesh membrane, thus giving the appearance of a smooth under-slung ceiling.

All VIP areas and the stadium management offices are located behind the main western grandstand, with a dedicated VIP entrance. New change rooms, media work areas, auditorium, and VIP parking are located within a new basement under the podium on the western side of the stadium. The bowl shape of the stadium mirrors that of the Calabash and sits on a raised podium outlined by the perimeter fence and turnstiles which are covered in an orange canopy and illuminated red thus creating ‘a pit of fire’ to naturally fire the ‘Calabash’.

The choice of concrete for the bulk of the structure was taken to match with the existing structural profile so as to enable all pre-cast units to be made on site, and to improve on the cost and lead times of a structural steel framework.

Facade Columns

One of the most challenging elements of the concrete structure was the design and construction of the façade columns. The façade structure is supported on 120 inclined concrete

2

3

columns enveloping the stadium. The columns are 16.3m high, and the top of each of these columns has a horizontal eccentricity of 6.5 metres in relation to its base, resulting in large moments and upward loads on the piled foundations.

Due to the large moments and forces in these slender columns, the reinforcing steel is extremely dense (860 kg/m³), which made the use of a vibration poker extremely difficult. GLTA/ Interbeton opted to use self-compacting concrete to construct these columns. All façade columns are connected with tie beams which act in ring tension so as to limit long-term deflection of the columns and façade structure. The design and construction of the façade columns had to be planned and executed very carefully, with temporary propping and bracing, so as to prevent deflection during construction. It is interesting to note that the temporary steel required for the live and dead ends of the facade columns will be recycled by the architects, with the help of a group of artists, into artworks that will have pride of place on the podium and within the Nasrec precinct.

Façade cladding

The final selection of the façade material came about after an extensive search by the architects to select a product that would ultimately reflect the nature of the concept of the calabash. Having discarded ideas of composite aluminium, steel, and various roof-sheeting options, the architects were coincidently introduced to an extruded fibre reinforced concrete panel called Fibre C, from Rieder Elements in Austria. The product is supplied in panels with varying surface finishes, honed and sandblasted, in combination with a variety of earthy colours, to create the unique variegated façade cladding. The panels, which are light-weight and only 13mm in thickness, are supplied in 1200 x 1800mm typical panel sizes and are fixed to a galvanised steel sub frame. The panels, furthermore, have excellent thermal properties and have been subjected to rigorous testing, including hail impact, water penetration, and discolouration tests.

Ramps

Eight large pedestrian ramps, designed for the efficient ingress and egress of spectators to the upper levels of the stadium, have been provided. These ramps, which also provide vehicular access to all levels, follow the shape of the façade bowl and consequently change position in plan from one level to the next. In addition to the sloped façade columns, the other columns supporting the ramps are inclined thereby requiring intricate design analysis and construction techniques.

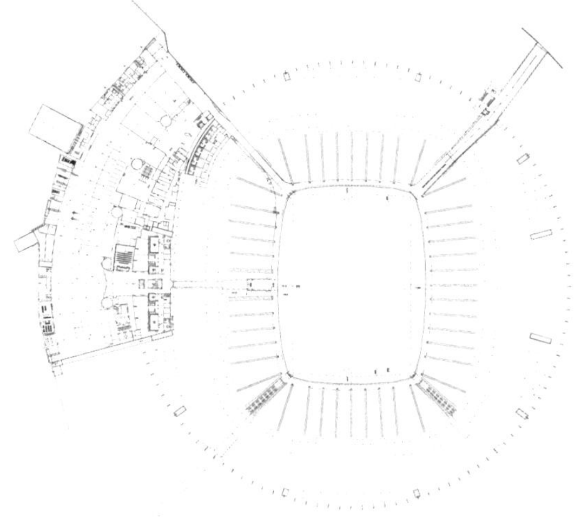

4

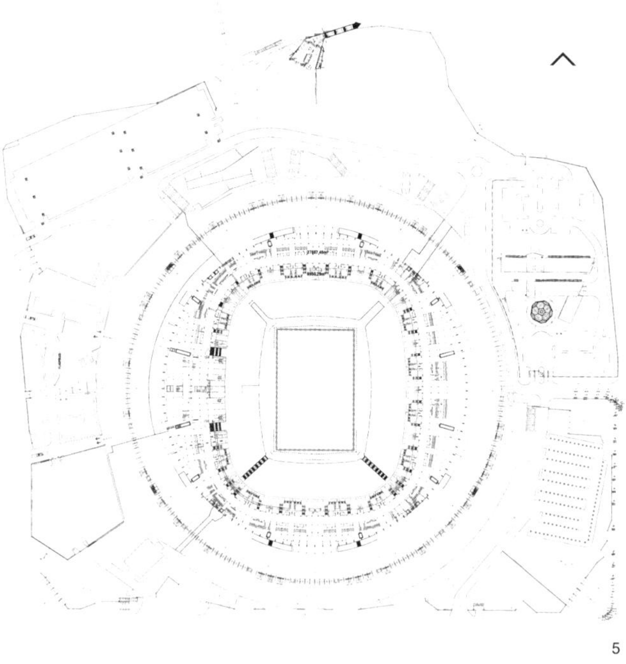

5

4 地下层平面
5 地面层平面

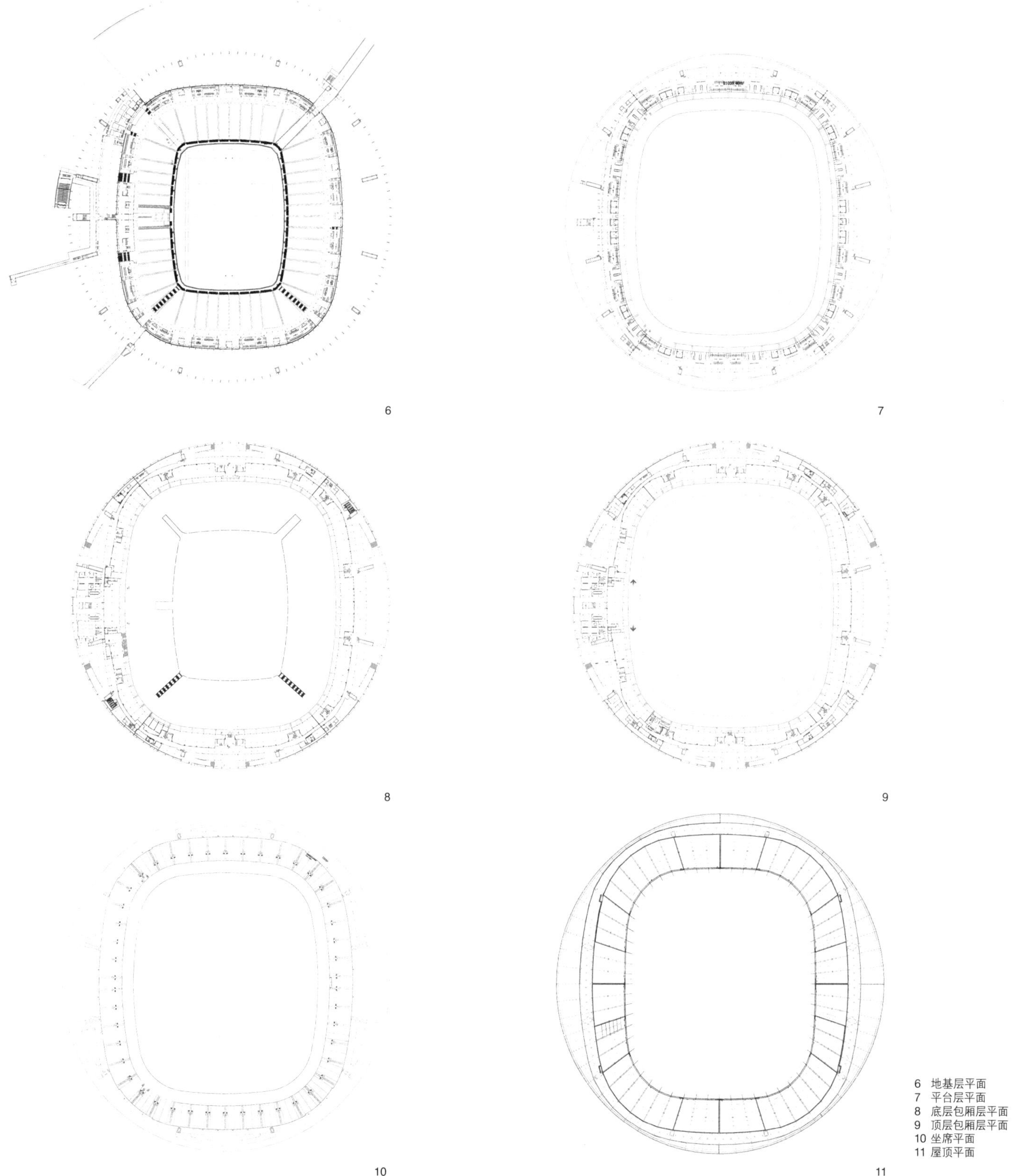

6　地基层平面
7　平台层平面
8　底层包厢层平面
9　顶层包厢层平面
10 坐席平面
11 屋顶平面

12 外环观众通道

12

南非德班摩西·马布海达体育场

The Moses Mabhida Stadium, Durban, South Africa

■ 冯·格康，玛格及合伙人建筑师事务所　■ gmp

项目概况

项目名称：摩西·马布海达体育场

建设地点：南非德班

业　　主：Group Five, WBHO + Pandev JV

建筑面积：92300m^2

拱 长 度：340m

建筑高度：105m

坐 席 数：56000（固定坐席）；70000（2010FIFA 世界杯）；85000（奥运会期间）

VIP 包厢数量：130

残疾人坐席数：80

建筑设计：Volkwin Marg and Hubert Nienhoff with Holger Betz

设计团队：Christian Blank, Alberto Franco Flores, Rüdiger von Helmolt, Jochen Köhn, Martin Krebes, Helge Lezius, Florian Schwarthoff, Kristian Uthe-Spencker

合作设计：Ibhola Lethu Consortium, Theunissen Jankowitz Architects, Ambro Afrique Architects, Osmond Lange Architects, NSM Designs, Mthulusi Msimang Architects, SA

屋盖结构设计：Schlaich Bergermann und Partner
Knut Göppert mit with Markus Balz

结构设计：BKS (Pty) Ltd

建设时间：2006~2009 年

摄　　影：Marcus Bredt

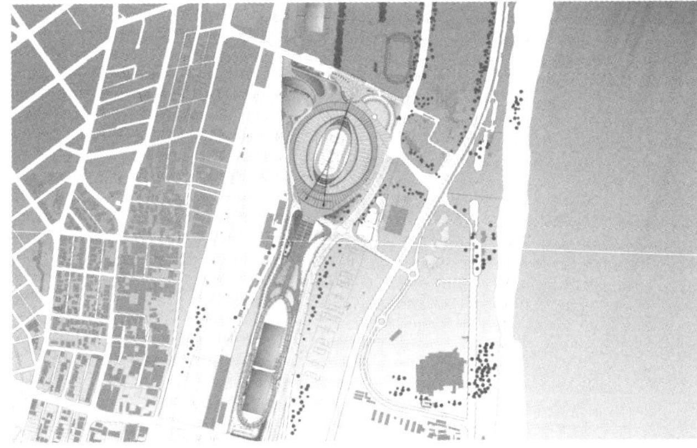

1 总平面

2006 年，德班市举办设计竞赛，诚邀多家建筑师事务所设计一座可容纳 70000~85000 名观众的多功能体育场，作为城市的建筑地标。

伊布奥拉·勒图设计团队（Ibhola Lethu Consortium）最终折桂，获准设计全新的德班体育场，并负责后期的建筑深化及施工管理等工作。该工程项目团队包括 32 家南非本土建筑公司以及作为咨询机构的德国 gmp（von Gerkan, Marg and Partners）事务所和承担概念结构工程工作的 SBP（Schlaich, Bergermann und Partner）事务所。

摩西·马布海达体育场坐落于中央体育公园的高位平台上，地处印度洋海滨地带，通过机场高速与城市相连。建筑主入口位于绵延 1.5km 的线形体育公园南端，象征着建筑在城市中的门户地位，造型宛如分支的巨拱。建筑北端设有无轨电车，运送游客及观众到达拱顶的“高空平台”，自此，不但可纵览德班全貌，还能欣赏优美的印度洋海景。体育场造型宛如巨拱，高达 105m 的拱形结构成为整个体育场标志。巨拱作为全新体育场的标志，也成为了德班城市轮廓的生动标志，诠释了如彩虹般团结一致的多民族主题。除此之外，自上而下俯视整个建筑，还能体会出国旗的象征意义。

体育场为承办 2010 年世界杯足球赛，配备了 70000 个观众坐席，并在赛后其缩减到 56000 个。为满足承办其他大型活动的需要，座位数也可临时增至 85000 个。这座多功能体育场不但满足国际足联的各项要求及指标，同时还具备英联邦运动会或奥运会场馆的各项设施条件。体育场为参赛人员、新闻工作者、观众提供了 VIP 贵宾设施、（高度均超过 6 层的）总统包厢和海洋大厅、交流室以及 130 多个观赛包厢等各项绝佳的观赛条件。

体育场的碗状造型源自于环形屋顶结构和三倍半径几何结构运动场的有机融合。

巨拱承载了内部膜结构屋顶的荷载，奇异的拉索结构造型也由此衍生。放射形的预应力拉索紧固于屋顶外侧边缘，而借助其一侧的巨拱连同另一侧的屋顶内缘，形成了体育场的杏仁造型。PTFE 覆面屋顶膜结构既可透射一半的日光进入体育场，又起到了庇荫遮阳的作用。

造型独特的多孔金属板立面的膜结构一直延伸到屋顶外缘，令光影的交接鲜明生动，营造出体育场空间的轻盈与通透。压环以及

2

3

立面由下部预置混凝土柱体结构和上部中空钢质箱型柱共同支撑，围绕场地一周的高度和倾角从约30m、90°到50m、60°不等。多孔金属板的膜结构表面在不隔绝外界环境的同时，避免体育场内部不受大雨、强风以及阳光直射的影响。

座椅的配色方案选择海洋主题，其灵感来源是德班海岸景观典型的颜色搭配，从蓝绿过渡到象牙白，自看台底部的深色向高层的浅色渐变，远远望去，原本空空如也的各色观众席好似座无虚席，产生了一种愉悦的视觉效果。

体育场的人工照明不但具有赛事活动的照明功能，更使巨拱在泛光和聚光的交叉照耀下显得光彩熠熠。巨拱两侧屋顶表面的照明由直接安放于拱顶的一系列LED灯完成。其余部分屋顶膜结构则有屋顶以下人行道上安装的泛光灯提供。比赛气氛的营造和功能性有效结合正是打造这座德班的全新地标所必不可少的元素。

In its competition brief of 2006, the city of Durban invited designs for a multi-functional stadium for 70,000 to 85,000 spectators that would become an architectural icon and city landmark.

Our Ibhola Lethu Consortium won the competition to build the new Durban stadium, and was subsequently responsible for the design and the management of construction. This project group consisted of a total of 32 South African architectural firms plus German partners von Gerkan, Marg and Partners (gmp) as consultant architects and Schlaich, Bergermann und Partner (sbp) as conceptual structural engineers.

The Moses Mabhida Stadium is situated on an elevated platform in the central sports park on the shore of the Indian Ocean, and is accessed from the city and station via a broad flight of steps. A 105m arch rises high over the stadium as a landmark visible from afar. The main entrance at the south end of the 1.5km long linear park symbolizes the stadium's gateway to the city, and is formed by the bifurcation of the huge arch. At the northern end, a cable car transports visitors to the 'Skydeck' at the apex of the arch. From here, you get a panoramic view of the city and the Indian Ocean. The arch flags the presence of the new stadium, making it an evocative icon on Durban's urban skyline, interpreted by the multi-ethnic population as a unifying rainbow and, seen from above, a representation of the national flag.

For the 2010 World Cup, the stadium will be fitted with seating for 70,000 spectators. Afterwards, the number will be reduced to 56,000, but can be temporarily increased to as many as 85,000 for major events. The multi-purpose stadium not only meets FIFA requirements but can also host the Commonwealth Games or Olympic Games. The building offers excellent conditions for participants, journalists and spectators, with VIP facilities, the President and Ocean Atriums (both over six stories high), clubrooms and 130 spectator boxes.

The shape of the bowl results from the interaction of the circular roof structure with the triple-radius geometry of the arena. The great arch carries the weight of the inner membrane roof. The unusual geometry of the cable system is derived logically from the structure. Radial prestressing cables are attached to the external edge of the roof all round the stadium and the great arch on one side and the inner edge of the roof on the other, thus forcing the latter into an almond shape. The PTFE-coated roof membrane admits 50% of the sunlight into the arena while also providing shade.

The perforated façade membrane of profiled metal sheeting rises to the outer edge of the roof, forming a lively pattern of light and shadow and offering glimpses of the interior, which lends the stadium a light and airy feel. The compression ring and façade are carried on precast concrete columns below and hollow box steel columns above, the height and angle of inclination varying around the stadium from approx. 30m with a 90° inclination to about 50m with a 60° inclination. The façade membrane of perforated metal sheeting provides protection against driving rain, strong winds and direct sunlight without excluding the outside world.

Inspired by the typical palette of colors of Durban's coastal landscape, we chose a "maritime" color scheme for the seat shells, ranging from blue and green to ivory, paling from dark at the bottom to light on the top rows. From a distance, the empty seats in different colors look already occupied, and make a cheerful sight.

The artificial lighting of the stadium is not just functional, but also serves to illuminate the architecture, floodlighting some parts and spotlighting or highlighting others. The roof surfaces on either side of the great arch are illuminated on top by a line of LEDs mounted directly on the arch. The rest of the roof membrane is lit from below by floodlights installed on the catwalk. Atmospheric quality and functional efficiency combine to put Durban's new icon in the right light.

2 位于印度洋滨海地带的摩西·马布海达体育场
3 夜晚灯光照射下通体透亮的体育场

4

5

4 巨拱之下的体育场入口
5 内场

6

7

8

9

10

6 巨拱分叉端细部
7 巨拱结构支撑
8 巨拱结构承载了膜结构屋盖的全部荷载
9 通透的多孔金属板立面
10 体育场底层空间

11

12

13

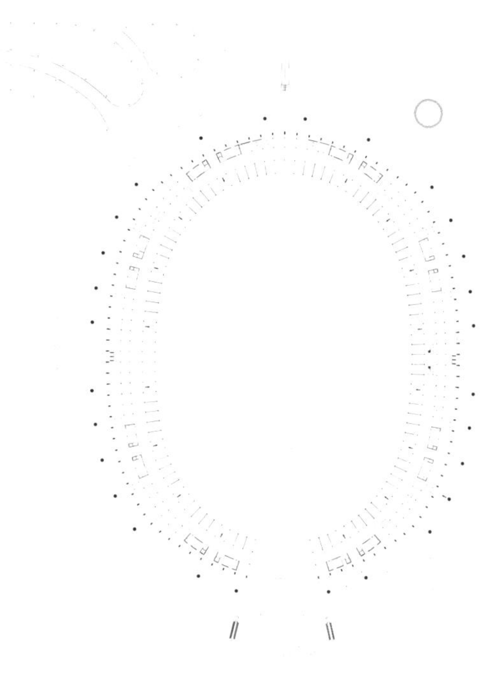

14

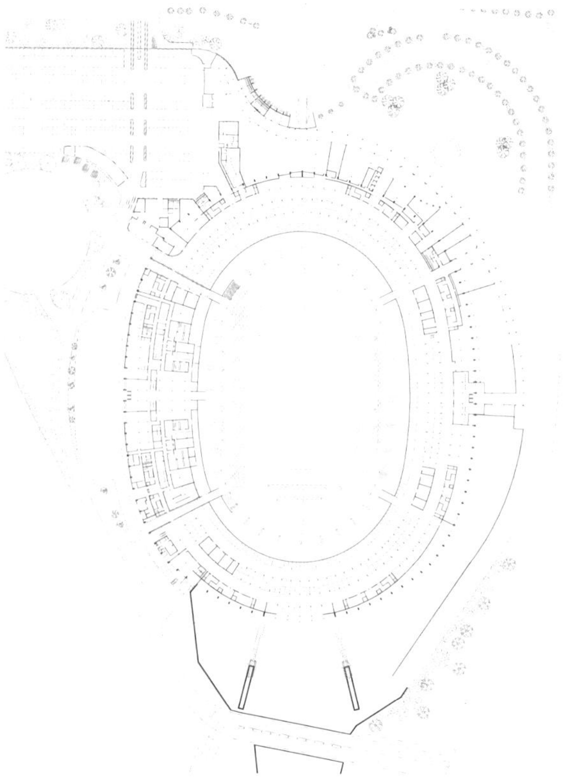

15

11 包厢
12 VIP 区入口
13 内部交通空间
14 三层平面
15 一层平面

16

17

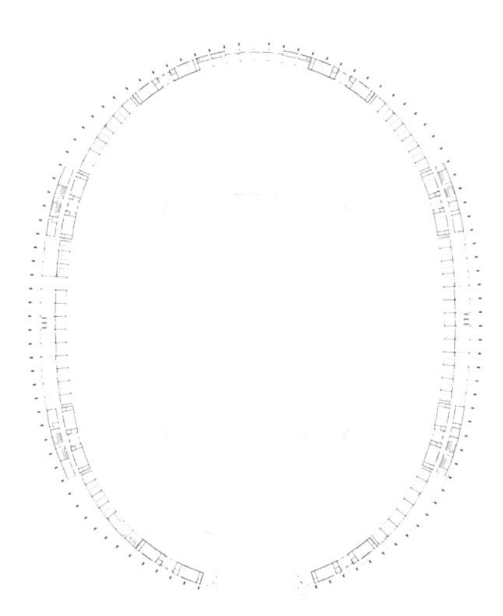

18

19

16 极富非洲风情的观众休息厅
17 餐饮区
18 五层平面
19 看台平面

20

21

22

23

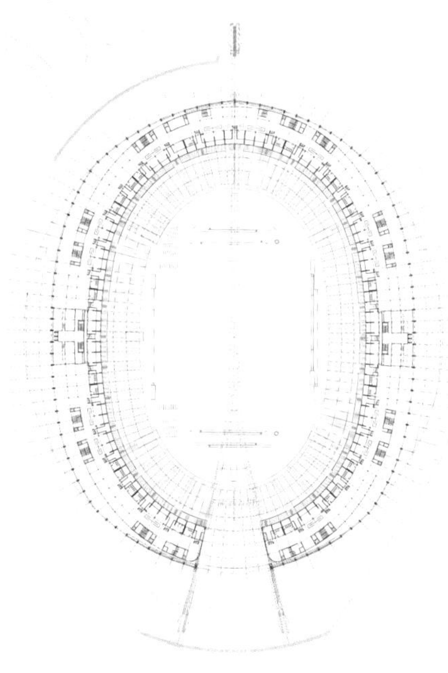
24

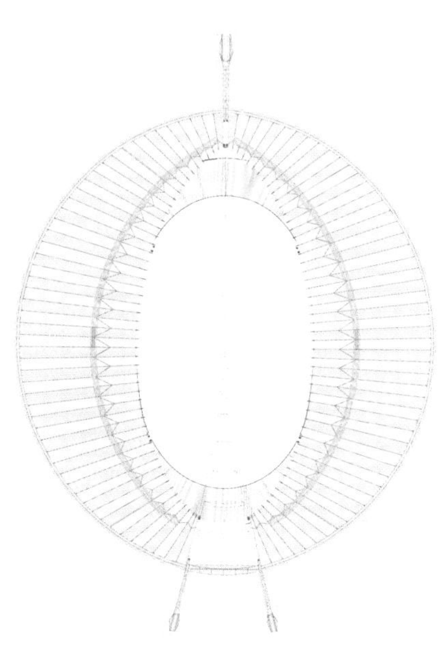
25

20 球员更衣室
21 看台入口
22 球员淋浴
23 球员洗浴
24 四层平面
25 屋顶平面

南非开普敦体育场

Cape Town Stadium, Cape Town, South Africa

■ 冯·格康，玛格及合伙人建筑师事务所 ■ gmp

项目概况

项目名称：开普敦体育场

建设地点：南非开普敦

业 主：City of Cape Town, spv 2010

建筑面积：110000m²

建筑高度：48m

坐席数量：68000

VIP 包厢数量：134

残疾人坐席数：120

项目负责人：Robert Hormes

建筑设计：Volkwin Marg and Hubert Nienhoff with Robert Hormes

设计团队：Sophie Altrock, Holger Betz, Christian Blank, Margret Böthig, Lena Brögger, Maike Carlsen, Chris Hättasch, Patrick Hoffmann, Andrea Jobski, Martin Krebes, Helge Lezius

合作设计：Louis Karol architects, Point architects, Cape Town

结构设计：BKS (Pty) Ltd, Iliso Consulting, Henry Fagan & Partners, KFD Wilkinson, Arcus Gibb, Cape Town

景观设计：OvP Associates Landscape Architects, Cape Town

规划设计：Comrie Wilkinson architects & urban designers, Jakupa Architects and urban designers, OvP Associates Landscape Architects, Cape Town

屋盖结构设计：Schlaich Bergermann und Partner – Knut Göppert with Thomas Moschner

建设时间：2007~2010 年

摄 影：Marcus Bredt

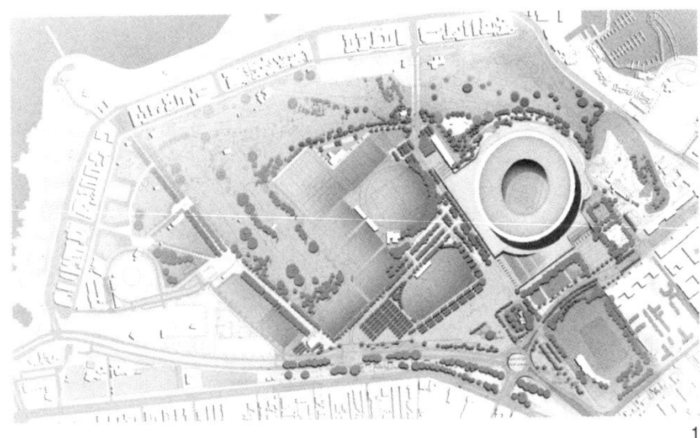

1 总平面

桌山、信号山和大西洋共同勾勒出开普敦的城市轮廓线，绿点区则位于信号山脚下，这里是世界闻名的风景如画之地。然而，在这一独特的地理位置上设计一座体育场将成为巨大的挑战。绿点区面积为 80hm²，其历史悠久，拥有南非最古老的高尔夫球场和橄榄球俱乐部，周围是居住区，且距开普敦顶端的维多利亚艾尔法特海滨购物城很近，那里现在已是该市主要的旅游胜地。经过谨慎的考虑之后，当地政府决定将新体育场建在这里，重组现有的运动设施，并使之成为商业中心与绿点区之间的纽带。同时，温耶德堡炮兵要塞、绿点板球场和高尔夫球俱乐部三者都被整合进这个公园。

由于采取了轻型设计理念，体育场的弧形轮廓和桌山的水平线、信号山的圆顶三者形成和谐的三和弦，圆形的体育场与周围环境相映成趣。体育场半透明的外表层在一天或者四季的不同时间、不同天气和不同日照条件下呈现出丰富的表情，特别是丰富的照明效果赋予了体育场一种极具个性的雕塑感。

体育场的设计理念与建筑功能要求相结合，为观众提供了一个合理而又感性的集会场所，为足球赛、橄榄球赛和音乐会等活动的举办营造出高质的赛场氛围。体育场可容纳 68000 名观众，有三层看台，其中包括 2400 个商务坐席和 2500 个包厢。二层和六层的宽敞步道沿着体育场的竞技场地形成了环形通道，允许观众自由移动或是在此处散步，易于找到良好的观赛方位。通道上层高度为 25m，在这里可以尽览绿点、开普敦市全貌以及大西洋的辽阔海域。

抛物线外形的看台让所有的观众能最大化地观看到球场。由于功能几何的关系，上层看台轮廓的弧度较大，与弧度较小的屋顶边缘形成了鲜明对比。在 2010 年南非世界杯期间，在上层看台的两侧加设临时座椅，之后又被活动套间和俱乐部聚会室所替代，虽然体育场的容纳量从赛时的 68000 名观众减少到 55000 名观众，但是增加了出租区域的数目，大大提高了体育场在世界杯之后的商业生存力。

由于处于带有政治意义的地理环境，控制该体育场的高度成为关键性问题。由于底土多岩石，所以无法将球场和底层看台下沉到地下，因此为了减少体育场表面高度，我们提供了一个抬升的平台。这个类似于人造景观的高台调整了体育场和周边环境的高度差，从视觉上降低了体育场的高度。体育场三层的宽敞匝道和台阶可通往这个高台，高台下是可容纳 1200 辆汽车的停车场、一个货物运输区以及通往消防车和急救站的通道。

2

3

4

依靠空气动力学中的浮升力而水平悬挂的屋顶需要减重，而且屋顶上的雨水需要在不使用抽水泵的情况下清理掉，于是我们设计出一个解决这些问题的创新性结构——一个弯曲悬挂的鞍形屋顶、一个桁架梁系统以及屋顶上的玻璃，这三者的合成阻挡了向上的风吸力。

这些悬索上的钢制桁架梁形成了屋顶结构的核心部分，并且在两侧都有包层。36000m^2 的屋顶由叠层玻璃构成，屋顶内部是由透明玻璃构成的 16m 宽圆环，使球场获得大量的自然光。同时，外部的涂瓷玻璃可减少热耗散，并且减少大约 80% 的光强度。屋顶结构的下面和正面都附上了一层半透明薄膜，既覆盖了技术设备又起到了隔声作用。音响系统、强光灯和立式照明系统都被整合安装到屋顶上。尽管玻璃总重为 4500 吨，但是较于其他相似大小的屋顶而言，该屋顶仍然是一个轻型结构屋顶。

波浪状的轮廓将体育场变成一个大型的半透明雕塑。体育场正面被设计成水平形状的薄膜，所用的薄膜是一种带有银涂层的半透明玻璃纤维布，它像一块面纱包裹着这个承重结构，同时视线又可从外部透过这些玻璃纤维布看到体育场内部。在开普敦多变的天气条件下，体育场外表会作出相应的反应，在明媚夏日里呈现明亮的白色，在暴风雨的冬日里则呈灰色；黄昏时沐浴在淡红色的余晖中，夜晚时如同一盏闪烁着的中国灯笼。

新体育场以低调而精致的姿态悄无声息地在好望角引人入胜的都市景观中占有一席之地，而且也在来自不同民族的南非人心中占有了一席之地。同时它为开普敦世界闻名的天际线增添了新的光彩。

The skyline of Cape Town is dominated by Table Mountain, Signal Hill and the Atlantic Ocean. Cape Town Stadium forms a landmark at the foot of Signal Hill, and fits respectfully into its environment. The challenge was to create a standalone building in this unique location that enriches rather than mars the world-famous picture-postcard setting.

Specifically, the job was to design a stadium on part of Green Point Common, an 80ha public park in the city center that would become iconic of Cape Town. The Common also contains South Africa's oldest golf course and oldest rugby club. It is surrounded by residential areas, and is close to Cape Town's central business district on the old Victoria & Alfred Waterfront, which is now the city's main tourist attraction.

Green Point Common has history in Cape Town. It was a rocky wasteland until, in 1923, the government of the Union of South Africa made it over to the city as common land on which recreational areas and sports facilities would be set up. Over the past decades, the area of common land has been whittled away, most of it no longer being accessible to the public, having been leased to private sports clubs and other organizations.

After careful political consideration, it was decided to locate the stadium so as to forge a link between the commercial center and Green Point Common, and reorganize the existing sports facilities. Fort Wynyard artillery fort, Green Point cricket ground and the golf club were integrated into the public park.

Together with the horizontal line of Table Mountain and the rounded top of Signal Hill, the curving contours of the stadium act as a kind of bottom note in a harmonious triad. Lightweight in concept, the circular stadium comes across as unobtrusive and respectful of its surroundings. Its appearance varies greatly with the typical lighting conditions of the area. With its translucent external skin, it reacts to different weather and daylight conditions at different times of the day or seasons, and diverse lighting effects give it a sculptural look.

This design concept was combined with the purely functional requirements. For spectators, it provides a logical but sensory structure, and inside the stadium engenders a terrific atmosphere during soccer and rugby matches and concerts alike. The stadium provides seats for 68,000 spectators, arranged on three tiers, 2,400 of them for business and a further 2,500 in boxes. Broad access promenades on Levels 2 and 6 form "lobbies" round the stadium arena, allowing visitors freedom of movement, a pleasant environment to linger in and ease of orientation round the stadium. The pitch is visible from the "lobby". The upper "lobby" at a height of 25m offers a panoramic view over Green Point Common, the city and the ocean.

The parabolic profile of the stands gives all spectators an optimal view of the pitch. The strongly curving outline of the top tier contrasting with the more muted curves of the roof edge is a result of their functional geometry. During the 2010 soccer World Cup, temporary rows of seating will be installed on either side on the top tier, but these are due to be replaced later by events suites and clubrooms. That will reduce seating capacity from 68,000 to 55,000 but increase the number of rentable areas, so as contribute to the commercial viability of the stadium post-World Cup.

One critical objection to the politically motivated location in a small-scale setting was the height of the stadium. Due to the rocky subsoil, the pitch and bottom tier could not be sunk into the ground. To reduce the apparent height of the stadium, therefore, we provided an elevated plateau as an artificial landscape feature that mediates between the surroundings and the stadium and lessens the perceived height of the stadium. Broad ramps and steps on three sides lead up to this plateau, under which is parking space for over 1,200 cars, a goods delivery area and access for fire engines and emergency services.

The need to weigh down the flat suspended roof against aerodynamic uplift and achieve rainwater runoff without pumps prompted us to come up with an innovative structural solution: a synthesis of a saddle-shaped, curved suspension roof and a truss-girder system, with heavy glass roofing to prevent wind suction upwards.

These steel truss girders on load-bearing cables form the core of a roof structure clad on both sides. The 36,000m^2 roof is made of laminated glass. The inner, 16m-wide ring consists of clear glass so that the pitch gets a lot of natural light, while the external glass areas are enameled, to reduce heat dissipation and cut the light intensity by about 80%. The underside of the roof

2 位于信号山脚下的开普敦体育场
3 夜晚的体育场仿佛一座半透明的雕塑
4 立面薄膜是带有银涂层的半透明玻璃纤维布

5

structure is, like the façades, clad with a translucent membrane, which not only covers the technical installations but also provides sound insulation. The loudspeaker system, floodlighting and stand lighting systems were integrated into the roof. Despite the total glass weight of 4,500 tons, the roof is still a lightweight structure compared with roofs of similar size.

The façade was designed as a horizontally profiled membrane. Its undulating silhouette transforms the stadium into a large-scale, translucent sculpture. The membrane is a semi-transparent glass fabric with a silver coating, enveloping the load-bearing structure like a veil while allowing glimpses of the interior. In the highly changeable weather conditions in Cape Town, it offers frequently changing reflections—like the changing light conditions and moods of the day: white and light on bright summer days and shrouded in grey on stormy winter days. At sunset, the stadium is bathed in a reddish glow. At night, it gleams like a Chinese lantern, revealing its interior.

Cape Town's world-famous skyline has acquired a new architectural feature. The new stadium has unobtrusively taken its place in the impressive urban landscape of the Cape of Good Hope and in the hearts of South African citizens whatever their ethnic origin.

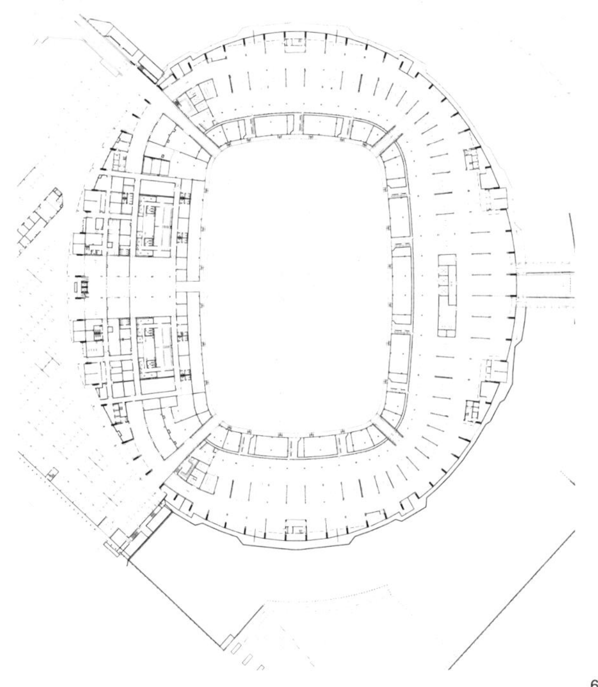

6

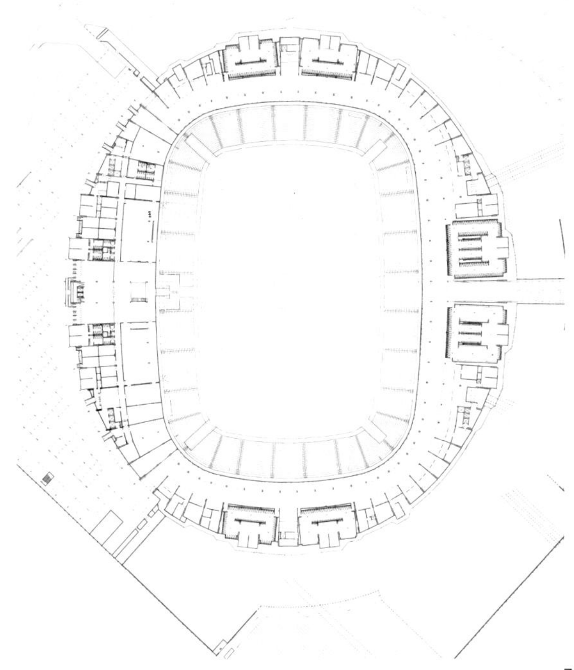

7

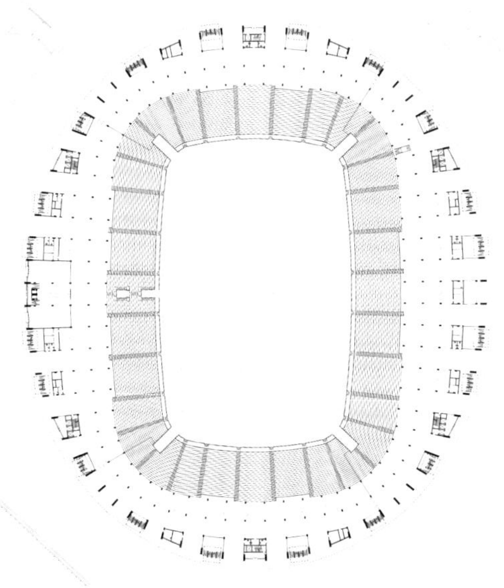

8

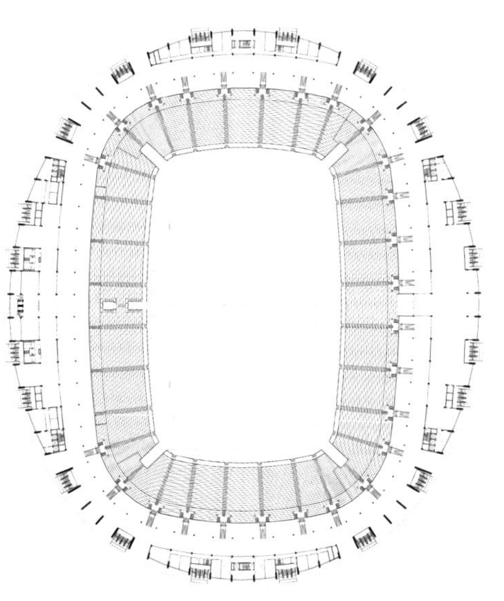

9

5 内场
6 一层平面
7 二层平面
8 三层平面
9 四层平面

10

11

12

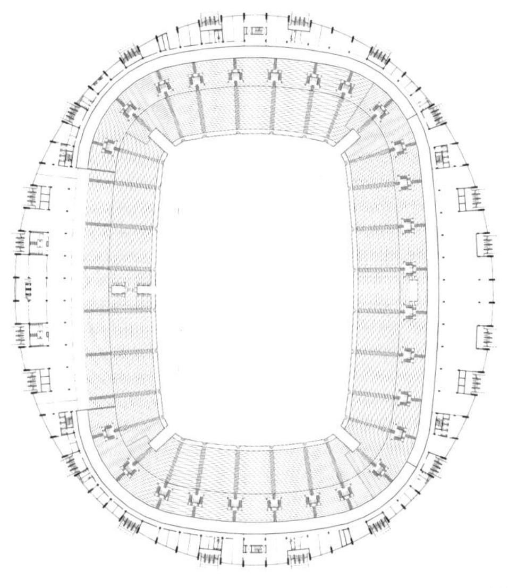
13

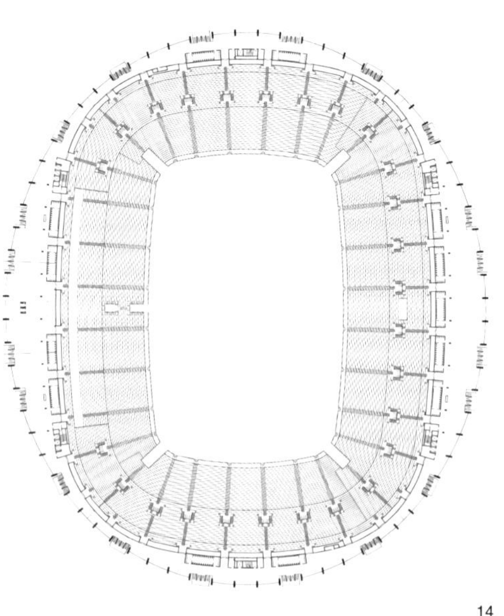
14

10 观众休息厅
11 问询处
12 看台平台
13 五层平面
14 七层平面

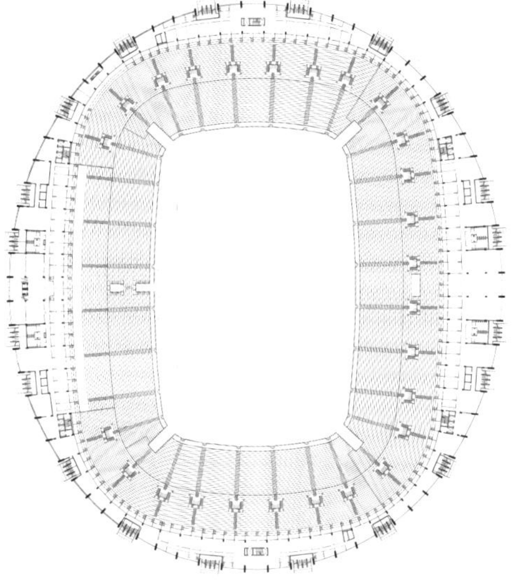

15

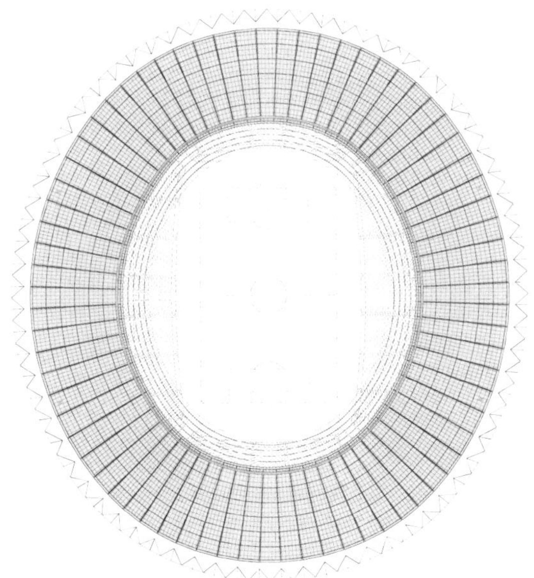

16

17

18

15 六层平面
16 屋顶平面
17 玻璃纤维布表面的透明性
18 看台下空间

南非伊丽莎白港纳尔逊·曼德拉湾体育场

Nelson Mandela Bay Stadium, Port Elizabeth, South Africa

■ 冯·格康，玛格及合伙人建筑师事务所 ■ gmp

项目概况

项目名称：纳尔逊·曼德拉湾体育场

建设地点：南非伊丽莎白港

业　　主：Nelson Mandela Bay Municipality, Port Elizabeth

建筑面积：50000m²

建筑高度：40m

坐 席 数：46000

VIP 包厢数量：49

残疾人坐席数：80

建筑设计：Volkwin Marg and Hubert Nienhoff with Holger Betz

设计团队：Alberto Franco Flores, Robert Hormes, Martin Krebes, Burkhard Pick, Tobias Schaer

合作设计：DBA Architects, Port Elizabeth；ADA, Johannesburg；GAPP Architects, Cape Tow；NOH Architects, Port Elizabeth

屋盖结构设计：Schlaich Bergermann und Partner Knut Göppert mit with Lorenz Haspel

结构设计：SDD8E Joint Venture, Port Elizabeth；KV3, Cape Town；Exstrado, Cape Town；Iliso, Port Elizabeth；BKS (Pty) Port Elizabeth

景观设计：NOH Architects, Port Elizabeth

建设时间：2007~2009 年

摄　　影：Marcus Bredt

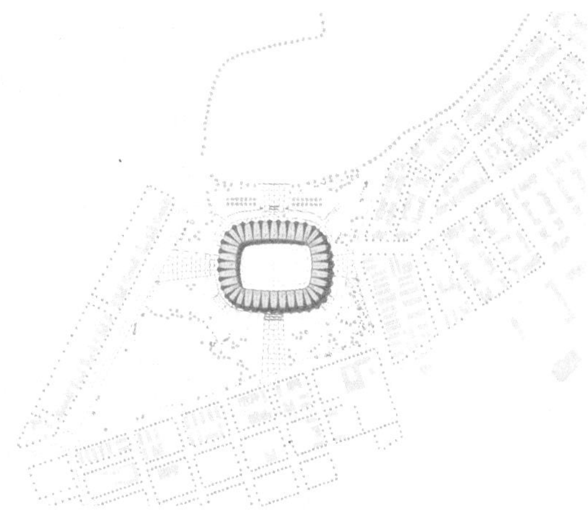

1　总平面

伊丽莎白港位于东开普省的奥歌亚湾（印度洋），现在是纳尔逊·曼德拉湾市的一部分。作为南非第三大港，该区已成为南非汽车工业的重要中心。此外，伊丽莎白港以其广泛的水上项目、宜人的气候条件和毗邻国家公园的地理优势吸引了无数国内外游客，也因此被选为 2010 年世界杯的承办地，需要建设世界杯级别的体育场馆。该体育场可容纳 46000 名观众，是伊丽莎白港最大的场所。设计之初，建筑师将这个体育场构想成“风之都”的地标性形象，而如今这一构想现在已成为现实。

曼德拉湾体育场紧邻市中心，交通便利。其所在地位于海洋和湖泊之间，具有巨大的开发潜力，对于体育公园项目正是一个理想的兴建之地。该体育场除了承办足球赛和橄榄球赛，还为水上运动和自行车运动提供了各种机会，为该市一直提供独一无二的环境质量和多功能休闲中心。

体育场坐落在凸起的平台上，与湖泊紧密相连。其底部如花朵一般绽放，与水中的倒影共同形成了唯美画面。带有弧度的屋顶梁和位于其下的水泥结构使体育场的轮廓十分引人注目，也在其四周形成了一个两层柱廊。柱廊两侧的柱子支撑屋顶梁，而弯曲的屋顶梁的一端向休息间的底部弯曲，其造型仿佛向上生长的叶子。

屋顶采用适合当地环境的几何形，不仅让观众避免日晒，还使建筑可抵御强风。柱廊顶部镀层和薄膜两者的交替安排使体育场屋顶别具特色。柱廊采用高架屋脊梁的外部上弦杆塑造了令人印象深刻的建筑印象。中间的聚四氟乙烯薄膜区被谷索分成两个区域，从而形成了凹凸交错的效果，并通过材料的交替使用而得到了加强。镀铝柱廊底部设有孔洞，形成不同透明度的界面，使 VIP 区域和流通区域的游客能够饱览公园、湖泊和海洋壮丽的美景。

暴露在外的屋顶桁架结构清晰可见。屋顶覆盖物的透明与半透明之间的交错在室内形成了丰富的光影效果。为了淡化投向运动场地的阴影线，屋顶薄膜的透明部分最大化地朝向屋顶的内边沿。

屋顶内侧一个圆形边沿横梁与柱廊内侧住的顶端连接，形成了一个技术装备平台。在这里，维修通道、散光照明和各种装置都位于屋顶薄膜的上面，可避免被看台上的观众直接看到。

体育场设有两层看台，下层看台较深，并沿着弧度较缓的抛物线方向与上层连接。在体育场一半高度设有该体育馆出入口，该出入口与外部的柱廊直接相连。内部流线为访客达到各服务区域以及活动场地提供了便捷。上下层看台中间设置包厢层，并通过走廊与

2 位于伊丽莎白港的纳尔逊·曼德拉湾体育场

上层连接。包厢层将为各种大小的活动提供场地，同时还为橄榄球比赛提供特殊需要的额外包厢。包厢面向球场的墙面采用釉面，屋顶覆盖物的孔洞为室内提供了极佳视野以及良好的环境质量。

该设计满足了功能、技术和气候条件，同时还考虑到文化方面的因素。停车场道路和体育场周边采用深红色砌砖，室内坐席区域和 VIP 区域也采用红色调的花色板岩地板。白天，白色屋顶置于混凝土主结构的无瑕面上，就像缀满花瓣的轻盈花环；夜晚，带有背光式的薄膜区域看起来就像一个巨大的防风灯。

纳尔逊·曼德拉湾体育场的建造为伊丽莎白港带来了高质量的运动设施，也使整个城市恢复生机。世界杯后，该体育场也将得到充分利用。例如，体育场地处的所有媒体区和办公区可转换成运动、休闲设施以及用作志愿工作之用；体育场和湖泊之间的区域可用作湖畔消遣、放松之用。

Port Elizabeth, one of South Africa's largest cities, is located in Algoa Bay (Indian Ocean) in Eastern Cape Province, and is now part of Nelson Mandela Bay Municipality. The third largest port in the country is economically dominated by its role as the principal center of the South African motor industry. In addition, "P. E." attracts numerous visitors from home and abroad with its extensive range of water sports, all-year-round temperate climate and proximity to important national parks. With its selection as a venue for the 2010 World Cup, a new World Cup-quality stadium was needed. The quarterfinals stadium, with a crowd capacity of 46,000, is the largest venue space in P.E., and was conceived as a distinctive, new iconic landmark for the "Windy City", as it is known.

The stadium is situated close to the center with good transport links, in the direct vicinity of North End Lake, a hitherto neglected part of the city with otherwise poor infrastructure. Lying between the sea and the lake with enormous development potential, it was a location ripe for the sports park scheme that has been developed. Apart from hosting football and rugby matches, it offers a variety of opportunities for water sports and cycling. As a leisure centre, it has a unique environmental quality and multifunctional capacity the city has hitherto lacked.

As a freestanding building, the stadium is situated on a raised podium in direct proximity to the lake, in the middle of the gently moving topography of the park. The stadium springs like a flower from the ground, offering a unique image with its reflection in the water. Its silhouette is notable for the curves of the roof girders and clear configuration of the concrete primary structure below, which forms a two-storey colonnaded gallery. This runs round the entire stadium, and is open to anyone visiting the park on non-match-days. The glazed suite level marks the horizontal termination of the colonnades on which the roof girders rest, their tips running down to floor level in the lounges. From here they unfurl upwards like leaves, towards the middle of the stadium.

The geometry of the roof is tailored to local conditions, and protects the crowd not only from the sun but particularly from the frequent strong winds. The distinctive design of the roof results from the alternating arrangement of clad girders and areas of membrane stretched between them. An external top chord with an elevated ridge was used to give the girders a more dramatic look. The PTFE-membrane zones in the intermediate fields are divided into two zones by a valley cable, producing an alternating pattern of rib shapes and hollows that is reinforced by the alternation of materials. The aluminum cladding of the triple parabolic girders is perforated in the lower area, giving varying degrees of transparency so as to allow VIPs and circulation areas a spectacular view of the park, lake and sea while still providing the necessary sun screening.

The clear articulation of the exposed roof trusses is obvious from the inside. The alternation between opaque and translucent roof coverings produces an interesting interplay of light and shadow in the interior. During the day, the membrane areas

3

4

5

6

3 内场
4 屋顶细部
5 屋顶材料细部
6 透明与半透明的屋顶覆盖物交错设置
7 入口
8 上下层看台中间设置包厢层
9 球员更衣室

provide natural illumination beneath the roof. In order to soften the lines of shadow on the pitch, the translucent part of the roof membrane was maximized towards the inner edge of the roof.

On the inner edge of the roof, an encircling edge beam links the tips of the girders to form a platform for the technical equipment. Here, maintenance access, floodlighting and installations are located above the roof membrane and so are not in direct line of view from below. The installations for the stands are thus reduced to acoustic and surveillance equipment and integrated into the roof structure. The inner roof termination features as a sharp edge.

The two-tier stadium has a deep lower tier rising in a gentle parabola. At mid-height, it has openings leading directly to the external gallery. Inner circulation routes provide visitors with easy access to all service areas and somewhere to stretch their legs. The upper tier above the box level with the corporate entertainment gallery is divided into two zones, so as to allow flexible subsequent use of the intermediate floor thus created at upper gallery level. This will be used for event space of varying sizes while also providing a number of extra boxes, needed particularly for rugby matches. These rooms have fully glazed fronts facing the pitch, while the perforation of the roof covering offers magnificent views and good environmental quality. The remaining rows of the upper tier are accessed diagonally by wide stairways. Whereas the geometrical simplicity of the primary structure radiates calm clarity, the rounded stands of the arena offer optimal views of the pitch and guarantee a highly charged atmosphere.

The design fulfills all functional, technical and climatic conditions, but at the same time takes cultural aspects into account. Typical building materials that are available or used locally are reinterpreted in the color schemes and materials used. The dark red of the brick paving used for the access areas of the park and round the stadium is continued in the various shades of red of the seating inside and the polychrome slate floors of the VIP areas. During the day, the white roof rests on the fairfaced concrete of the primary structure like a lightweight garland of petals, while at night, with its large backlit membrane areas, it looks like a huge storm lamp. The façade enclosing the colonnaded gallery at the side of the stadium forms the backdrop to this vision, providing a symbolic reference to the man whose name adorns the stadium and the Nelson Mandela Bay Municipality. With a graphic use of sayings by Nelson Mandela, the gallery (it is over 700m long) is interpreted as a "long walk" in the sense of sporting ambition and Fair Play among equals.

The construction of the Nelson Mandela Bay Arena has given Port Elizabeth a high-quality sports facility that will revitalize a whole section of the city. That increases the chances that the stadium will be optimally utilized after the World Cup as well. All the press and office areas of the arena can for example be converted to facilities for sports and leisure use and voluntary work, while the area between the stadium and the water can be used for lakeside relaxation. A new cycle path round the stadium and lake rounds off the leisure facilities in the sports park, so that the district around Prince Alfred Park will attract visitors day in, day out as a place welcoming public space.

7

8

9

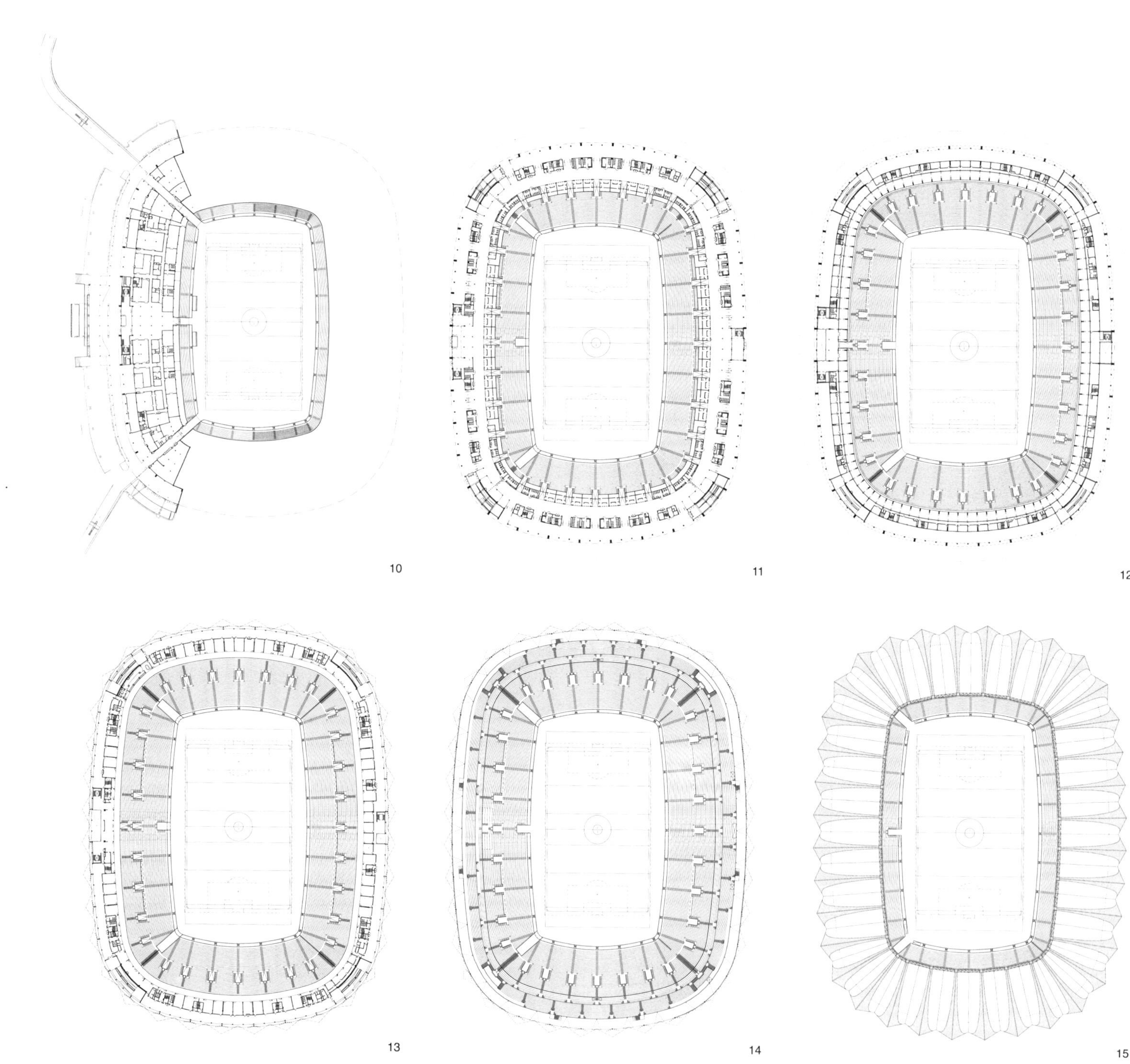

10 一层平面
11 二层平面
12 三层平面
13 四层平面
14 看台平面
15 屋顶平面

南非姆博贝拉球场

Mbombela Stadium, Mbombela, South Africa

■ R&L建筑师事务所 ■ R&L Architects

项目概况
项目名称：姆博贝拉球场
建设地点：南非内尔斯普雷特市
建筑设计：R&L 建筑师事务所
屋盖跨度：36m
坐席数量：43500
建筑造价：1.04 亿欧元
屋顶覆盖坐席比率：94%
建设时间：2007 年 2 月~2009 年 11 月

这座全新的顶级建筑可容纳 43500 名观众，并满足国际足联的全部相关要求。虽然国际咨询机构参与了它的工程设计，尤其是顶篷结构的设计工作，但在 5 座新建的 2010 年世界杯球场中，它是唯一由南非的建筑师事务所构思设计的场馆，成就了打造一座不折不扣的非洲球场这一中心目标。

姆博贝拉不仅是新建的 2010 世界杯球场中造价最低的，而且每个坐席的平均成本也是最低的，而这一切并没有影响建筑的视觉冲击力。这不仅是因为设计团队始终遵循“简约如一”、“扎根非洲”的设计策略，还源于提早在这一发展过热的行业中竞标。

融合景观

建筑基址南侧由弧形花岗岩凸面围绕，景观基调的设定混合了灌木丛和柑橘果树林，力图打造非洲山楂树林掩映下的低地景观。非洲当地气候促成了开放式的无墙场地设计。观众席上边缘同赛场顶篷间距为 6m，不仅使坐席在酷热天气仍通风良好，而且营造出了开放的空间感。南侧的金合欢树林得以保存，与体育场毗邻。观众主通道纵贯树林，使观众可以身临其境地体会非洲的“灌木丛”。

建筑的象征意义

体育场位于克鲁格国家公园（Kruger Park）保护区的门户地带，将探索、领略非洲未经破坏的野生动植物奇观同观看 2010 年世界杯赛完美结合。顶篷支撑结构高大而修长，极力外展，酷似长颈鹿。它是该项目诸多功能、造型及结构要求协同设计的卓越代表，姆博贝拉球场的长颈鹿造型也因此得以实现。而黑白相间的观众席恰似斑马条纹。表现勇敢的恩德比利人的色彩和图案围绕赛场四周，令非洲及野生动物这一设计主题更为饱满，给观众们留下了持久如一的视觉形象。

创新设计

自设计伊始，“简约如一”的原则就得以贯彻。结构柱网为 10m，经济实用。其目的就是在可能的情况下最大限度地利用本地资源，如当地运来的管线是屋顶结构材料中所占比例最大的。顶篷整体在豪登省（Gauteng）完成组装，并经公路运抵体育场。它不仅令新球场成为了 2010 世界杯赛比赛场地中最节约成本的一个，而且还保证了 94% 的观众坐席位于顶篷之下，这一数字与开普敦（Cape Town）体育场并列成为南非体育场之最。顶篷单位重量低，仅为 $55kg/m^2$，十分轻盈飘逸，已经成为体育场顶篷设计的新标准，而且无论自上或是自下观看，都令人赏心悦目。这一设计已荣获了英国海外专业鉴定奖的运动休闲类（British Overseas Expertise Award in the sport and leisure category）建筑大奖。

配套设施及交通

姆博贝拉体育场坐落于内尔斯普雷特市（Nelspruit）以西 5km 处，邻接连结豪登省和莫桑比克（Mozambique）的交通动脉——N4 公路。翻新升级的公路网已经建成，供体育场及周边交通运输之用，同时也将进一步改善当地未来的交通状况。公交及出租车车站位于赛场正南，可以通过公园及公共交通系统有效解决观赛人群滞留问题。

另外，体育场专门为轮椅观众配置了高级升降座椅，保证其在其他观众站立时仍可正常观看比赛。主观众席设有 196 个轮椅专座，可通达各个接待区及配套设施。

环境保护

除重点选用经济高效、技术先进的能源及供水系统以外，环保方案还包括以下两个核心要素：一是鉴于当地四季炎热的气候，最大限度地保持空间的开放性，大幅削减了制冷及供暖等方面的能源消耗；二是制定了严格的本土建材采购使用制度，最大限度地降低了建材运输所造成的碳排放。

社会效益与公众认可

姆博贝拉体育场的开放性不仅为场内观众提供了自内而外观景的机会，更为场外球迷观看球赛创造了条件。它必将促进城市发展，成为当地社区的枢纽。社区民众对于拥有酷似长颈鹿和斑马条纹的体育场充满了热情，居民们可以将这些匠心独具的设计与自己的生活环境一一联系起来。他们为自己的运动场而欢呼雀跃，因为这一切的灵感来源就是非洲广袤的大地（突出象征了非洲大地的野生动物）。

工程建设高峰阶段，有1400名工人参与工程作业，其中大部分（70%）来自当地。姆博贝拉球场工程保持了卓越的安全施工记录。体育场的建造共用了5500000工时，创造了2300000小时无工伤中断的工程记录。对于一个如此复杂而需要高空作业的工程而言，工人的最严重伤害仅仅是关节骨折，可以说成绩斐然，佐证了全体施工人员为保证工地安全所作出的努力。

使用舒适和美妙绝伦的观赛环境及体验

观众通道的设计尽可能做到简洁明快。球场看台分为三层，低层看台设有地面通道，这样从主入口进入的21000名观众可以不必走上中层看台即可自由进出场地；上层看台的19000名观众可通过宽大的拐角楼体直达坐席。

姆博贝拉体育场是2010年世界杯球场中结构最紧凑的一座。设计团队通力合作，在最大限度拉近观众与球场距离的同时，保证了足球和橄榄球比赛的绝佳观赛视线。近距离观赛令球迷们激情四射，欢呼声一浪高过一浪。

This brand new state of the art structure will seat 43,500 spectators and will meet all the requirements set by FIFA. Of the 5 new stadiums being built for 2010 this is the only one conceptualised and designed by South African Architects, although International Consultants were involved in the Architecture and Engineering, particularly the roof structure. This has resulted in an unmistakably African stadium which was a central aim.

Not only is Mbombela the lowest costing new 2010 stadium but the cost per seat under roof is by far the lowest and this is without compromising visual impact. This is in part due to the

1 位于克鲁格国家公园保护区门户地带的姆博贝拉球场

team following its "keep it simple""keep it local" strategy and also by going out to tender early in what turned out to be an overheated industry.

Integration into the Landscape

The setting is a mix of virgin bushveld and citrus farmland. The landscaping is intended to provide a lowveld experience enhanced by the local thorn trees. The site is dramatically cradled in the south by an arc of granite outcrops. The climate of the region encourages open non-walled concourses. The 6m opening between the upper „lip of the seating bowl and the roof, ventilates the seating bowl on hot days and creates a feeling of openness. An acacia forest on the south has been preserved and adjoins the stadium. The main spectator approach path passes through these trees providing a "bushveld" experience.

Iconography

It is at the doorstep of the Kruger Park game reserve, perfectly poised to combine a visit to see Africa's wildest animals and a game of the 2010 FIFA World Cup. The roof supports were naturally tall and slender and crying out to be giraffes. It was one of those great synergies between function, form and structural necessity and so the Mbombela Giraffe came to be. The black and white seats are patterned with zebra stripes. Bold Ndebele inspired colours and graphics generally around the stadium round off the African and wildlife theme leaving a lasting visual image in the mind of the visitor.

Innovation

From the outset a "keep it simple" approach was taken. The structural grid is an economical 10.0m. The aim was Maximum local content wherever feasible. For instance there are no pipe sections in the roof larger than what can be rolled locally. The entire roof was fabricated in Gauteng and delivered to site by road. This has paid off not only making this the most cost effective new stadium for 2010, but also ensuring that Mbombela achieved 94% of seats under roof which along with Cape Town is the highest for any SA Stadium. At a low 55kg/m^2 this roof is very light and has set a new standard in stadium roof design which is also pleasing to look at from below and above. It has received the British Overseas Expertise Award in the sport and leisure category.

2

3

4

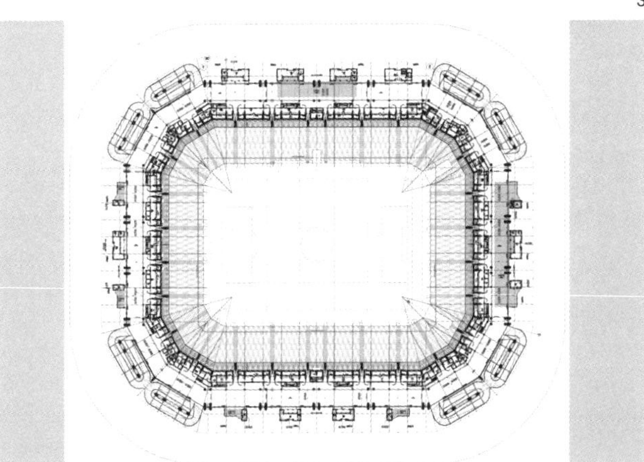

5

2 无墙设计以适应南非当地气候
3 球员更衣室
4 看台底部空间
5 平面

6 黑白相间的看台设计

Accessibility and Transport

Mbombela Stadium is located 5km west of Nelspruit close to the N4, the vein connecting Gauteng and Mozambique. A new and upgraded road network has been constructed to feed the stadium and the surrounds and will go on to be a big improvement into the future. A bus and taxi rank directly to the south will efficiently handle a large crowd utilizing a park and ride system.

Wheelchair bound spectators have been especially looked after with excellent seats which are raised in such a way so they can still see when the crowd is standing. There are 196 wheelchair spaces in the general seating and all hospitality areas and suites are accessible.

Environmental Performance

In addition to paying close attention to utilizing the most efficient and up to date systems of energy consumption and water usage, two core aspects of the approach include:

a. Because of the climate which never really gets cold, spaces were left open wherever it was feasible thus eliminating the need for any energy consumption for heating and cooling.

b. A strict regime of using local materials was used as far as possible to reduce what would have otherwise been a significant transport carbon footprint.

Social Impact and Community Acceptance

Mbombela Stadium opens itself to the outside providing views from the inside and also to those on the outside. It will be a catalyst of growth for the city and become a vital hub for the community. The community has enthusiastically taken ownership of their giraffes and zebra stripe seating because they can relate to the unique and distinctive character. They are delighted with their stadium particularly because it is inspired by the region and powerfully represents its wildlife.

At the peak there were 1,400 workers on site of whom the bulk (70%) were local. Mbombela achieved quite a remarkable safety record. The stadium took 5 ½ million man hours to build and in that time a record set of 2.3million uninterrupted injury free hours. It is significant that for such a complex project with much work taking place at height that the most serious injury was a broken ankle. This is testimony to the commitment of all on site to creating such a safe worksite.

User Comfort and Theatrical Experience and Atmosphere

The spectator route is as direct and simple as is possible. The spectator bowl is divided into three tiers. The lower tier is excavated into the ground so the 21,000 spectators on this level move from the main arrival podium without having to change level. The 19,000 spectator on the upper tier enjoy easy access their level using very wide corner ramps.

The Mbombela arena will be the most compact and intimate of all the 2010 Stadia. The designers worked hard to put each seat as close to the action as possible whilst still ensuring excellent sight lines for both soccer and rugby. The closeness intensifies the crowd energy and noise.

德国法兰克福商业银行竞技场

Commerzbank Arena, Frankfurt , Germany

■ 冯·格康，玛格及合伙人建筑师事务所 ■ gmp

项目概况

项目名称：法兰克福商业银行竞技场

业　　主：Waldstadion Frankfurt am Main Gesellschaft für Projektentwicklung mbH

设计单位：gmp

坐席数量：48000

VIP 包厢数量：74

贵宾坐席数量：2058

残疾人坐席数：114

地下停车位：1700

看台顶篷面积：27000m²

顶膜面积：7000m²（完全开启时）

设计总负责：Volkwin Marg and Hubert Nienhoff with Hajo Paap

建筑设计：Holger Betz, Markus Pfisterer, Radek Pilarski, Angelika Steffens

结构设计：Krebs und Kiefer, Karlsruhe; Schlaich Bergermann und Partner, Stuttgart

建设时间：2002~2005 年

摄　　影：Heiner Leiska

法兰克福商业银行竞技场（原森林体育场）是黑森州最大的运动场，是该地区的标志性建筑，同时也是 Eintracht Frankfurt 足球俱乐部和 Frankfurt Galaxy 球队的主场。为了迎接世界杯比赛，体育场被翻新成一个纯粹的足球场，整个建筑的空间质量都得到很大提升。新建筑与基地地形之间、新的空间规划和现有植被之间的和谐关系，营造出一种亲切而特别的气氛。

规划力求恢复原有的体育场地，因此新体育场有一个明显的轴向通道通往露天赛场，而这些露天场地曾因为扩建和翻新而不复存在。设计以新建的宽阔大堂入口通道为轴线，对露天赛场进行定位，并使其与周边现有景观形成了鲜明对比。

看台的布局形式和几何形状经过精心设计，确保体育场的环形内侧不会被杂乱的构件和拐角处坐席的中断所影响。看台距离赛场非常近，有利于在比赛时营造热烈的气氛。

上部的看台结构呈碗形延伸，与下部看台的水平结构明显不同，并且终止于外部屋顶立面边缘处，整个结构的体量与周围景观非常和谐。高高的媒体塔楼远远超出平台，强调了入口通道的主轴线，而且其内部设有服务设施，使用时不会影响赛事活动。这些塔楼如同醒目的石碑，标志出露天体育场的外边缘，同时在空间上划分出一个区域，形成体育场的前院。这个空间不仅是观众进入的通道，而且还将体育场和露天赛场连接起来，形成一个更大的赛场。

为了保证世界杯比赛的顺利进行，体育场采用了能够适应天气变化的膜结构屋顶系统。膜结构屋顶收起的时候，被折叠在可伸缩的索结构的中心，非常节约材料。

尽管设有完整的看台屋面，跨度 240m 的钢索膜屋顶收起后，也足以引入充足的阳光以确保足球场天然草坪能够良好生长。从平面上看，打开的屋面外边缘和看台的内部轮廓是完全重合的。这形成了一个理想的屋顶面积，同时将最优化的屋顶荷载传递到看台的支撑结构上。与辐轮类似，一个钢构件形成了外部的压环，即轴心。屋顶内边缘有两个张力环，并由长 12m 的压杆分开。张力环和压环之间由每组 44 根的 2 组径向索与 6 条悬索形成的梁进行连接。张力环和中心结之间还有每组 36 根的 2 组径向索。在足球场上方的中心处悬挂了一个多媒体立方块，可以容纳收起的顶膜。圆柱形的鼓室保护着折叠起来的顶膜，当屋顶打开的时候，它如同花朵一样开放。

With its sports field in the Stadtwald, Frankfurt am Main possesses a tradition-rich place, high in identification value. The Wald stadium, an important element of the ensemble, is the largest sport site in Hessen and is home to the football club Eintracht Frankfurt and the football team Frankfurt Galaxy. In connection with the renovation of the stadium into a pure football stadium in preparation for the World Cup, the spatial qualities of the entire complex were addressed and intensified. The balanced interplay of topography and built structures and of a new spatial plan and existing vegeta-tion guarantees a familiar and exceptional atmosphere in the new Wald stadium.

The urban planning concept is based on the historic sports field. The new stadium establishes an obvious novel orientation with the axial reference to the fairgrounds, which had disappeared over the years as a result of extensions and renovations. The orientation of the fairgrounds occurs via the establishment of an entrance gesture with a spacious foyer opening and represents an

1

exciting con-trast to the landscape-orientated integration of the north, south and west sides through their relationship with the existing topography.

The stands' organizational form and the resulting geometry represent a highly focused solution, whereby the circular form of the stadium's interior is not interrupted by disturbing elements or breaks in the corners. The close proximity of the stands to the playing field creates an intimate at-mosphere.

The upper terraces are distinguished from the horizontally orientated elements of the lower ter-races by its striking bowl-shaped form and are concluded in the narrow band in the exterior roof elevation. The entire structural volume stands in harmony with the surrounding landscape. The main access axis is accentuated by tall media towers that extend far beyond the upper edge of the terraces and house building services so that these do not interfere with event activities. These tow-ers, functioning as highly visible steles, emphasize the exterior edges of the fairgrounds and thus serve to mark, in a spatial dialog, the stadium's forecourt with the common access area. This space serves not only access issues but unites the stadium and fairgrounds as event sites and lends it a greater quality as a place to linger.

In order to prepare the stadium for the Football World Championship in 2006 and provide a roofing system quickly adaptable to changing weather conditions, a membrane construction has been selected, which when "parked" is folded together in the centre of a tensile cable structure. The material saving principle of this "gather-up roof" was developed by the engineers Schlaich Bergermann und Partner and has been tested in a smaller scale for several years.

Despite the complete stand roofing, the steel cable membrane roof with spans of up to 240m ensures a perfect growth of the grass. The outer roof edge and the contour of the stands are in plan geometrically identical. This results in an ideal roof area and simultaneously an optimized roof load transfer into the supporting structure of the stands. Similar to a spoke-wheel, a steel element forms the outer compressive ring, the hub. Two tension rings are positioned at the inner roof edge and kept apart by 12m long struts. The connections between tension and compressive rings consist of 2×44 radial cables, which together with six suspended ropes form the rope girders. Another 2×36 radial cables are positioned between the tension rings and the central knot. Located centrally above the pitch a multimedia cube is suspended from this central knot, which simultaneously houses the inner roof membrane. The cylindrical drum protects the folded up membrane and opens and closes like a blossom, when the roof is extended.

2

3

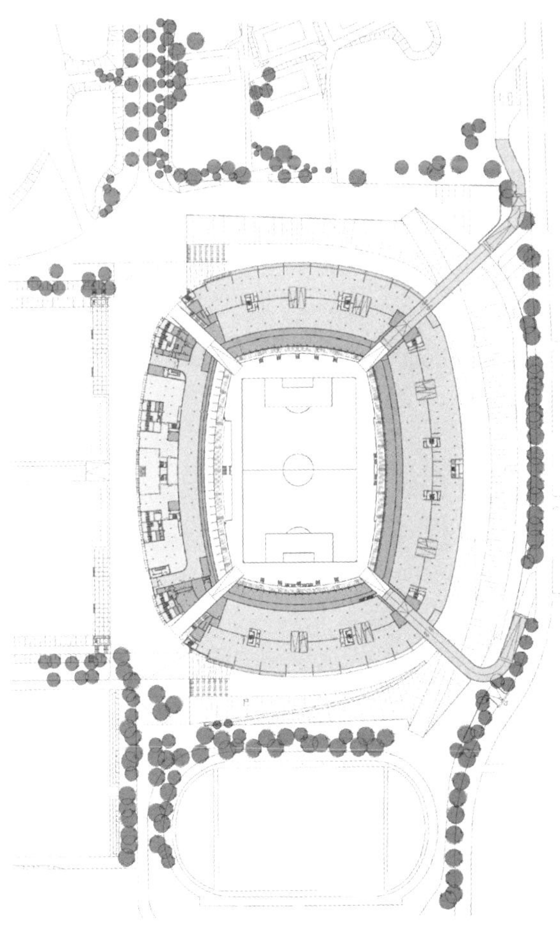

4

1 位于森林中的法兰克福商业银行竞技场
2 入口
3 总平面
4 一层平面

5 6

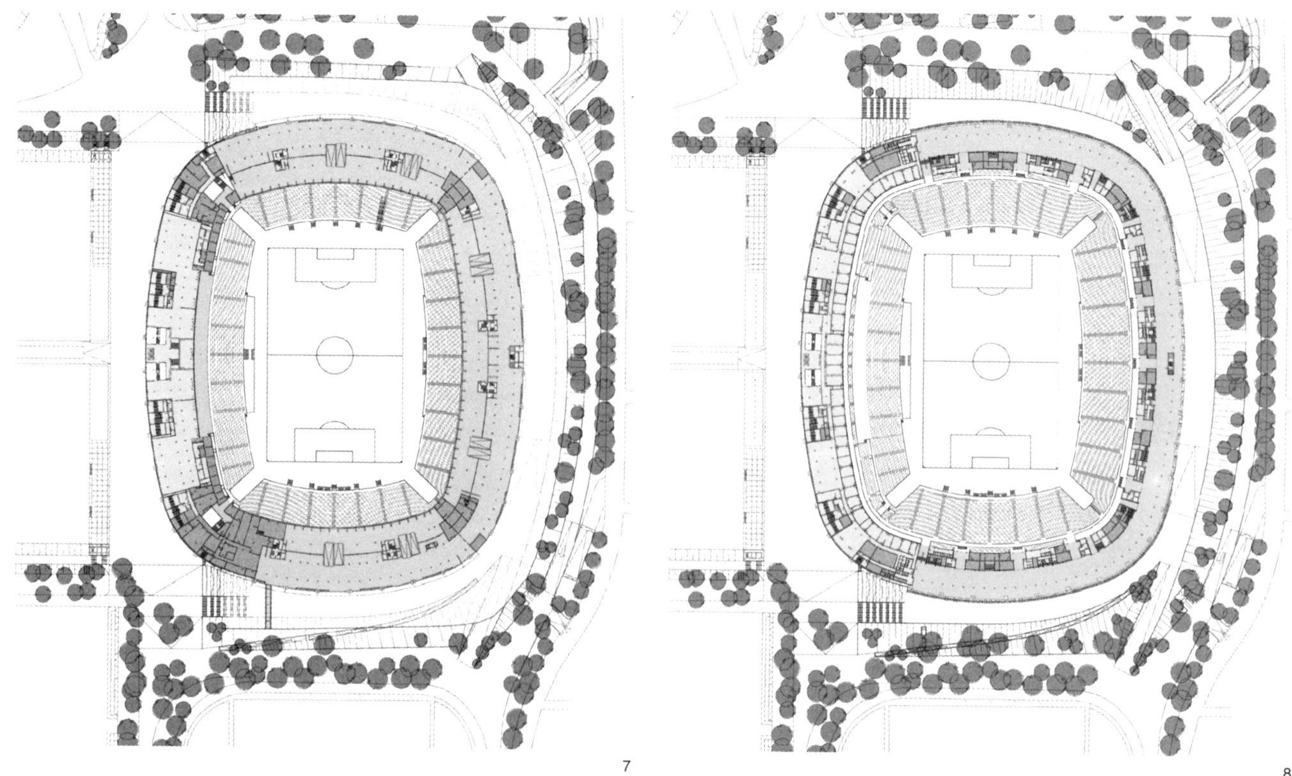

7 8

5 看台
6 屋顶结构
7 二层平面
8 三层平面

9

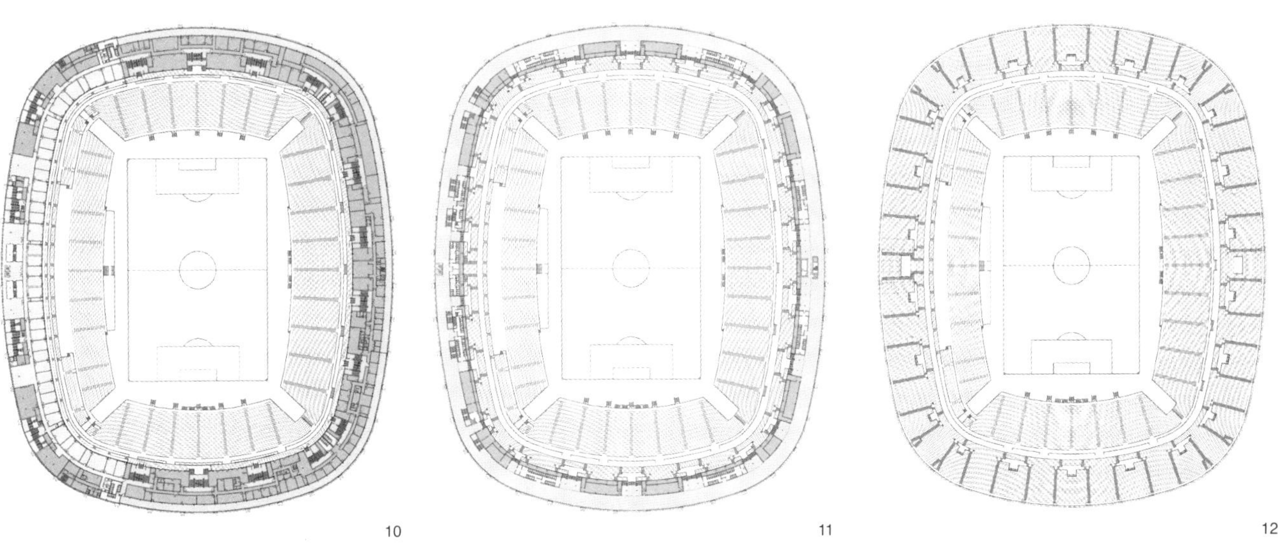

10 11 12

9 顶膜打开过程
10 四层平面
11 五层平面
12 看台平面

13

14

15

16

13 问询处
14 问询处
15 贵宾厅及商务餐厅
16 剖面

德国科隆联合电力体育场
Rhein Energie Stadium, Cologne, Germany

■ 冯·格康，玛格及合伙人建筑师事务所 ■ gmp

项目概况
项目名称：德国科隆联合电力体育场
业　　主：Kölner Sportstätten GmbH
设计单位：gmp
坐席数量：46200
VIP 包厢数量：50
贵宾坐席数量：2500
残疾人坐席数：103
地下停车位：600
设计总负责：Volkwin Marg mit / with Joachim Rind, Marek Nowak, Stefan Nixdorf
建筑设计：Mario Rojas Toledo, Christoph Helbich, Michael König, Benjamin Nordmann
结构设计：Schlaich Bergermann und Partner, Stuttgart
工艺设备：HL-Technik, München / Düsseldorf
灯光设计：Conceptlicht, Traunreut
建设时间：2002 ~ 2004 年
摄　　影：Heiner Leiska，ürgen Schmidt

联合电力体育场（原为明格斯多弗体育场）有着悠久的历史，而这对于其结构设计的发展具有重要意义。在这个基地上建成的第一个体育场在 1923 年投入使用，设计师称在公园内适当地引入体育设施表现了“设计的自然”。1975 年，一个崭新的、完全有屋顶遮盖的体育场经过 22 个月的建设后被转让，当时这个多功能的体育场拥有双层系统，以现存夯土墙作为较低的看台。

为了提供更精良的服务、满足日益提高的媒体传输要求以及为国际和国内足球比赛提供必要的安全保证，该体育场再次进行了改建。

体育场矩形的建筑形体和入口处 1923 年建成的建筑形成了盛大、和谐的整体。1923 年科隆体育公园的特色在如今的设计中得到了明确的诠释，设计拆除了具有分隔作用的土墙，使体育场与周围的枫树小径和优美环境相互融合。4 个灯塔成为该体育场以及该地区的标志，人们从很远处就可以看得到。它们在球场上空闪耀，赋予体育场高度的识别性，同时支承着保护下部看台的屋顶。4 个灯塔的悬拉结构不仅形式新颖，而且有助于看台上的屋顶结构在不比赛期间进行施工。新体育场在平面和立面上毋庸置疑地传递出对精确正交几何的清晰表述，这种清晰性继而又在材料选择和建造方式上得到了进一步加强。

屋顶悬在 4 个边缘即为球场边界的看台上空，观众区的分组与屋顶的划分保持一致。底层的看台是连续的，观众坐席呈圆环排列。位于包厢层之上的正面看台位于两个灯塔之间，为独立结构。场内看台共能容纳 45000 个坐席，屋顶的结构确保了场内可提供无栏杆遮挡的观看条件，精心考虑的视线分析保证了从每个座位都能毫无阻碍地观看比赛。

正面看台结构由预制的脚手架构成，它支撑起了预制看台中的锯齿式梁。每一个独立的平面层都是由部分覆盖地板的脚手架和垂直嵌入的玻璃墙形成的。除了因为温度等原因而必须分隔开的区域（如包厢区），由混凝土的脚手架搭建的看台随处可见。

屋顶划分与两层看台的交汇处相一致，外环为巨大的整体屋顶覆盖，内环则可以透过阳光，保证场内草皮生长。悬浮的屋顶结构仅仅通过细长的可承受轴向拉 / 压的柱子与看台连接。后面和侧面的全天候玻璃防护可以使上层看台更加舒适，同时明确区分了钢质屋顶和预制混凝土看台。

屋顶应用的悬挂系统如同传统的“自锚式悬索桥”系统，是解决大跨度最经济的办法。两条平行的主索将屋顶垂直荷载传递到边缘的巨型柱上。主索被支索张拉只产生轴向力而无弯矩。支索偏离屋顶平面且垂直指向屋面，每个支索的水平部分被压弯构件拉紧，并通过其与屋面内相对应的其他支索连接，从而使力流平衡。

The Müngersdorfer Stadium (recently renamed RheinEnergieStadion Cologne) has a past history that plays an important role in the process of developing the design for the structure's future look. The first stadium (designed by the architect Professor Abel) was opened in 1923 on this site and claimed to represent “designed nature” with sports facilities that were modestly added to the entirety of the park. In 1975, the new, now completely roofed-over stadium (design and construction by Dyckerhoff & Widmann) was handed over after 22 months of construction. The typology of the multipurpose stadium provided a two-tiered system with an existing earth wall for the lower stand.

To satisfy the need for more comfort and better service, for the increased requirements of media transmission, as well as for the necessary safety aspects for national and international soccer

1

games, the client invited bids as part of international combined competition.

The soccer stadium takes up the orthogonal garden architecture of the site and the figure of the historical portal buildings of 1923 to form a grand, harmonic ensemble. The uniqueness of the Cologne Sportspark of 1923 now acquires an unmistakable design. The dividing earth wall was abandoned in favor of a direct, seamless interface to the listed allees of maple trees that surround the stadium. Four light towers form a landmark visible from faraway. They loom and shine above the sports park and lend the new stadium its own identity. Their function is to support the roofs that protect the stands underneath. Thus, a further characteristic feature has been added to the skyline of Cologne, dominated by the cathedral and the arch of the Cologne Arena, pointing the way to the city's largest gathering place. The construction, suspended from four light towers, is not only original. It is also conducive to the construction of the roofs over the stand, with construction conducted in four stages without an interruption in sports events.

The roofs float over the four stands which border directly onto the playing field. The lower stand is continuous and unites the spectators to form a common ring. The grandstands above the boxes levels are self-contained sections, between the light towers. They have a total capacity of 45,000 seats, roofed over and providing a column-free view of the playing field. The geometry of the sight lines guarantees an unobstructed view of the playing field from every seat.

The grandstand construction consists of a cubical scaffold of precast parts which carry the indented beams of the precast grandstand. The individual levels are formed by partially covering this scaffold with floors and by vertically inserting glass walls as facades. With the exception of the areas (such as the box levels) that must be separated for thermal reasons, the concrete scaffold stands visible and free as an exterior space.

The four main columns carry the roof. The gouping of the spectator areas is continued in the division of the roof areas. The rear part of the roof is provided with a covering impenetrable to light, the inner ring is covered with a translucent material. The individual roofs are suspended approximately along the center line and are supported on the exterior edge by pendulum columns on the outer grandstand edge to enable them to keep their balance when acted upon by unevenly distributed snow and wind loads.

The suspension system functions like that of a classical suspended bridge. This system is used as the most economial solution also for bridges with large spans: Two large parallel suspension cables transmit the vertical roof loads to the columns on the roof edge. The cables are guyed towards the outside so that only axial compressive forces are produced and no bending moments. The guy cables are deflected on the level of the roof area and are led vertically to the ground. Their horizontal components are taken up by a compression member, which connects the respective opposite guy cables within the roof to equalize these forces in this way: the classical system of a "self-anchored suspension bridge".

1 从 Jahmwiese 大街望去的科隆联合电力体育场

2

3

4

2 贵宾区入口
3 商务餐厅
4 贵宾区大厅

5

6

7

5 看台
6 酒吧
7 贵宾区

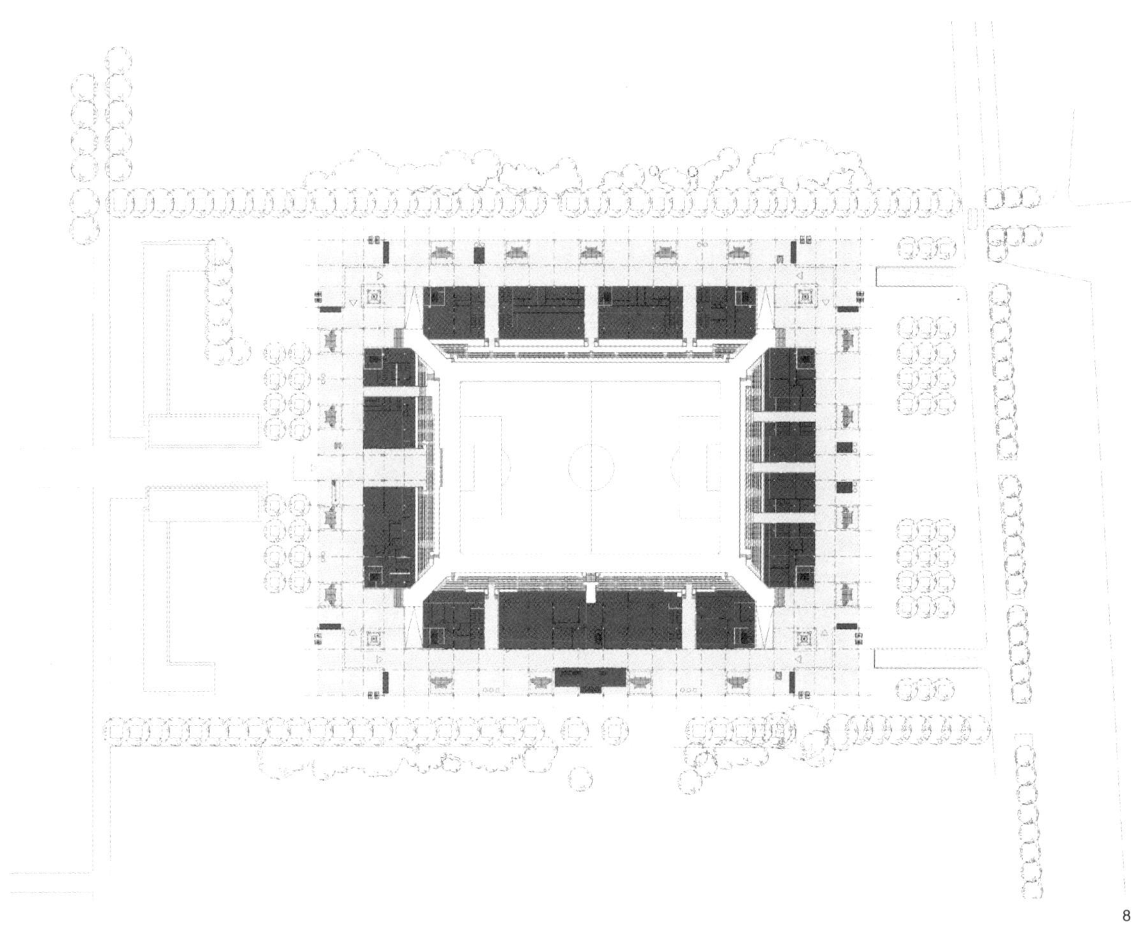

8

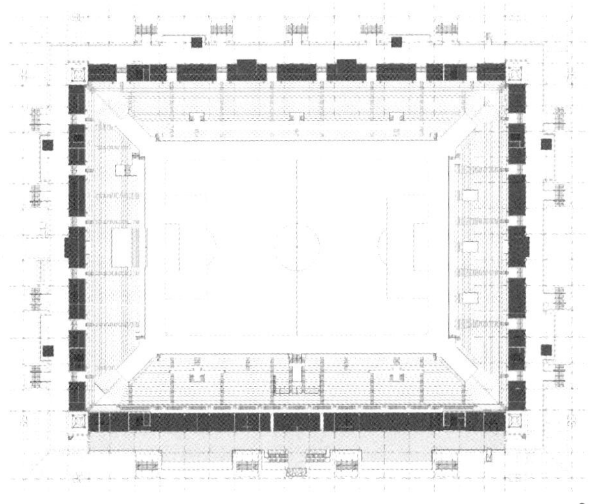

9

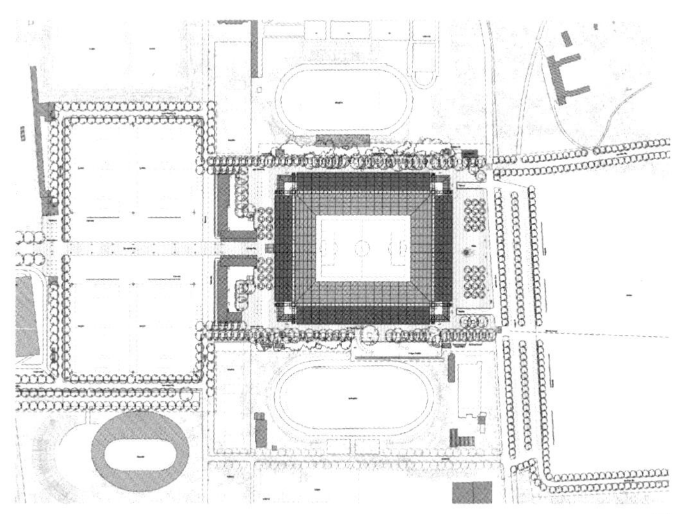

10

8　一层平面
9　二层平面
10 总平面

11 轻柱结构组成的直角入口

11

德国柏林奥林匹克体育场

Olympia Stadium, Berlin, Germany

■ 冯·格康，玛格及合伙人建筑师事务所 ■ gmp

项目概况

建筑名称：柏林奥林匹克体育场

业　　主：Land Berlin, vertr. durch die Senatsverwaltung für Stadtentwicklung, Bauen, Wohnen und Verkehr

设计单位：gmp

观众席位：76000

VIP 包厢数量：76

VIP 坐席数量：563

贵宾坐席数量：4786

残疾人坐席数量：174

地下停车位：632

设计负责人：Annette Menting, Nicolas Pomränke, Andreas Wosnik

设计团队：Annette Menting, Nicolas Pomränke, Andreas Wosnik

规划团队负责人：Kemal Akay, Uwe Grahl

总体项目管理：Jochen Köhn, Annette Menting（直到 2000 年 6 月）

屋顶设计：Katja Bernert, Dagmar Weber, Ralf Sieber

室内装置及改建项目管理：Alexander Buchhofer

结构设计：Krebs und Kiefer, Darmstadt/Berlin; Schlaich Bergermann und Partner, Stuttgart

工艺设备：Schmidt Reuter Partner, Hamburg；IGH, Berlin

灯光设计：Conceptlicht Angerer, Traunreut；Edgar Schlaefle Lichtplaner, Berlin

建设时间：2000~2004 年

摄　　影：Heiner Leiska, Marcus Bredt, Fritz Busam

1

1　总平面

1934 ~ 1936 年，~ 为举办第十一届夏季奥运会，柏林市政府在当年帝国体育场的基础上修建了奥林匹克体育场，这便是今日柏林奥林匹克运动场区的中心。早在第一次世界大战前，这座由建筑大师维纳尔·马赫（Werne March）设计并于 1913 年落成的开放式露天体育场能容纳 10 万人。体育场在钢筋混凝土结构上涂覆了壳灰岩粉，其椭圆形看台在西侧马拉松大门处分开直通五月人民大会广场，建筑的独特之处由此可见一斑。为准备 1936 年奥运会，131hm^2 的奥林匹克运动场区又增建了游泳馆、赛马场、曲棍球场和一个今天已成为著名的“森林舞台”的露天舞台。与此同时，帝国体育场北部于 1926 ~ 1928 年建成的德国体操学院——“德国体育论坛”也进行了扩建。

1966 年，体育场被定为文物保护建筑。2000 年 5 月至 2004 年 7 月间，冯·格康、玛格及合作者建筑师事务所对体育场进行了整体的现代化改造，使它成为欧洲最大、最现代化的多功能设施之一，在规划设计及改建过程中仍保证了德甲足球联赛的正常进行。

改建过程为兼顾历史保护与现代化的多功能需求，要求设计者对其外形的改造应慎之又慎，应尊重原有建筑比例、材料和整体的外观从而保持原有的立面。在此期间产生了许多问题，其中包括需要一个纯粹的足球场场地。

改建后的体育场被构思为一个整体的、与原有建筑空间理念密切相连的综合体，新的方案将强调原有建筑结构的品质。所有的增建设施被全部置于地下及体育场的外部，以避免对体育场优雅的外形产生任何干扰。

改建工程涉及以下范围：鉴定原有体育场建筑的损坏与保存程度，更新混凝土结构；修改建筑上层原坯，并完成下层重建；将体育场向下拓深 2.65m；建造体育场顶棚；建造 VIP 休闲、休息区域；对所有技术性和运动区域实施现代化设计；建造外部以及地下区域，拥有支持技术功能以及循环机能，此循环由一个 bi 级水准的地下停车场（630 个车位）、出入通道、主体技术维护设施、热身大厅、100m 跑道和 VIP 入场区域构成。

在钢筋混凝土结构上涂覆壳灰岩粉是对建筑立面的革新性柱体覆层工程，建筑师在材料保护方面付出了极大的努力。建筑被改造之前，一项涵盖当前建筑的状况、布置甚至每一块石材信息的精确记录被保留下来，用以恢复建筑的历史原貌。

原有低层部分的台架由于不能满足合理的经济要求，已经全部被改建为看台。随着低层部分的建造，运动场向下拓深大约 2.6m 从而得到适当的距离以安排多功能田径、竞技赛场以及行使单独

2 体育场的历史性立面

功能的足球运动场。近1600个观众席位是通过在足球场观众席附近设置两排额外的观演台得以产生的。未来，体育场将容纳超过76000个观众席位。

通过体育场的现代化改建，崭新、独立的可到达式VIP观众区域应运而生。地下通道与专用停车场可直接连通至VIP区域。VIP包厢被谨慎地安置于原有结构上，根据需要还可进行拆卸。

体育场屋顶的设计完全满足各种功能需要。基于美学和历史保护的条件，设计以同样高品质的屋面元素对现有的建筑特征进行强化。将一种控制性的元素引入到原有的结构中并不仅仅是一种尝试。

竞技场新的环形屋顶结构的开口正对马拉松门，其简洁的结构形式与表面材料的选择，强调了从奥林匹克体育场到达钟塔的城市轴线。

屋顶采用轻型悬臂钢结构，上、下两层均覆以半透明的膜。这个起到主要支撑功能的钢铁桁架的整体长度约为68m，并透过膜体映入人们眼帘。

大跨度所获得的轻盈外观，主要是由于这种上挑的屋顶檐口没有与其上部沉重的回廊相连接，并且提供了全方位视野，这样，屋顶结构不会喧宾夺主，场馆建筑的历史性立面仍会完整地保留。结构构件精美的铆固形式依稀可见，在室内，轻质的屋顶由20根直径25cm的倾斜钢柱支撑，以尽可能减少对观众视线的阻碍。纤长的钢柱在人的视线之上分叉，将荷载转移到上部环形梁的次级结构上。这些承受屋顶荷载的建筑结构或被完整地置于上部层叠结构中，或隐藏于自然石材表面下，使得椭圆形的体育场保持了完整的空间。

整修一新的奥林匹克体育场拥有7.5万个带顶棚的观众席位，新的“赫塔蓝色”跑道成为新体育场的标志。屋顶上安装了世界上最现代化的扩音及灯光设备，使得灯光效果与球迷著名的“La Ola”欢呼声相应和。新体育场屋顶自身能够发光，而马拉松大门上方没有顶棚，使得人们眺望钟楼的视线不会受到遮挡。

始于2000年5月的改造工程业已完成，期间仍有赛事在此举行。建筑的钢结构框架于2002年6月开始从北部沿东向环线进展，同时沿南部看台区域朝马拉松门延伸。

For the Olympia stadium Berlin, the central building to the historical 1936 Olympics sports complex, design problems between the historical preservation requirements, careful modernisation and current requirements for a multifunctional use, including that of a pure football arena, have been addressed and transformed into a synthesis through the designs of gmp.

The stadium is conceived as a uniform entity relating to the entire spatial context. The master plan proposed by Werner March in 1936 remains under urban historic preservation, with the new plans emphasising the quality of the original structure. All necessary additions have been placed underground, outside of the stadium, to prevent obvious visual intervention to the stadium's graceful appearance.

The modifications cover the following areas:

Damage survey and renovation of the concrete structure;

Modification of the upper tier and complete re-construction of the lower tier;

Sinking of the playing field by 2.65 metres;

Construction of the stand roof structure;

3

Modernisation of all technical and athletic areas;

Construction of VIP lounges and refreshment areas;

Construction of outer, underground areas supporting technical functions and circulation consisting of bi-level underground garages for c. 630 parking spaces, an entrance tunnel, main technical and maintenance facilities, a warm-up hall with a 100 metre track and VIP entrance areas to the stadium.

For the renovations work on the façades and the cladding of the columns consisting of Muschelkalk (fossil embedded limestone) and Gauinger Travertine, utmost attention was paid to preserve the material. Before the de-construction, an accurate record of the condition, placement and registration of each stone is kept in order to restore the original appearance.

The lower stand, which could not be saved within reasonable financial means, has been completely re-built in stages. With the construction of the lower tier, the playing field was lowered c. 2.6 metres to settle the conflict between the distance required of the multifunctional track and field arena and the necessary proximity of the mono-functional football arena. Approximately 1,600 seats were gained through 2 extra spectator rows, which neared the viewers to the football field. In the future, the stadium will offer 76,000 seats.

With the modernisation of the stadium, new, independently accessible VIP spectating areas have been developed. Underground entrances and allocated parking guarantee direct connections to the VIP areas. The VIP boxes have been carefully installed with consideration for the existing structure and can be de-installed if required.

The design of the stand roof fulfils the functional requirements, considering both artistic significance and preservation conditions. At the forefront lies the intention to support the existing architectural qualities through an equally high quality roof element.

The new roof structure, with its open-ended ring towards the Marathon Gate, sets itself apart from stadium typology with its simple construction and choice of surface material, emphasising the urban axis from the Olympic Square to the Bell tower.

The roof is designed as a light cantilevering steel construction with an upper and lower membrane. The total length of the steel trusswork functioning as the main support is estimated at 68 metres and is visible through the translucent membrane.

The construction height is minimised in the inner and outer edges so that the parapet of the stadium is accompanied by a minimally visible, low horizontal. This way, the roof construction does not dominate the stadium and the architecture of its historical facades remains intact. From the interior, the roof rests on 20 steel columns, which each have a slim profile of 25 cm in diameter, allowing as little obstruction to spectator view as possible. The necessary constructions to bear the roof loads are integrated into the upper tier construction, hidden underneath the natural stone facing.

A special installation integrates the field lights with the stadium's acoustics close to the inner roof edge and omits the use of unsightly floodlight and loud speaker masts. The new stadium roof will illuminate itself and become a recognisable icon in the media.

The construction works began in May 2000 and will be finished, despite the ongoing games held therein, in May 2004. The construction of the steel supports began in June 2002 along the north side and has progressed around the east curve as the south stand area continues towards the Marathon Gate.

3 柏林奥林匹克体育场新的环形屋顶结构开口正对马拉松门，强调了到达钟塔的城市轴线

4

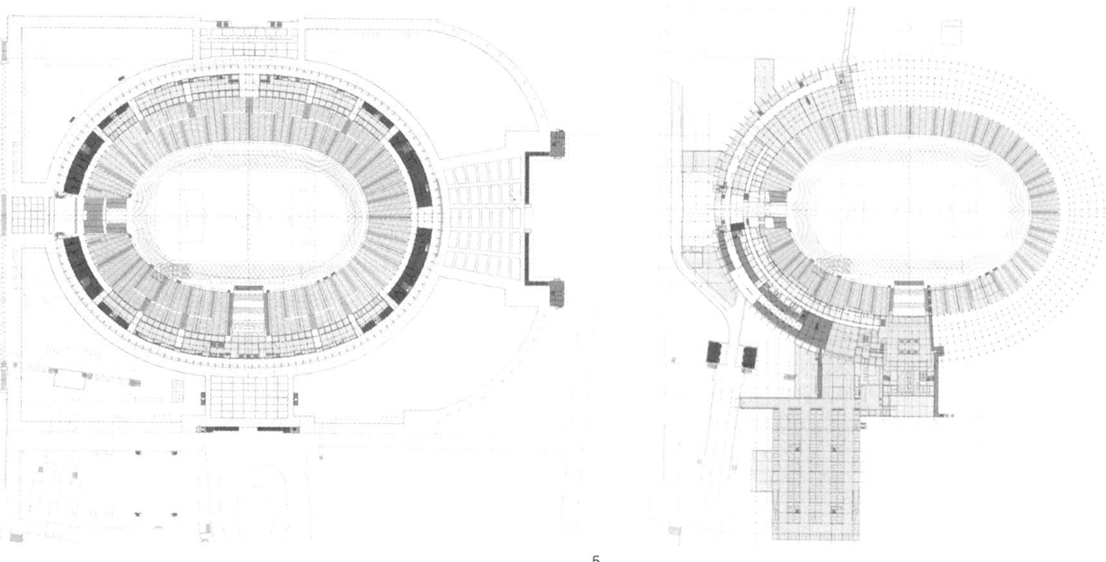

5

6

4 内场
5 一层平面
6 地下二层平面

7

8

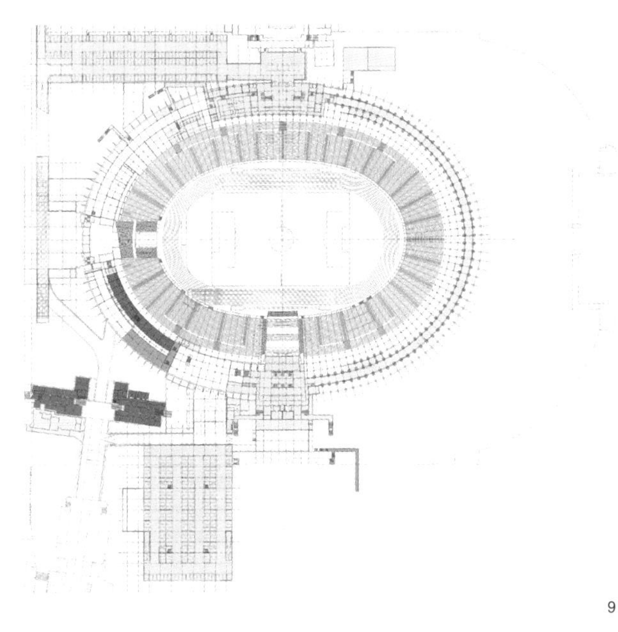
9

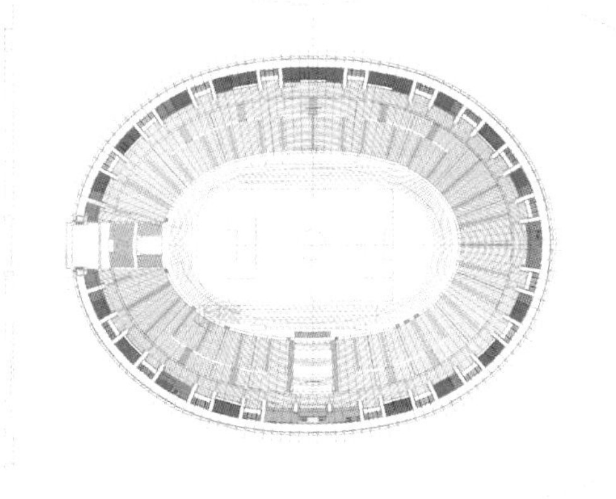
10

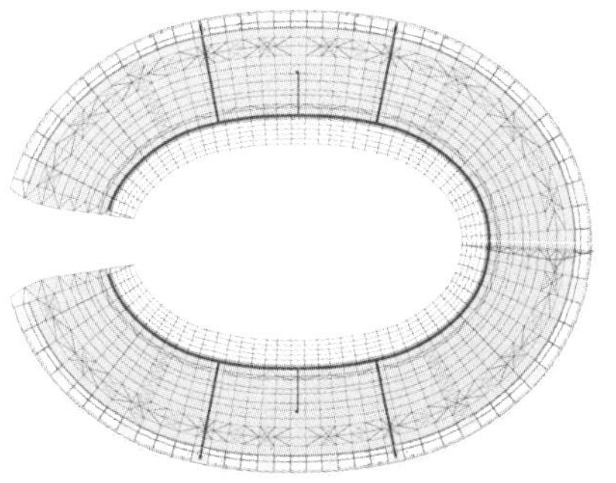
11

7 富于历史感的柱廊空间
8 改造后的顶棚及看台
9 地下一层平面
10 二层平面
11 屋顶平面

12

13

14

12 改造后的顶棚
13 室内训练跑道
14 贵宾区

德国汉诺威 AWD 竞技场

The AWD Arena, Hannover, Germany

■ 德国Schultiz及合伙人事务所 ■ Schultitz + Partner

项目概况

项目名称：汉诺威 AWD 竞技场

业　　主：Hannover 96 GmbH & CoKgaA

设计单位：Schulitz + Partner

坐席数量：50000

建筑面积：39000m²

建设时间：2001 ~ 2005 年

摄　　影：Helmut C. Schulitz

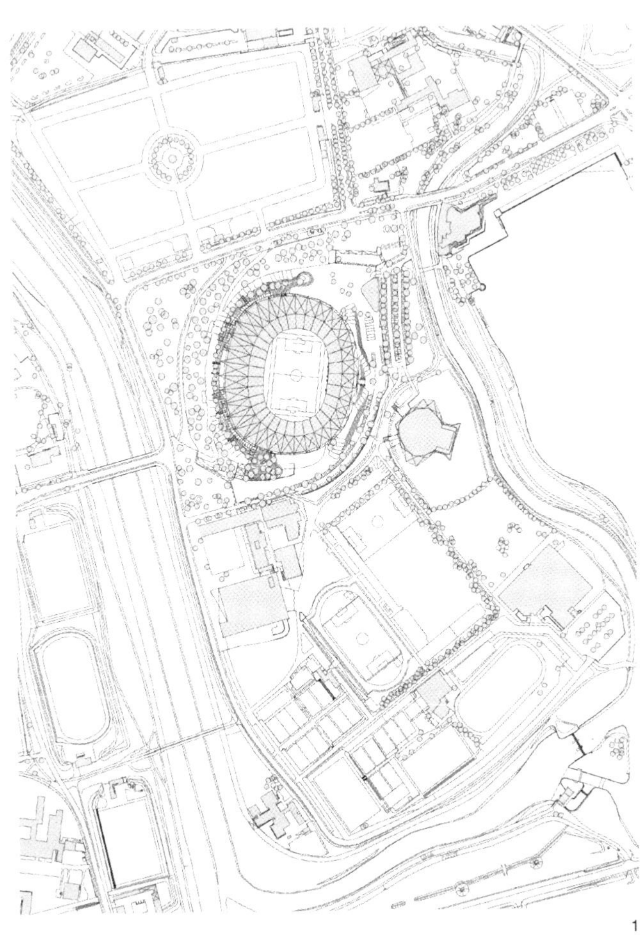

1 总平面

AWD 竞技场是为数不多的按照《国际足球联盟绿色目标》(FIFA Green Goal) 计划倡议的生态学标准设计的世界杯球场之一。它实行了一套新的、可持续的发展策略，实际情况证明，在 2006 年世界杯所有新球场中，它的成本 / 座位比率最优。

该建筑是于 1952 ~ 1954 年在第二次世界大战后的废墟和碎石上建造起来的，现在已经从一个多功能运动场转换为一个纯粹的足球竞技场。重建方案是通过国际性建筑和工程竞赛确定的，设计小组的目标是寻找一个能够保持原有不对称布局、经济而又具有震撼力的方案。其原有不对称布局是由正面看台的内、外两部分决定的，对于新顶篷结构的设计有很大影响。因为顶篷必须覆盖所有的坐席，所以设计必须首先要为面积比原来大一倍的新顶篷选择合理的结构形式，并力求能够在现有的穿透西看台厚石层的基座上安装。增加的悬挑顶篷通过钢索拉住并锚固在看台后部的地面，这样，被称为"轮辐式"索桁结构建立起来，通过外圈的刚性轮环将荷载传递至基础。虽然较原来屋顶尺寸增大一倍，却没有新增任何支点。

由于西看台被分为上、下两部分，顶篷设计因此具有同样重要的意义。它由两个同轴的"轮辐式"体系组成，也被命名为"环中环"结构。外层轮辐由两个轮环作刚性边界，放射状桁架和钢索形成辐条，而轮毂本身又为内层轮辐提供了刚性。内层轮辐是一种张拉整体结构，通过一系列的压杆将放射状的桁架与两个环状钢索 (轮毂) 张拉成承载体系。

外侧顶篷为不透明的金属板，内侧顶篷则是透明的，并覆有一层面积达 11000m² 的 ETFE 箔。ETFE 箔 95% 的透明度能够确保阳光顺利穿透，所以草坪生长对自然光的需求 (这通常是所有新球场都会遇到的问题) 就得到了保证。对于这一材料的选择早在设计初期就已决定，当时 ETFE 还并不流行，建筑师成功地说服了投资商和地产商投入额外的资金来建造一个优雅的透明顶篷。

设计伊始，设计小组打算根据一个复合的、非重复的切割模板建造一个拥有更轻子结构的双曲面。但一次 1 ∶ 1 的风洞试验证实平面方案的抗冲击力很强，建造世界最大的单层 ETFE 箔顶篷是可能实现的。这一高透明度的内顶篷的设计对于空间有限的足球场来说尤其重要。由于空间狭小，新球场的设计要求对整个运动场进行拆除和重建，除了保留具有重要历史意义的球场西侧部分以作为第二次世界大战后重建的纪念，其他三个方向的看台，包括所有的交流和餐饮设施、办公室以及专门的基础设施都要被重建。

新比赛场地连同草坪加热系统和新的排灌系统，被移向西侧

2 体育场鸟瞰

看台，由一个至少 3.5m 宽的服务通道围绕。草坪尺寸为 120m × 80m，完全满足欧洲足球协会联盟和国际足球联盟对比赛场地的要求。球场可容纳约 50000 人（世界杯期间为 45000 人）。

尽管球场进行了全面的重新设计，不均衡布局的主要特点还是得以保留。事实证明这是一个很有难度的设计，因为要从保留西看台的 45% 坡度逐渐增加到现代化的东看台的 65% 坡度。新的南、北看台构成两端的过渡区域，其底层留有宽敞的入口，能够保证草坪得到充足的空气供应。与其他球场尝试采用的高科技措施相比（如德国 Schalke 和日本札幌的活动草坪），这一设计是满足当今可持续性发展要求的一个非常节省成本并且简单、有效的方式。

将顶篷分成两个独立的结构体系还有另外一个优点，这便于各部分分别进行建设。事实证明这一点非常重要，因为德甲联赛要在施工期间占用球场进行比赛，但这对外侧顶篷的建设不会产生任何影响，而不久之后，德甲夏季停赛期间，内侧顶篷也顺利地如期建成。

The project of the AWD arena was chosen to host the Soccer World Cup in 2006. It is one of the few world cup arenas that have been designed according to the ecological standards proposed by the FIFA Green Goal programme. It offers a new sustainable and highly economical strategy and proved to have achieved the best cost/seat ratio among all new 2006 World Cup arenas.

Originally built in 1952 to 1954 on the city's ruins and rubble of World War II it was recently transformed from a multifunctional sports stadium into a pure soccer arena. The first re-design concept was the result of an international competition for architects and engineers, which was won by the architects Schulitz + Partner from Germany and the engineers RFR from France. The design team searched for an economical, light and powerful solution that retained the original asymmetric geometry. This geometry was determined by the original grandstand and its separation into an outer and inner stand and had an important design impact on the new roof structure.

As all seats had to be covered a new structural concept for a roof of twice the original size had to be found. The goal was to be able to place this new roof on the existing foundations which penetrated the full height of the rubble of the western grand stand. Fortunately the former cantilevered roof implied doubling the forces by tying the roof loads back to the ground at the rear side of the stands. Thus the concept of a spoked wheel was

3

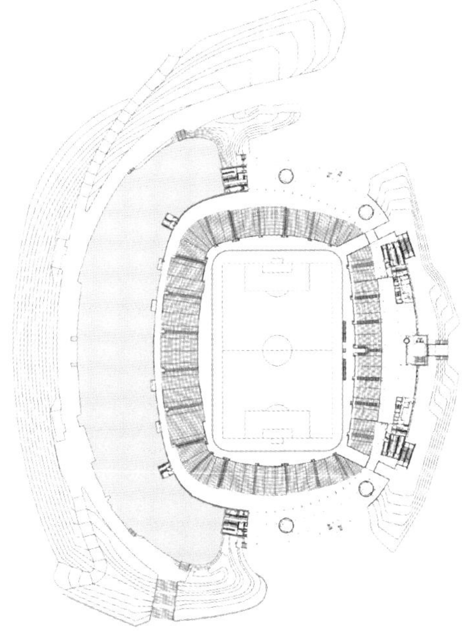

4

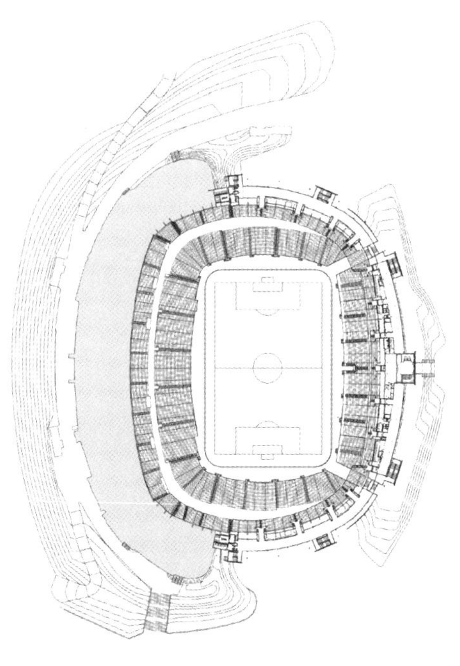

5

3 赛场内径
4 1.0m 标高平面
5 2.5m 标高平面

6

7

6 平台区
7 顶篷、看台及轮环

chosen which distributes the forces into a circular rim and thus allows to double the roof size without any new footings.

The separation of the western stand into an upper and lower portion lead to an equally important feature of the roof design, namely a roof in two concentric segments which could be called a "roof in a roof" using two spoked wheel systems. The exterior spoked wheel is formed by two outer rings as a rim, radial trusses and cables as crossed spokes and an open hub which in itself forms the rim of a second wheel to which the inner transparent roof is attached. The inner roof is a kind of tensegrity structure, formed by struts which carry the radial trusses and are kept in place by two additional cable tension rings forming the hub.

The outer part of the roof is opaque with metal decking, the interior part is transparent, covered with 11000 m^2 of a single layer of ETFE foil (Ethylene Tetrafluorethylene). Because ETFE is 95% transparent and allows UV-light to pass through, natural growth of the lawn – which is usually a problem in all new soccer stadia – is improved. The choice of this material was made at an early design stage, at a time when ETFE was still quite unpopular and only sparse references of small surfaces could be shown to the client and the checking authorities to prove the feasibility of the concept. The architect was able to convince the investor and the tenant to spend the additional money in order to realise an elegant transparent roof and to ensure that the pitch would have the best growth conditions. The German manufacturer Covertex, specialised in ETFE foil systems constructed the roof as a completely flat foil surface. Initially the design team intended to create a double curved surface with a much lighter substructure that was based on a complex and non-repetitive cutting pattern. After an additional 1:1 wind tunnel test, which confirmed the flutter resistance of the flat solution, it was possible to construct the worlds largest single layered ETFE foil roof.

This design concept of an inner roof segment of high transparency is especially important for a narrow pure soccer arena. The geometry of the new and narrow arena required the demolition and new construction of the whole stadium with the exception of the historically important west section which was retained as a reference to the reconstruction after World War II. Thus the north, east and south stands were rebuilt including all social and catering services, offices and technical infrastructure. The new playing field was moved towards the west stand, complete with a heating system for the turf, a new irrigation and drainage system. It is surrounded by a paved service band that is at least 3.5 m wide. The pitch dimensions -120x80 m - fully meet the requirements of the UEFA-FIFA directives. The stadium has been designed with a seating capacity of around 50000 (45000 during the World Cup).

Inspite of a complete redesign of the stadium its main characteristic of an asymmetrical structure was retained. This proved to be a difficult design exercise in view of the fact that the 45% incline of the preserved old west stand had to be gradually increased to a modern 65% incline at the east stand. The new north and south stands form the gradual transition between these angles of inclination and leave at the lower level large entry openings, which also ensure sufficient supply of air for the grass pitch. Compared to other highly technological attempts tried in other stadia (movable lawn in Schalke/Germany and Sapporo/Japan), the concept is extremely cost efficient and a straightforward answer to today's demands for sustainability.

The separation of the roof into two separate structural systems had yet another advantage allowing an independent construction of each part. This proved to be important since the arena had to be built while the Bundesliga (the German Premiership) games were taking place in the arena during construction. This created no problem for the outer part of the roof while the inner part was later erected during the summer break of the Bundesliga.

8

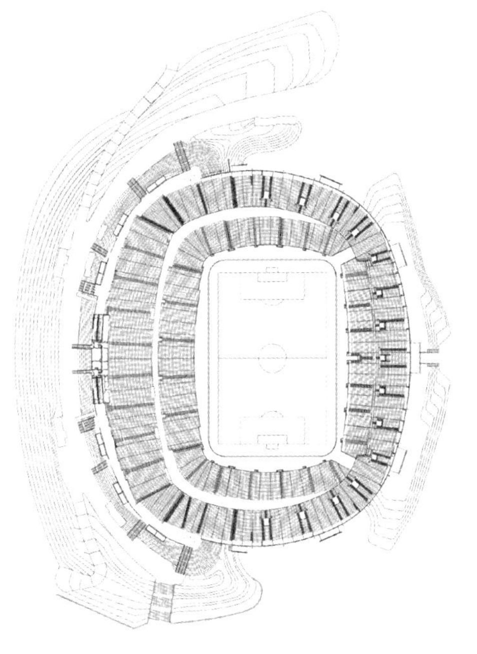
10

9

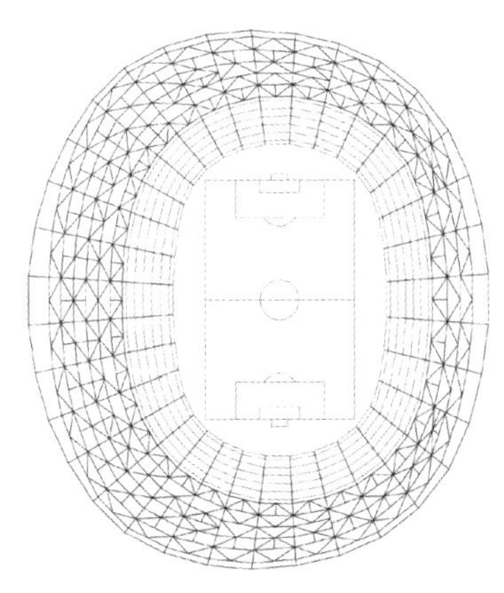
11

8 带有轮环的南侧建筑立面
9 东侧外景
10 5.0m 标高平面
11 屋顶平面

12

13

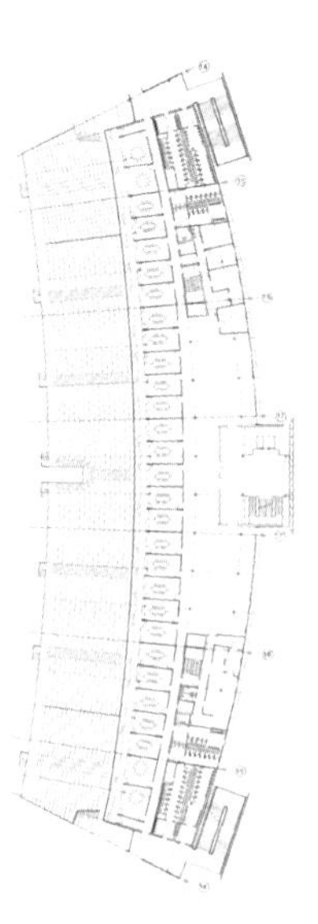

14

15

12 赛时内景
13 VIP 包厢和休息室平面配置
14 商务休息室平面配置
15 看台平面配置

德国斯图加特戈特利布·戴姆勒体育场

Gottlieb Daimler Stadium, Stuttgart, Germany

■ 德国asp-Arat, Siegel + Partner建筑事务所
■ asp Architekten Stuttgart, Arat–Siegel–Schust

项目概况
项目名称：戈特利布·戴姆勒体育场
建设地点：德国斯图加特
坐席数量：51710
建筑设计：asp Architekten Stuttgart, Arat – Siegel – Schust
结构设计：Schlaich Bergermann & Partner, Stuttgart
设备设计：Schmidt Reuter und Partner, Köln
电气设计：Ebert Ingenieure, Leipzig
摄　　影：Manfred Storck

戈特利布·戴姆勒体育场前身为内卡（Neckar）运动场，建于1933年；主看台对面的开放式看台建于1949～1951年；为举办1974年世界杯比赛，该体育场于1971～1973年进行了扩建；其中正面看台被完全改建，并装配了一台字母数字记分板；1986年，为举办欧洲室内田径锦标赛，场内安装了德国第一个全矩阵彩色视频记分板；1990年，场内绿地被重新铺设，并安装了地暖设施。

为举办1993年世界室内田径锦标赛，内卡运动场更名为戈特利布·戴姆勒体育场，并经历了又一次现代化的改造。Asp建筑事务所因擅长建造大型公共场馆而知名于德国，建筑师利用钢索桁架结构和人造的膜材料在观众坐席上方建造了一个与众不同的顶篷。对运动场来说，这标志着一个新纪元的开始。顶篷膜材的承力结构好似一个伸长的车轮，支撑着跨越整个椭圆形运动场的、引人注目的流线形华盖。当参加世界锦标赛的运动员们到达这里时，位于观众席之上18～35m的34000m^{2}顶篷笼罩了整个场地。

随着现代体育对运动场要求的不断提高，第二轮现代化改造工程于2001年7月完成。正面看台上新建了一个可容纳5600名观众的第二看台，同时还扩建了贵宾区以及其他饮食和会议设施。正面看台的外部还建造了另一个贵宾区和俱乐部，并设置了供这些区域使用的办公室和中央入口。一座跨越Mercedesstrasse（体育场西南侧的一条主要道路）的天桥将体育场内的商务区与885个车位的新建停车场相连。

2004～2005的第三期工程使运动场被提升到世界杯赛场标准。正面看台的现代化改造已经于二期工程中完成，其他部分包括提高观众舒适度和设施安全性方面还需完善。同时，还需要在实际场地以外做大量的工作，以便重新安排观众出入运动场的路线，其中包括为经由公共交通系统到达球场的球迷单独设置通往场内坐席的出入通道。

此项工程的关键在于要通过对面看台的全新结构提高体育场后部空间的整体质量、增加重要坐席数量。建筑师通过方便观众到达的流线设计、建设新的餐饮设施和在新的第二观众看台上设置附加坐席等措施实现了这一目标。

运动场的观众区进行了彻底的改造，观众坐席中间的两个视频屏被撤除，为增加坐席创造了空间，此外还撤除了分隔观众和赛场的围栏，大大改善了体育场的整体气氛。现在的体育场可容纳55896名观众（51709坐席和4187站席），如果全部设置坐席，场内可容纳大约53198人。

新的对面看台建于一个高出地面约5m的升高平台（1层）上。观众可从两侧楼梯进入平台，然后直接进入场内坐席。升高平台将观众流线和地面层的工作及货运流线完全分开。平台宽大的开口使光线能够照射到地面层，避免那里形成类似于地道的空间氛围。

上层看台没有设置围栏以确保观众视线开阔，同时在现有的体育场顶篷下设置了最多数量的坐席。

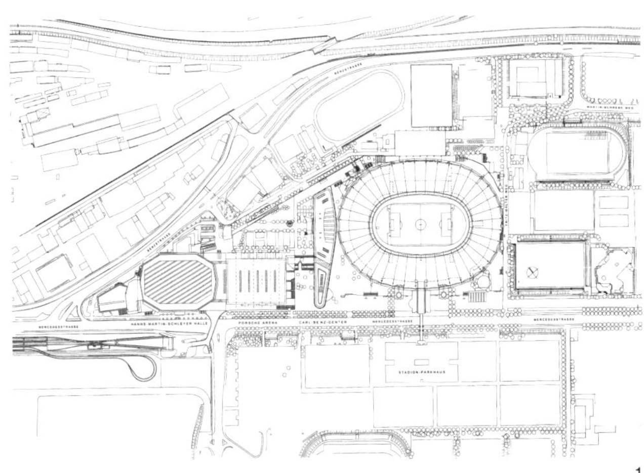

1

1 总平面

weru Fenster+Türen weru
Mir gebt's gut!
wohnland weru Fenster+Türen weru

2

3

因所有改造工程都在正常赛季进行，因此必须确保赛场能够一直提供45000个坐席，观众可经由环绕赛场的跑道进入对面看台的下层。每隔两周，施工现场都必须被关闭，以保证比赛不受影响。

施工将建筑分为5“片”进行，自下而上建成一片后，再开始另一片的工程。建筑师在顶篷下的空间内使用了两架升降设备，并在施工中不断调整它们的位置。在最后一片的施工中，他们在赛场跑道上使用了安装在卡车上的伸缩升降设备。

Formerly known as the Neckar Stadium, the arena was built in 1933 to a design by architect Paul Bonatz. Construction of an open stand opposite the main stand followed between 1949 and 1951 and the Cannstatt and Untertürkheim ends were extended between 1955 and 1956. Further expansion followed between 1971 and 1973 in preparation for the 1974 World Cup to plans submitted by architects Siegel, Wonneberg & Partner, with the main stand being completely rebuilt and an alphanumerical scoreboard installed. In 1986 this was replaced by Germany's first full-matrix colour video scoreboard in time for the European Athletics Championships. Later, in 1990, the pitch was re-laid and undersoil heating installed.

Renamed Gottlieb Daimler Stadium, the arena was again modernised in preparation for the 1993 World Athletics Championships on the basis of plans drawn up by the Neckar Stadium Planning Committee. This marked the onset of a new era for the stadium as Schlaich, Bergermann & Partner employed a steel-cable truss construction and synthetic membrane to create a distinctive roof over the spectator seating. This latest phase of redevelopment also saw the main stand given a facelift, standing areas fitted with seats and new floodlights installed. The load-bearing structures for the roof membrane resemble an elongated cartwheel, supporting a remarkable curvaceous canopy spanning the oval outline of the stadium. By the time the athletes arrived for the World Championships, 34,000 square metres of PVC-coated polyester fibres were looking down upon the stands from a vantage point 18 to 35 metres above the crowd.

The ever-growing demands placed on a modern stadium saw a second round of modernisation work completed in July 2001, with the Gottlieb Daimler Stadium Planning Committee (Arat, Siegel & Partner, Weidleplan and Schlaich Bergermann & Partner) handling the planning. The remaining benches duly made way for individual seats and the main stand took on a second deck of seating accommodating 5,600 spectators. Meanwhile, a VIP area was developed within the main stand, featuring 44 executive boxes and 1,500 business seats, plus catering and conference facilities. An additional VIP area and club rooms were built onto the outside of the main stand, along with offices and a central entrance serving these areas only. The business areas are connected to a newly built 885-space car park by a footbridge arching over Mercedesstrasse.

The third phase of construction, which began in January 2004 and was completed at the end of 2005, saw the stadium brought up to World Cup standard. Planning started in the summer of 2002 immediately after Stuttgart was selected as one of the host cities for the 2006 FIFA World Cup. The modernization of the main grand stand was already completed in the second phase of construction from 1998 - 2001. Now the remaining part of the stadium had to be brought up to World Cup standard in regard to spectator comfort and security infrastructure. This required extensive new construction and modernization work in many areas.

Extensive work was also conducted beyond the actual stadium perimeter in order to reorganize spectator traffic to and from the stadium. This included creation of separate access routes for visiting fans from arrival via public transport up to the individual seat in the stadium as demanded by the authorities.

The keystone of the project was the complete new construction of the opposite stand with the goal to improve the overall quality of the stadiums rear side and to increase the number of valuable seats. The goal was achieved by substantially improving spectator access, by building new food and beverage outlets and by creating additional seats on the new second spectator deck.The spectator area of the stadium bowl got a complete makeover. The spectator blocks were restructured. The two video screens that were located among the spectator seats were removed making room for additional seats. Additionally the fence separating the spectators from the playing field was removed improving the overall atmosphere in the stadium quite a bit. Gottlieb Daimler Stadium today has an overall capacity of 55,896 spectators (51,709 seated, 4,187 standing). As an all-seat venue, the stadium can seat approximately 53,198 persons.

The new opposite stand building establishes a raised platform (Level 1) at approx. 5.00m above ground level. Spectators access the platform from both directions using a grand open stairway when coming from the east or already on the same level when coming from the west. From the platform the spectators can directly enter the stadium interior and go to their seats. The raised platform completely separates spectator traffic from operational and delivery traffic on Level 0. Large openings in the platform bring daylight down to Level 0 thus avoiding a sense of being in a tunnel on that level. This overall arrangement creates ample space for circulation, food and beverage service and sanitary facilities.

All construction took place while regular league operations continued on match days. A continuous capacity of 45,000 spectators had to be ensured. The lower deck of the opposite stand was accessed via the running track surrounding the playing field. Every fortnight the construction site had to be closed off and secured so that the match could take place undisturbed.

The usual way of erecting the structure level by level was abandoned. The structure was erected in five "slices" with each slice completed from bottom to top before work on the next slice could start. Two cranes were running on tracks in the cramped space underneath the existing membrane roof, adapting their position in the progress of construction work. The last slice was completed using truck-mounted telescopic cranes placed on the stadiums running track.

2 体育鸟瞰
3 体育场内景

4

5

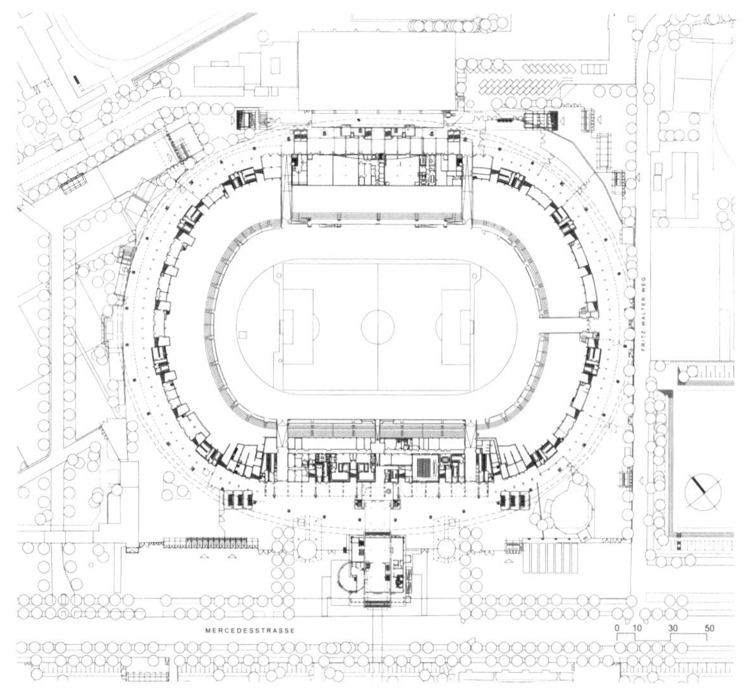

6

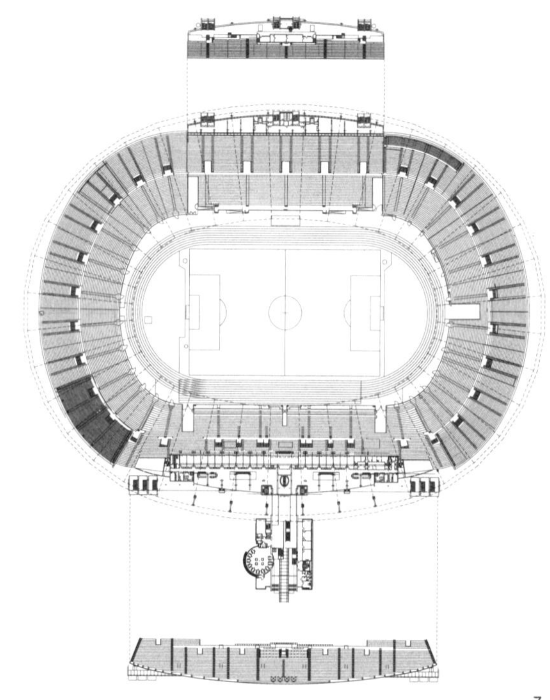
7

4 对面看台外立面
5 VIP 入口
6 入口层平面
7 包括 VIP 区的看台平面

8

9

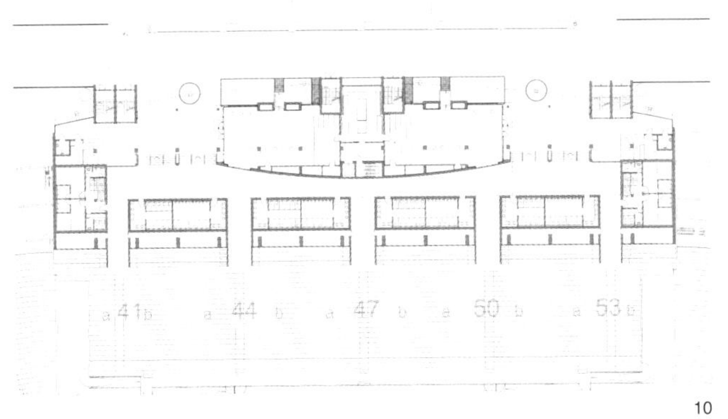

10

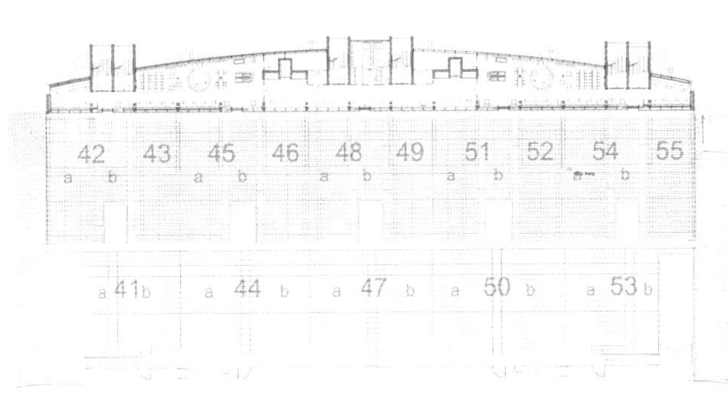

11

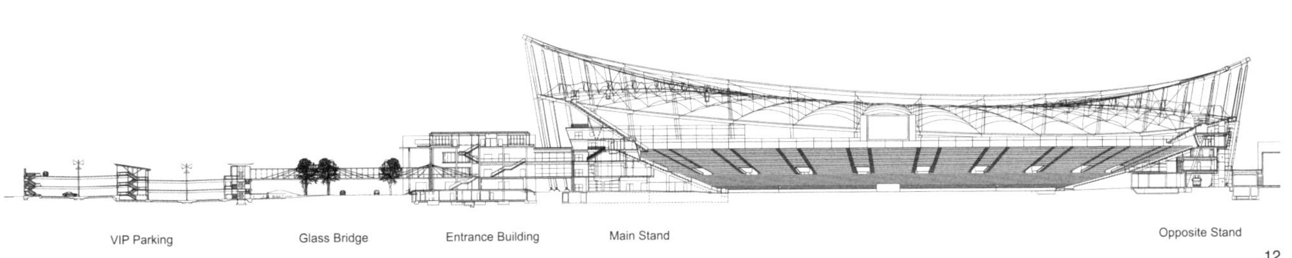

12

8 正面看台全景
9 看台区
10 对面看台一层平面
11 对面看台（商业休闲区）三层平面
12 剖面

巴西国家体育场

National Stadium, Brasilia, Brazil

■ 冯·格康，玛格及合伙人建筑师事务所 ■ gmp

项目概况

项目名称：巴西国家体育场

建设地点：巴西，巴西利亚

设计单位：gmp

设 计 师：Volkwin Marg, Hubert Nienhoff

项目负责人：Martin Glass

设计团队：Carsten Borucki, Ante Bagaric, Helge Lezius, Florian Schwarthoff, Martin Krebes

巴西负责人：Robert Hormes, Ralf Amann

合 作 者：Schlaich Bergermann and Partner; Castro Mello Arquitetos, São Paulo

Tragwerksentwurf and planung Dach/Structural concept and design roof Schlaich Bergermann and Partner-Knut Göppert with Knut Stockhusen

结构设计师：Engserj, Belo Horizonte

技术设备：b.i.g. Bechtold Ingenieurge sellschaft mbH; mha, São Paulo

照明设计：Conceptlicht

巴西利亚城是由巴西城市规划师卢西奥 · 科斯塔 (Lucio Costa) 和巴西知名建筑师奥斯卡 · 尼迈尔 (Oscar Niemeyer) 规划设计，并在三年内建成，也是 20 世纪全球新建城市中唯一一座被联合国教科文组织宣布列为世界文化遗产的城市。巴西利亚城主要以车行尺度标准建立，城区建设依照“功能分区”的城市规划理念，这两者共同构成了这个城市的建设宣言。城市中的公共建筑以具有纪念意义、极具雕塑感而著称，因此成为现代主义建筑的标志之一。

在此背景下，为了迎接 2014 年足球世界杯，德国 GMP 建筑师事务所与圣保罗 Castro Mello 体育建筑事务所和德国斯图加特 Schlaich, Bergermann & Partner 建筑设计公司共同合作，完成了新巴西国家体育场的建筑设计。

原巴西国家体育场——马内 · 加林查体育场于 1974 年建成，由 Ícaro Castro Mello 设计。现在他的儿子 Eduardo Castro Mello 又为这个体育场新加了一个下层看台，并完成了原有上层看台的框架设计。GMP 建筑师事务所和 Schlaich, Bergermann & Partner 建筑设计公司则对体育场周围的空地进行深入设计，力图强调该体育场“支持的森林”的形象特点，同时为体育场设计了双层悬索屋顶。

在整个设计的推进过程中，一个关键的工作便是对巴西利亚的建筑设计和城市规划的环境与尺度进行深入研究。本次项目设计的目标是提出一个从建筑历史角度来看适合体育场本身的方案，这一方案须保持当地传统，同时又不失特色，同时满足当代体育比赛的需求。

巴西国家体育场将成为巴西利亚最大的、公共性最强的建筑，该体育场直接坐落在巴西利亚城市规划布局的中轴线上，设计构想该体育场为一座雄伟的建筑物，且其形象造型与巴西利亚整体城市规划背景协调统一。

围绕体育场周边布置一圈环形空地，所有入口设施都布置于此，体育场屋顶则坐落在“支撑的森林”上。体育场的结构形式简单明了，这种强烈的极简主义、个别构件的几近原型设计更加强了这种简洁感。体育场的主要建筑材料是混凝土，完全符合巴西利亚的建筑文化传统。

双层的屋顶为悬索结构，形状为标准的环形几何体，该屋顶结构由一圈混凝土压缩环固定在适当的位置。上层由多种透明覆盖材料组成，下层则采用背光膜的设计形式。该体育场屋顶为可移动式内置屋顶，这就意味着这个可以容纳 7 万人的体育场在任何季节都可以使用。该设计制定了多项生态措施，包括在体育场屋顶玻璃上安装一体化的光伏组件、采取雨水收集措施等，从而有力地支持了巴西举办第一届可持续的足球世界杯的主张。

Designed and planned by Lucio Costa and Oscar Niemeyer and constructed within three years in a heroic tour de force, Brasília is the only new 20th-century city to be declared a World Heritage site by UNESCO. As a built manifesto of a car-centered, functionally separated city, it is with its monumental and sculptural public buildings one of the icons of modernism.

In this context and with preparations for the football World Cup in 2014 in mind, gmp is working with Castro Mello Arquitetos of Sao Paulo and Schlaich, Bergermann & Partner of Stuttgart on the design of Brasília's new National Stadium.

The existing Mané Garrincha Stadium was completed in 1974 to a design by Ícaro Castro Mello. His son Eduardo Castro Mello is now providing the building with a new lower tier and completing the existing upper tier fragment. Gmp architects and Schlaich, Bergermann & Partner are developing the surrounding esplanade with its characteristic "forest of supports" and double-layer suspended roof.

A critical factor in evolving the design was a thorough study of Brasília's architectural and urban-planning environment and scale. The aim of the design is to provide a solution appropriate to its importance in terms of architectural history, with clear references

1 体育场鸟瞰
2 赛时内场情境模拟

1
2

3

to the traditions of the site, while at the same time coming up with a distinctive, contemporary configuration.

As the largest and most public building in the city, lying directly on the central axis of the basic urban-planning figure of Brasília, the composition was developed as a monumental structure that fits appropriately and coherently into the urban-planning context.

This involves surrounding the bowl of the stadium with a circular esplanade containing all access elements, with the roof resting on the "forest of supports". This clear and simple gesture is reinforced by the strongly minimalist, almost archetypal design of the individual structural members. The key material is concrete, wholly in keeping with Brasília's architectural culture.

The roof itself is conceived as a suspended roof with the ideal circular geometry, a double-layer structure held in place by a concrete compression ring. In this, the upper layer consists of sundry translucent covering elements, while the lower layer takes the form of a backlit membrane.An optional movable inner roof means the 70,000-capacity stadium can be used in all weathers. A host of ecological measures have been developed, ranging from the integration of photovoltaic modules in the roof glazing to the collection of rainwater, reinforcing Brazil's claim to be staging the first sustainable football World Cup.

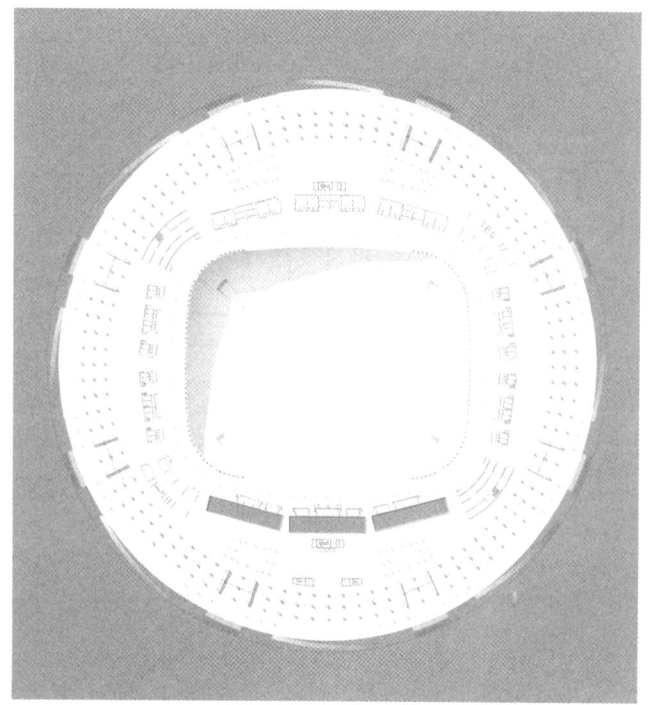

4

3 开敞的观众休息空间
4 地下层平面

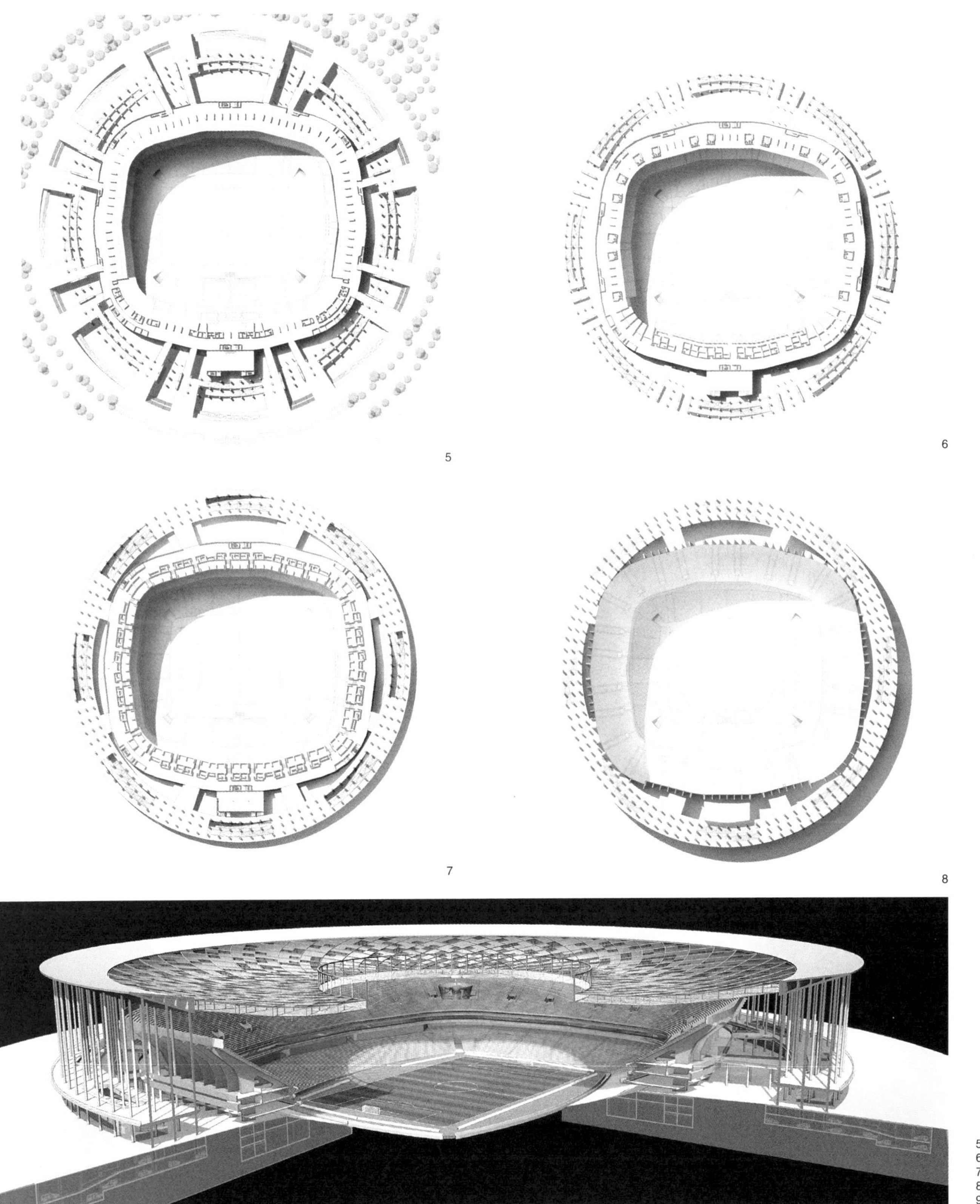

5
6
7
8
9

5　一层平面
6　二层平面
7　三层平面
8　看台平面
9　剖切图

巴西玛瑙斯市亚马逊体育场

Amazon Sports Stadium, Manaus, Brazil

■ 冯·格康，玛格及合伙人建筑师事务所 ■ gmp

项目概况

项目名称：亚马逊体育场

建设地点：巴西玛瑙斯市

业　　主：Companhia de Desenvolvimento do Estado do Amazonas

坐 席 数：43500

建筑高度：35m

设计单位：gmp

设 计 师：Volkwin Marg und and Hubert Nienhoff mit with Martin Glass

项目负责人：Martin Glass, Maike Carlsen

设计团队：Ausias Lobatón Ortega, Nicolai Reich, Stefan Saß, Sonia Taborda, Helge Lezius, Florian Schwarthoff, Konstanze Erbe, Claudio Aceituno Husch, Martin Krebes, Dirk Peissl

巴西负责人：Ralf Amann, Burkhard Pick

合 作 者：STADIA, São Paulo; Schlaich Bergermann und Partner/ Tragwerksentwurf and Structural concept and design roof; Schlaich Bergermann and Partner-Knut Göppert with Knut Stockhusen/ Structural engineering EGT, Sao Paulo

工艺设备：b.i.g. Bechtold Ingenieurgesellschaft mbH; mha, Sao Paulo

景观设计：Strauma (Design phase)

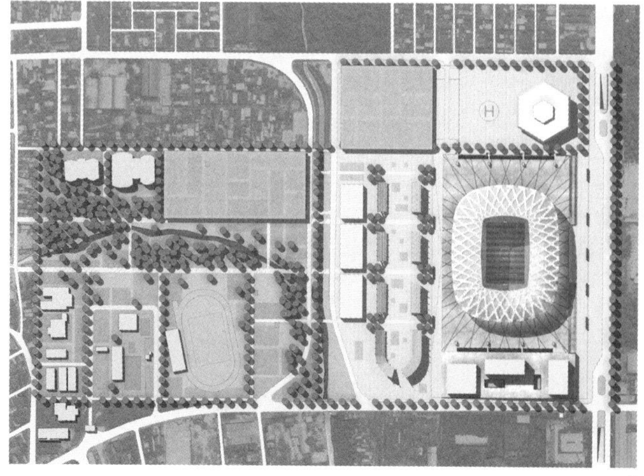

1　总平面

玛瑙斯市位于热带原始森林之中，距海约1500km，地处黑河和索里芒斯河交汇处。两河交汇而成亚马逊河，为世界流域面积最大的河。亚马逊州以亚马逊河命名，玛瑙斯市即为亚马逊州首府。玛瑙斯市曾经是世界橡胶工业的中心，但现在作为一个自由经济区，是全球贸易交流金融中心之一。另外，玛瑙斯市还有一处迷人的文化遗产，即城市周围分布有大量的热带雨林，这使得该市成为一个很有吸引力的旅游中心。

亚马逊体育场的设计目的在于提出一个简单高效的体育场方案，同时特别反映出其所处的地域特征，尤其能够展现出当地热带雨林的强烈吸引力和自然多样性。

新体育场选址于一个新的体育公园内，可提供4.5万个坐席，新体育场位于整个体育公园的中央交通轴线上，直接连接市区和机场。体育公园内设有一个桑巴舞厅、田径体育设施、几个多功能场馆和一个游泳中心。这个体育公园是亚马逊综合运动场的一部分，为体育专业人士及当地体育赛事提供优越的条件。

体育场设计利用自然地形因地就势，通过一个抬起的基座自然地将其介入周边的天然地势起伏中，形成一个轻微的斜坡，斜坡内布置有商业设施和停车空间。基座贯穿于上下两层台座，两层台座之间的环形空间内设有包厢、办公空间和对外餐厅。

极富特色的屋面结构由两组互相支撑的悬臂梁构成，蜂窝箱式的空心钢梁同时也是大型的排水管道，可以引流热带雨季巨大的降水量。出于对亚马逊地区炎热潮湿的极端气候条件的考虑，体育场屋顶结构设计一直延伸到立面，为观众活动区和各个竖向的入口通道遮风挡雨。体育场屋顶和立面的覆盖材料为半透明玻璃纤维，其覆膜具有低辐射性能，能够对热辐射进行反射，从而起到冷却建筑的效果。屋顶材料的特殊覆膜处理，与立面上的开洞构成自然通风换气系统，在体育场内创造出舒适的小环境。

在“可持续性发展的世界杯”的口号下，亚马逊体育场将成为巴西首个通过美国绿色建筑协会LEED标准认证的体育场之一。整体的生态方案考虑到了建设选址、施工程序、运输路线、个别材料的基本内能量、水资源管理、能源消耗、调控体系、废物处理和对日常运作进行长期持续的监控等。

玛瑙斯市为南美洲最重要的生态旅游城市之一，亚马逊体育场为该市塑造了一个极富个性的地标性建筑，即使在将来，该体育场的设计也是对自然资源尊重与合理利用的典范。

2

3

2 体育场鸟瞰
3 赛时内场情境模拟

Located in the middle of the jungle, 1500 km from the sea, Manaus is where the Rio Negro and Rio Solimões run together to form the Amazon, the world's mightiest river. It is also the capital of the similarly named federal province, a metropolis that was once a centre of the rubber industry but is now, as a Free Economic Zone, a finance center with global trade relationships. It also has a fascinating cultural legacy, which, with the potential of the surrounding rain forests, makes it a very attractive tourist center.

With the design of the new Manaus stadium, the aim was to come up with a very simple but highly efficient stadium that would at the same time specifically symbolize the location, particularly the fascination and natural diversity of the tropical rain forest.

With a capacity of 45,000, the stadium lies directly on the central traffic axis linking the city with the airport. Integrated into a sports park that is also home to a sambodrome, athletics facilities, multi-purpose venues and a swimming center, it is part of the Complexo Esportivo do Amazonas, which offers ideal conditions for professional and local sporting events.

Exploiting the natural topography, the stadium is situated on a plinth set into a slight slope that also houses commercial facilities and parking. An encircling ring of boxes, offices and a restaurant for fans separates the upper tier from the lower tier, which is cut into the plinth.

The roof structure is made up of mutually supporting cantilevers, whose steel hollow core girders function simultaneously as large gutters to drain the immense run-off of tropical rainwater. Given the hot, humid Amazonas climate, the roof continues into the façade to provide shade and shelter for spectator circulation areas and vertical access points. The fields of the roof and façades consist of translucent fiberglass fabric, whose low-emittance coating reflects heat radiation and thus has a cooling effect. The natural ventilation arising in combination with the façade apertures creates a pleasant microclimate.

Under the banner of a sustainable World Cup, the stadium will be one of the first to be certified as compliant with the LEED (leadership in energy and environmental design) criteria of the US Green Building Councils. The integrated ecological scheme takes account of the choice of location, construction sequence, transport routing and primary energy content of individual materials, water resource management, energy consumption, regulation and control systems, waste management and a permanent monitoring of ongoing operations.

As one of the most important centers of ecotourism in South America, Manaus will acquire a characteristic landmark that will do justice even in the long term to the requirement for a responsible treatment of natural resources.

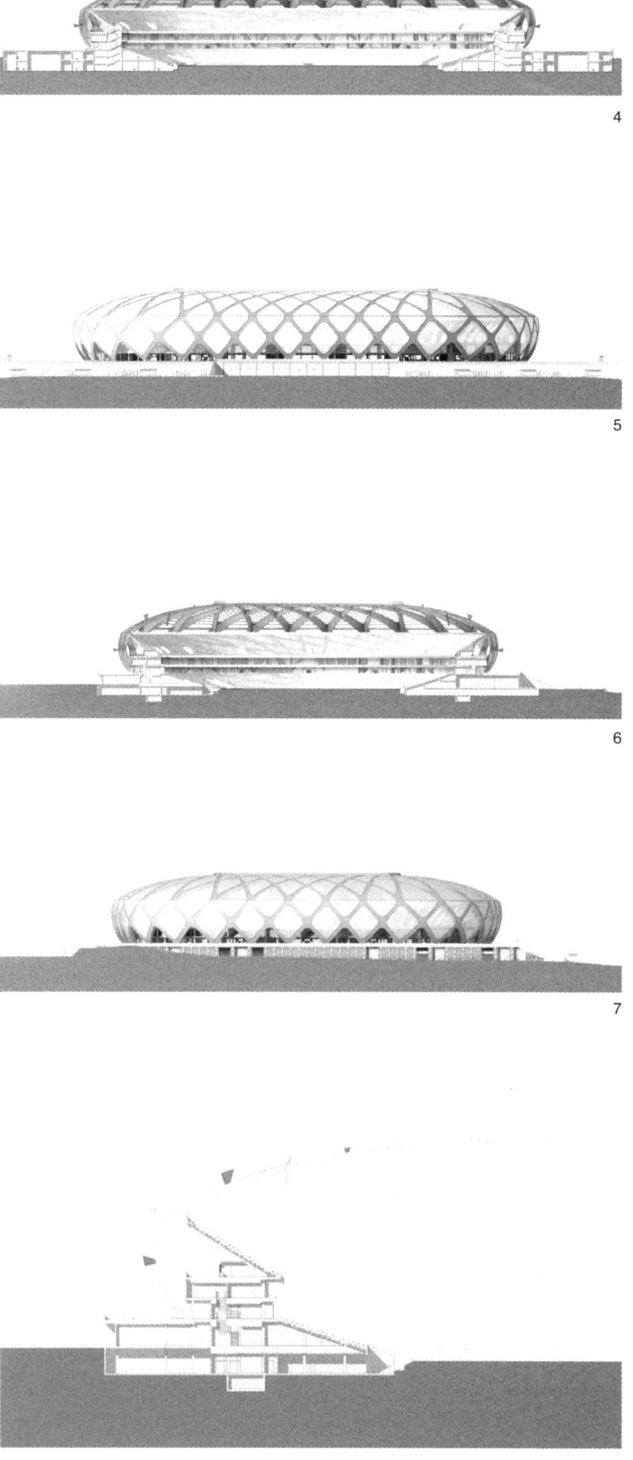
4
5
6
7
8

4~5 长向剖面和东立面
6~7 短向剖面和南立面
8 看台剖面

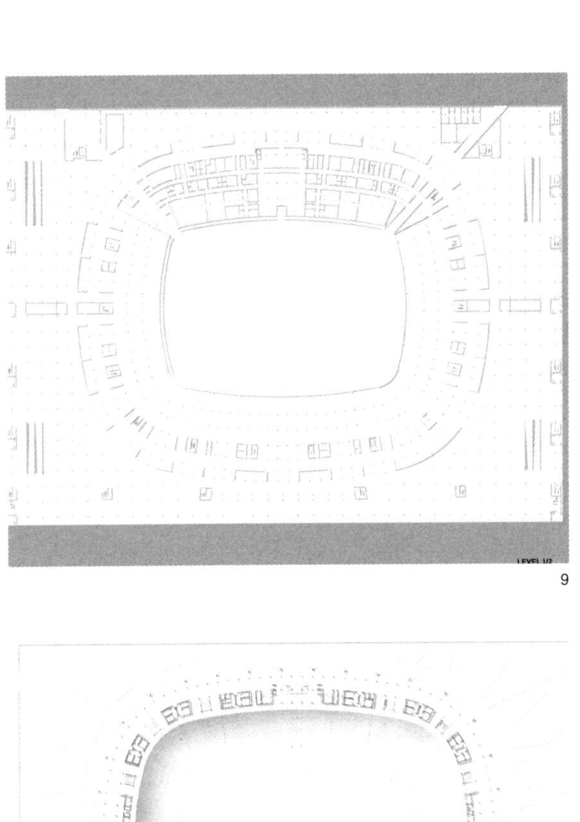

9

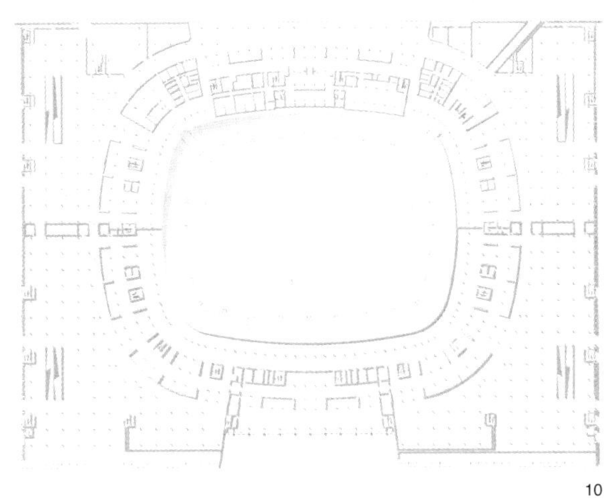
10

11

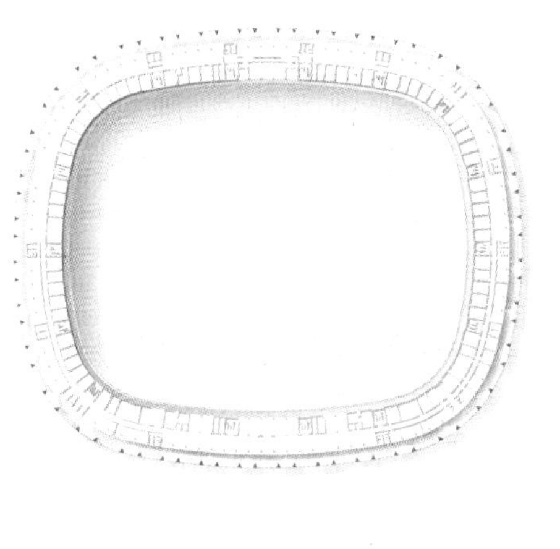
12

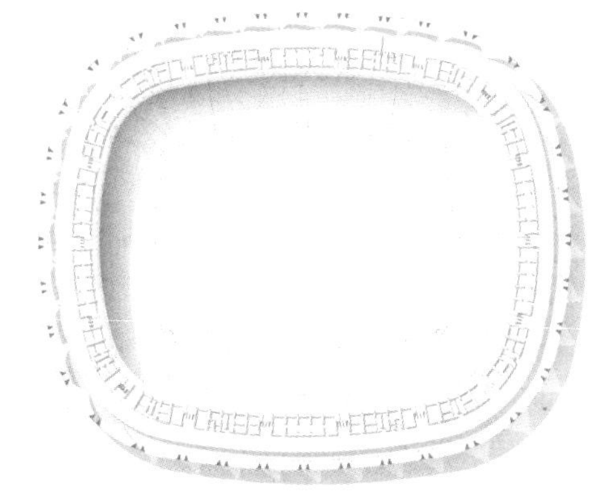
13

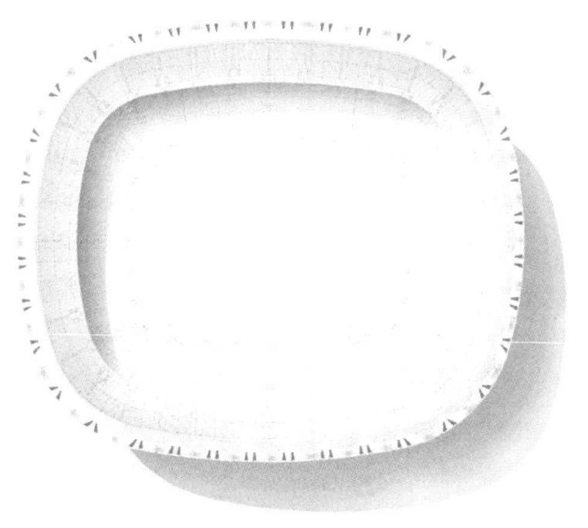
14

9 地下二层平面
10 地下一层平面
11 一层平面
12 二层平面
13 三层平面
14 看台平面

巴西贝罗奥里藏特市大米内罗球场

Mineirinho Complex, Belo Horizonte, Brazil

■ 冯·格康，玛格及合伙人建筑师事务所 ■ gmp

项目概况

项目名称：大米内罗球场

建设地点：巴西贝罗奥里藏特市

委 托 人：Departamento de Obras Públicas do Estado de Minas Gerais

坐席数量：66000

建筑高度：23.6m

设计单位：gmp

项目负责人：Martin Glass, Lena Brögger

设 计 师：Volkwin Marg und and Hubert Nienhoff mit with Martin Glass, 2008

设计团队：Claudio Aceituno Husch, Jochen Köhn, Martin Krebes, Helge Lezius, Veit Lieneweg,Martina Maurer-Brusius, Adel Motamedi, Lisa Pfisterer, Florian Schwarthoff

巴西负责人：Ralf Amann, Robert Hormes

合 作 者：Schlaich Bergermann and Partner, Gustavo Penna Arquiteto e Associados, Belo Horizonte

屋盖结构设计：Schlaich Bergermann and Partner, Knut Göppert with Knut Stockhusen

结构设计：Engserj, Belo Horizonte

工艺设备：b.i.g. Bechtold Ingenieutgesellschaft mbH; Lumens, Belo Horizonte; STE, Belo Horizonte

景观设计：Gustavo Penna Arquiteto a Associados, Belo Horizonte

1 总平面

贝洛奥里藏特市是巴西第三大城市，米纳斯吉拉斯州政府所在地。它也是铁矿、冶金、纺织等工业的中心。该体育场（官方以当时一位政治家的名字命名为 Governor Magalhães Pinto 平托球场）和邻近的一个相对较小的多功能厅分别被命名为米内罗球场和 Minerinho 体育场。

米内罗球场和 Minerinho 体育场毗邻 Lagoa da Pampulha 湖，Lagoa da Pampulha 湖是 20 世纪 40 年代由当时的贝罗奥里藏特市市长儒塞利诺·库比契克修建的一个人工湖，湖周围点缀着很多奥斯卡·尼迈耶早期的建筑作品（阿西斯圣弗朗西斯科教堂、游艇俱乐部、舞厅、高尔夫俱乐部、赌场和库比契克市长的家）。奥斯卡·尼迈耶与儒塞利诺·库比契克正是在此时建立起了友谊，这也为十五年后二人再次合作对巴西利亚城的规划建设奠定了基础，而彼时儒塞利诺·库比契克已经成为巴西总统。

米内罗球场于 1963 ~ 1965 年间建设而成，由建筑师 Eduardo Mendes Guimarães Jr. 和 Caspar Garetto 规划设计。其立面由极具雕塑感和韵律感的大量混凝土隔板构成，该体育场现在被列为巴西国家级建筑丰碑。现在这个球场是米内罗竞技和克鲁塞罗两支巴西传统豪门球队（甲级联赛球队）的共同主场。

米内罗球场将会作为 2014 年世界杯的主球场之一，其翻新和改建方案现在已委托多家单位合作设计，包括德国 GMP 建筑事务所、贝罗奥里藏特市 Gustavo Penna 建筑师事务所和德国 SBP 结构工程师事务所，其中 Gustavo Penna 建筑师事务所负责体育场周边的台地设计和处理，德国 GMP 建筑事务所则负责体育场的翻新设计。

改建方案设计宗旨是对原球场进行改造，使之从功能、技术和基础设施等各方面都能够满足现代足球比赛的需求。改造的另一个目标是在原有上层看台的清水混凝土面上增加一个轻质屋顶，从而为体育场内的所有坐席提供庇护，遮风挡雨。

改建方案实施原则是保留体育场现有的混凝土结构，功能和空间方面的改变则作为独立的设计要素加入体育场内。体育场的设计和材料方面的改建，都将使用当今顶尖水平的技术，这些技术也将会对体育场原有的结构起到对比、诠释和强调的作用。

体育场改建将会取消原下层观众站立台地区，代之以坐席区，从而增加整个体育场的坐席数量以达到 7 万座。新建成的下层看台的几何形体将会有比较理想的视觉效果，而且距离足球场地很近，另外，该看台内部还将布置所有新设计的国际足联综合服务区。

原球场上层看台与清水混凝土屋顶形成了一个风格统一的单元，这一部分将会被保留并且翻新。在球场西侧主看台区的上层坐

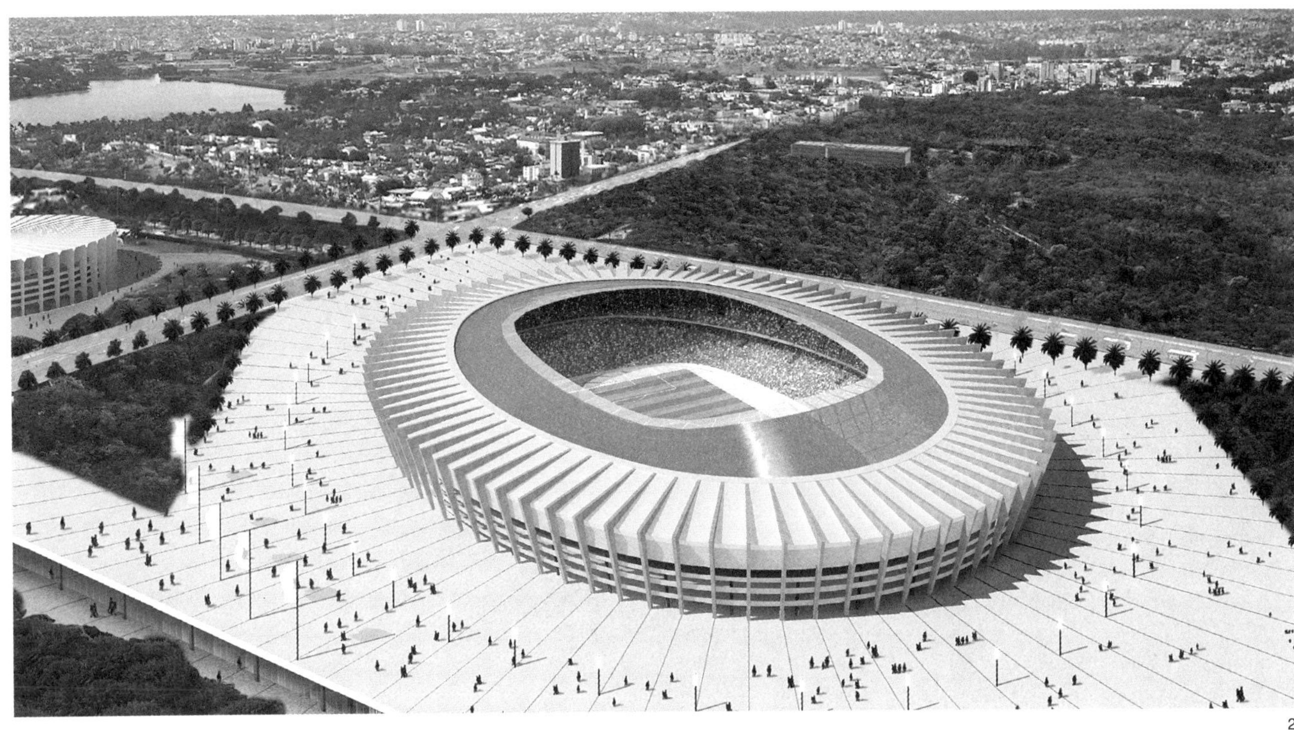

2 体育场鸟瞰

席和新建成的下层看台之间将会新建两层包厢。新建成的下层看台高度约比原有高度低 1.5m。

新建成的看台屋顶为超轻环状悬索结构，架设在部分现存屋顶和上层看台之间。设计设想在部分半透明屋顶上安装太阳能电池板，从而在为体育场提供庇护的同时集热发电。球场周围的压缩环和球场荷载所需的新的支撑体系作为一个独立的系统加入到体育场整体结构中，而且严格遵循球场原承重结构原理。这就使得这种排列式结构特有的外部造型完整无损。

对我们来说，对于现有球场的高度称赞、灵巧的功能重组和细致的翻新，是建筑可持续观点的一种表达。贝罗奥里藏特这个历史上的矿业城市已经欣然接纳了可持续世界杯的概念，从这一点就可以看出可持续性主题在现在巴西社会中的重要性。2014 年世界杯贝罗奥里藏特市足球场馆的建设，并没有采取另外新建一个壮观球场的建设方案，而是选择对原有球场进行改建翻新，这一建设决策其实就是综合生态建设程序的第一个重要步骤。这意味着可以对原有的基础设施进行保留、扩展和整合开发，从而使得基础能源消耗量达到最小化。设计的第一步骤都已经取得国际绿色建筑标准合格认证，接下来在诸多方面都将会有一系列的可持续设计措施，包括能源消耗、水资源消耗、所用材料的生态资产负债表、高效服务机械设备的安装和对后续程序的持续监控。

总而言之，进步是对传统的延续。米内罗球场有一定的历史，对于该球场翻新改建的最终结果，将会是做出一个可持续、综合性的方案，对该球场从建设基地性质和现有结构体系两方面进行重新诠释。

Belo Horizonte is the third largest city in Brazil and capital of the federal state of Minas Gerais (General Mines). It is also an important industrial center for iron ore, metallurgy and textiles. The stadium (it was officially named the Governor Magalhães Pinto Stadium, after a politician of the time) and the smaller multifunctional hall next door are therefore respectively nicknamed the Mineirão (big miner) and Minerinho (little miner).

The Mineirão and Mineirinho are directly adjacent to the Lagoa da Pampulha, an artificial lake created by Mayor Juscelino Kubitschek in the 1940s. Most of the early works of Oscar Niemeyer (the church of São Fransisco de Assis, the Yachting Club, the Casa do Baile, the Golf Club, the Casino and Kubitschek's own home) are dotted around it. This is where the friendship between Niemeyer and Kubitschek first developed that led to the construction of Brasília fifteen years later, by which time Kubitschek had become President of Brazil.

The Mineirão Stadium was built between 1963 and 1965 to plans by Eduardo Mendes Guimarães Jr. and Caspar Garetto. With its sculpturally rhythmic façade of expressive concrete bulkheads, the stadium is now listed as a national monument. It is today the home of two historic first-division Brazilian clubs – Atlético Mineiro and Cruzeiro Esporte Clube.

The scheme for the modernization and renovation of the stadium for the World Cup in 2014 has been entrusted to a consortium of von Gerkan, Marg and Partners (gmp), architects Gustavo Penna of Belo Horizonte and structural engineers Schlaich Bergermann und Partner, with Gustavo Penna being responsible for the surrounding terraced development and gmp taking care of the actual stadium.

The scheme aims to adapt the historic building to the modern requirements of a football arena functionally, technically and from an infrastructure viewpoint. It also aims to add a lightweight roof structure to the existing fairfaced concrete of the upper tier so as to provide shelter for all seats.

The planned measures basically pursue the objective of preserving the character of the existing expressive concrete structure. The functional and spatial additions will be inserted into this structure as independent elements. As the cutting edge of the latest technology in design and materiality, they will contrast, interpret and underline the character of the historic structure.

The existing lower-tier terraces for standing spectators will be replaced to increase the total capacity of the stadium to almost 70,000 seats. The new lower tier, which will have ideal sighting geometry and be as close as possible to the pitch, also contains all the newly designed FIFA compatible functional areas.

The historic upper tier, which together with the fairfaced concrete roof forms a harmonious unit, will be retained and renovated. In the region of the main stand on the west side of the stadium, two stories of boxes will be inserted between the upper tier and the new lower tier, which will be approx. 1.5m lower than at present.

The new stand roof starts out as an ultra-lightweight ring cable structure beneath the extant partial roof over the upper tier. The design envisages partly fitting the translucent covering with solar cells to provide shade and generate electricity. The surrounding compression ring and the new supports required to carry the load are being implemented as a separate system and closely follow the historic load-bearing structure. That leaves the characteristic external appearance of the listed structure intact and unimpaired.

The high regard for the existing stadium, sensitive functional reorganization and circumspect renovation are for us an expression of a sustainable view of architecture. That the historic mining city of Belo Horizonte has readily taken on board the concept of a sustainable World Cup shows the importance of these issues in modern Brazilian society. Even the decision not to build a spectacular new structure and to renovate the existing stadium instead was the first important step towards an integrated ecological approach. This means that existing infrastructure can be retained and extended, synergies exploited and the primary energy consumption minimized. The first steps have been taken towards certification of compliance with international Green Building Standards. Other measures will follow in respect of energy and water consumption, the eco-balance sheet of materials used, the installation of efficient service plants and ongoing monitoring during subsequent operation.

In sum, progress is seen wholly as a continuance of tradition. The end result will be a re-interpretation of the historic Mineirão Stadium evolved from the nature of the location and the existing structure, as a sustainable, integrated scheme.

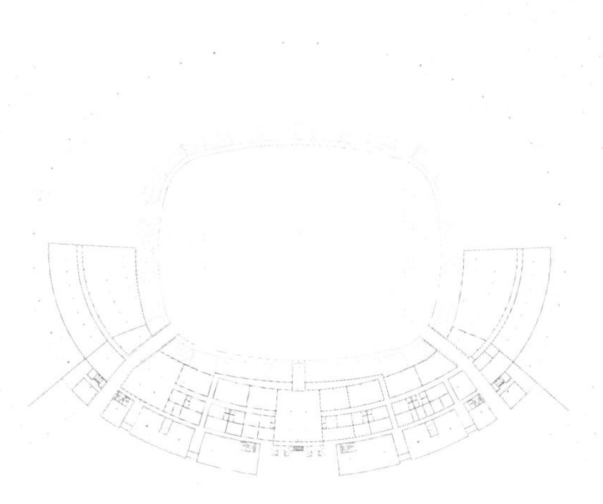

3

4

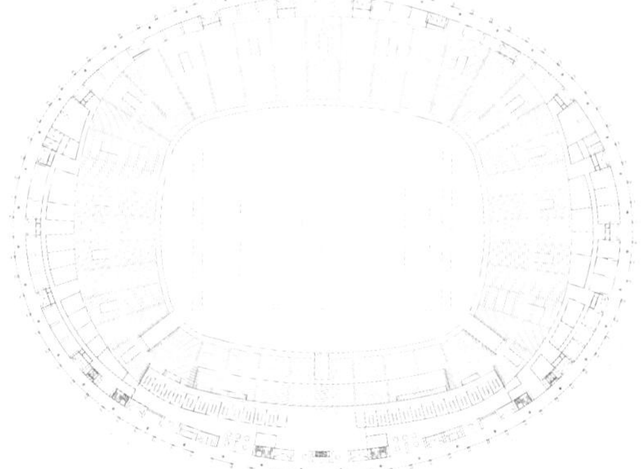

5

3 地下层平面
4 一层平面
5 二层平面

6

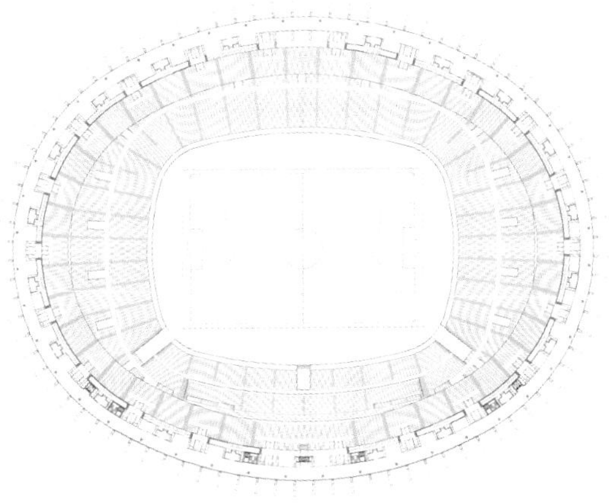

7

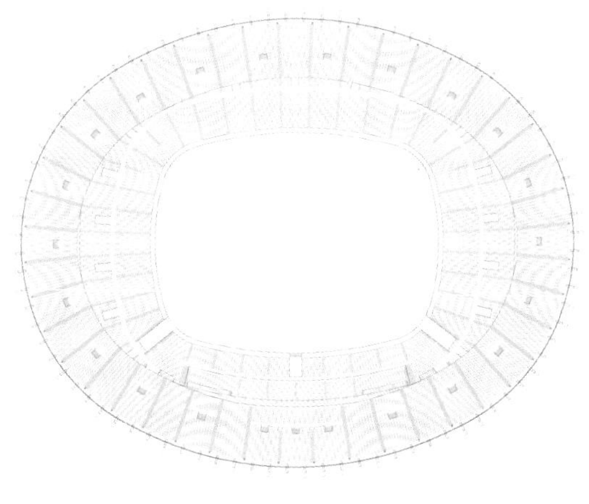

8

6 赛时场内情境模拟
7 三层平面
8 看台平面

德国奥尔登堡 EWE 体育馆

EWE Arena, Oldenburg, Germany

■ 德国asp-Arat, Siegel + Partner建筑事务所
■ asp Architekten Stuttgart, Arat – Siegel – Schust

项目概况
项目名称：奥尔登堡 EWE 体育馆
业　　主：Eigenbetrieb Weser-Ems-Halle der Stadt Oldenburg
建设地点：德国奥尔登堡市斯特拉斯堡街
建筑外径：70.60m
场地内径：60.40m
建筑高度：11.65m
建筑面积：8500m^2
建筑体积：57000m^3
篮球场坐席数：3100
手球场坐席数：2300
音乐厅（包含运动场所含观众）坐席数：4100
建筑设计：asp Architekten Stuttgart, Arat–Siegel–Schust
建设监理：Denker + Mahlstedt, Oldenburg
结构顾问：Weischede, Herrmann und Partner, Stuttgart
机电顾问：d/b/n Planungsgruppe Dröge Baade Nagaraj, Salzgitter
建筑物理顾问：Höfker Ingenieure, Backnang
建筑声学顾问：Akustikbüro Oldenburg Dr. Christian Nocke
建设投资：8900 万欧元
建设时间：2004 年 1 月~2005 年 6 月
获　　奖：BDA (Association of German Architects) Award Lower Saxony 2006 – Short list
Federal Photovoltaic Award 2006
German Solar Award 2006 – Distinction
Cityscape Award of the City of Oldenburg 2006
摄　　影：Dietmar Strauss, Cem Arat

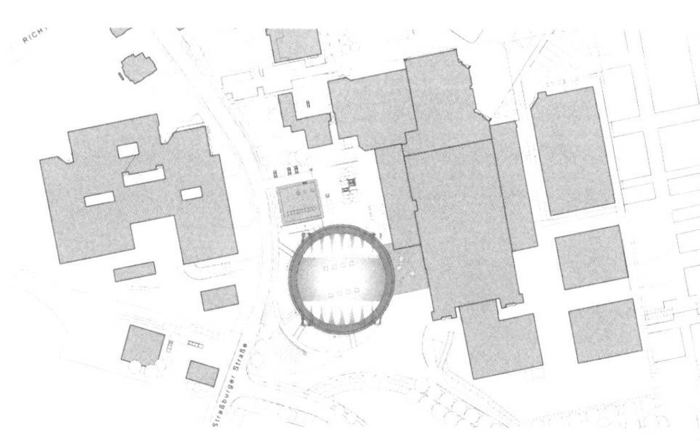

1　总平面

新奥尔登堡市 EWE 体育馆是 Weser-Ems-Halle 展览中心的主要组成部分，它的建成为展览中心南部的完全复兴奠定了基础，而在此以前，该地区的发展一直被人们忽视。

体育馆可举办职业篮球联赛、手球比赛以及音乐会、展览会、展销会等活动，根据所活动性质的不同，馆内可以容纳 3000 ~ 4000 人。

建筑最显著的特征在于其观众大厅正立面上集中设置的活动光伏板。自 2005 年 6 月竣工以来，该项目已经获得多项权威奖项。

城市环境

为满足 Weser-Ems-Halle 展览中心长期以来的扩展需求，EWE 体育馆建在展览中心南部，与展览中心最大的 3 号展厅以及较小的西展厅相邻。业主要求体育馆应与现有建筑相连，并尽量实现与西展厅的联合使用。

新体育馆与现有展厅以一个一层高的大厅相连。圆柱形体量使其成为高识别度的地标建筑，是周围各方向城市要素的连接纽带，同时也为展览中心的南立面塑造了一个醒目的形象，为从火车站方向来的参观者提供了很好的视觉参照。

功能

体育馆主要用于举办当地职业篮球联盟和手球队的常规比赛，除此之外还可举办音乐会、展销会、展览会等活动，甚至一些古典音乐演唱会也曾在此举行。

圆形大楼的形体能够引导参观者自行进入主入口与门厅。门厅的层高相对较低，更凸显了通往二层全玻璃透明展厅的两个主楼梯的宽敞。

观众经由二层展厅进入了体育馆空间。紧凑的空间和稍显陡峭的坐席设置有利于营造活跃且紧张的赛场氛围。

VIP 贵宾区设在体育馆的中间层，有独立出入口，贵宾可直接到达坐席。衣帽间、记者招待会用房、储物间等服务用房都设在地下一层；电力机械用房设在地上的夹层中。

结构

单元网格跨度为 6.07m 的双向拱结构空间网架横跨 60.4m 宽的大厅，一个标准的金属板支撑着膜屋面。这种屋顶结构能够承受额外的悬挂荷载（如舞台和照明设备），每个吊点的受力上限为 10kN。

2

3

2 南侧立面
3 与展览中心相连的体育馆

体育馆外围的钢筋混凝土墙面能够抵消屋顶结构的水平荷载，并将所有竖向荷载传至基础。机械用房屋采用轻质钢屋顶；门厅为框架结构，上支标准混凝土板。

光伏系统

观众厅的透明玻璃立面需要特殊设计，以避免在夏季出现吸热过多导致室内过热的情况。设计的目标是在不安装遮阳系统或机械制冷设备的情况下，尽量减少从外界获得的热量。光伏设备沿圆形建筑外周 30° 角安装于墙面上，在白天随着太阳直射角的变化移动。事实证明，这种措施是解决玻璃墙体得热过多问题的最佳途径。

光伏设备的安装

光伏设备的尺寸及其轨道长度以求确保必要的遮阳与日照在经济效益上的平衡。光伏板总长 36m，高 6.70m。为了尽可能多地吸收太阳能，光伏板在白天能够随着日照角度的变化在场馆一周 200° 的范围内移动。

光伏杆由很多安装在铝条板上的相同片段组成，能够保证光伏发电与自身运行情况经济高效。每一个片段都有单独的驱动装置。光伏杆则在圆形建筑外立面的轨道上运行。

技术数据

光伏板总面积为 240m²，按奥尔登堡市每年太阳辐射热能为 981kWh/（m²·a）计算，光伏板一年中太阳能总吸收量约为 21800kWh/a。

令人惊喜的是，该系统投入使用仅 6 周便生产了预计年度总量 50% 的热能。不断更新的测量数据显示，目前持续能源产量已经超过预期估算的 20%。

The new EWE Arena Oldenburg is an integral part of the "Weser-Ems-Halle" exhibition center. The arena is the cornerstone for a complete redevelopment of the exhibition center's previously neglected southern part.

Depending on the type of event the arena has a 3000-4000 spectator capacity. Events to be hosted include major league basketball and handball games as well as concerts and stage productions.

A remarkable feature of the building is the moveable photovoltaic rig that is integrated into the facade of the spectator concourse. Completed in June 2005 the building already received numerous prestigious awards.

Urban context

EWE Arena Oldenburg is a long-needed addition to the Weser-Ems-Halle exhibition centre. The site is located on the exhibition center's previously neglected southern part in direct vicinity to "Halle 3", the largest hall of the complex and the smaller "Halle West". A samelevel connection to the existing buildings and a possible joint use of Arena and "Halle West" were requested by the client.

A single-storey lobby connects the new arena with the existing halls. The round building is a highly visible landmark that establishes a link between different directions of the surrounding urban fabric. It creates a recognizable image for the southern face of the exhibition center and is a good visual reference for visitors coming from the main-station.

Function

The regular games of the local major league basketball and handball teams account for a great portion of the arenas occupancy. Additionally concerts, stage-productions and exhibitions are hosted, even classical concert performances were already held here.

The circular shape of the building automatically guides visitors to the main entrance and the lobby. The comparatively low ceiling of the lobby is counter balanced by the generous space of the two grand staircases that lead up to the upper level concourse that is completely glazed.

From here the spectator enters the actual arena space. The intimate space and the steep seating layout help create an atmosphere of excitement focussed on the game.

The VIP-area is located on a mezzanine level inserted in the concourse. It has a separate entrance and offers direct access to the seats. Service rooms such as locker rooms, press conference room, and storage are located on the ground level below the concourse. Mechanical services are located on an extra level above the concourse.

Construction

A biaxially arched space-frame structure based on a 6.07m grid spans the 60.40m interior diameter of the hall. A standard metal roof deck supports the membrane roofing. The roof structure can bear additional hanging loads (e.g. stage and lighting equipment) of up to 10 kN per hanging point.

The round reinforced concrete wall compensates all horizontal forces from the roof structure and transfers all vertical loads to the foundations. A light-weight steel roof covers the mechanical services floor. The structure of the lobby is a standard concrete slab on columns.

Photovoltaic

The facade design of the glazed spectator concourse required special attention in order to prevent overheating during the summer months. The goal was to minimize solar heat-gains without installing an additional solar shading system or mechanical cooling. A photovoltaic rig that covers a 30° degree angle of the round building and follows the position of the sun over the course of the day turned out to be the most elegant solution.

Photovoltaic rig setup

Dimensions and track-length of the photovoltaic rig were optimized in order to achieve an economical balance between necessary shading and solar energy gain. The rig is 36m long and

4

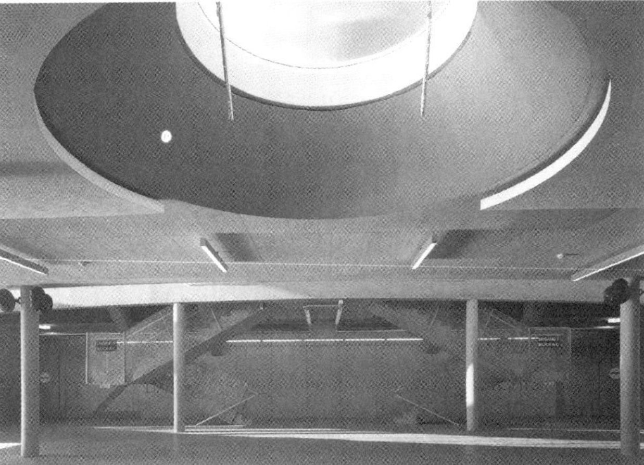

5

6.70m high. To maximize solar gains the rig moves around the arena covering a 200° angle of the building over the course of the day.

The rig consists of several identical segments mounted on an aluminium substructure making production and operation very cost-effective. Each segment includes a separate drive unit. The rig runs on tracks fastened to the exterior facade rings.

Technical Data Photovoltaic

Considering the area of the photovoltaic rig of 240m^2 and an expected annual solar irradiation of 981 kWh/(m^2 a) in Oldenburg, an annual solar energy gain of 21,800 kWh/a was estimated in advance.

Surprisingly just 6 weeks after going into service the system has already produced 50% of its estimated annual energy gain. Ongoing measurements show a continuous energy production of 20% over the initial estimate.

4 内场空间紧凑，有利于比赛氛围的营造
5 较低的门厅层高凸显主楼梯的宽敞

6

7

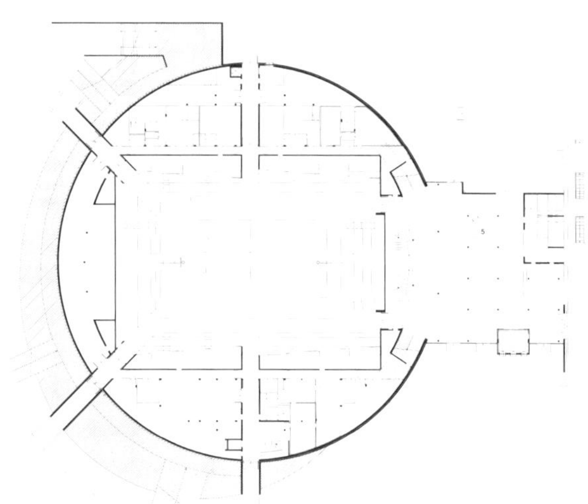

8

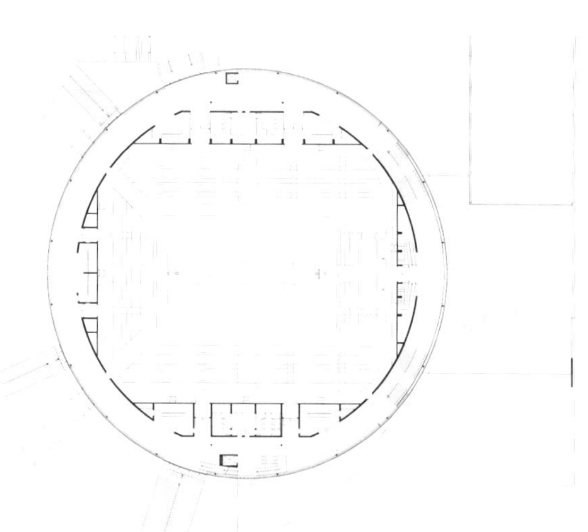

9

10

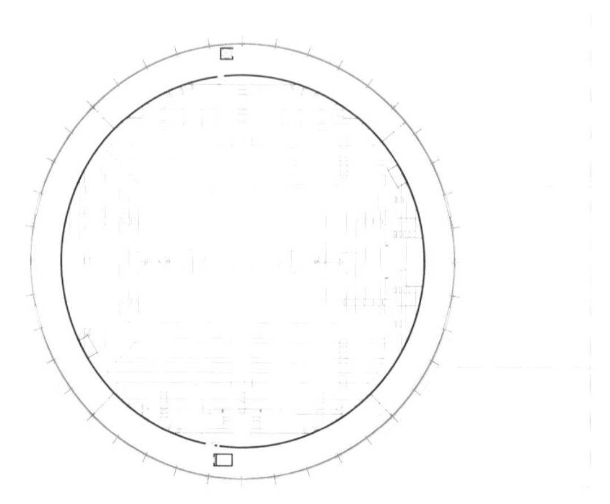

11

6 观众等候厅视野开敞
7 入口门厅
8 一层平面
9 二层平面
10 三层平面
11 四层平面

德国斯图加特保时捷体育馆

Porsche Arena, Stuttgart, Germany

■ 德国asp-Arat, Siegel + Partner建筑事务所
■ asp Architekten Stuttgart, Arat – Siegel – Schust

项目概况

项目名称：保时捷体育馆

建设地点：德国斯图加特市梅赛德斯街

承 建 商：ARGE Neue Arena Stuttgart Wolff & Müller GmbH & Co. KG

建筑面积：30000m²

建筑体积：178000m³

建筑设计：asp Architekten Stuttgart, Arat–Siegel–Schust

结构设计：sbp Schlaich Bergermann und Partner; Peter und Lochner, Stuttgart

机电设计：bert Ingenieure, Munich/Leipzig

设计时间：2004年4月~2005年1月

建设时间：2005年2月~2006年5月

摄　　影：Dietmar Strauss, Manfred Storck

在斯图加特的梅赛德斯街，体育与文化会场如同项链上的珍珠一样排列在林荫路一侧，依次为 Hanns Martin Schleyer 礼堂、保时捷体育馆、卡尔·奔驰汽车展览中心、戈特利布·戴姆勒球场、"运动之家"以及新梅赛德斯 - 奔驰汽车博物馆。这些场馆都是在筹备 2006 年 FIFA 世界杯赛的过程中新建或改建而成的。

人们将这些各具特色的场馆集合在一起，并以附近流经的 Neckar 河的名字命名，Neckar 公园从此成为德国南部独特的集运动、文化、娱乐为一体的大型会场区。

保时捷体育馆与 Hanns Martin Schleyer 礼堂共处于一条中轴线上，两者沿梅赛德斯街连成一体，立面简洁醒目，凸显了街道绿树成荫的形象特征。

体育馆和礼堂由位于二层的大厅相连，大厅距离地面 6m 高，形成一个醒目的新入口。沿展厅临街立面架设的一条抬高的人行步道可通向边侧出入口，参观者亦可由此进入上层展厅。

可容纳 7500 人的保时捷体育馆是一个多功能场馆，可举办体育或娱乐等大型活动。

从二层入口进入后，观众既可以进入左侧的 Hanns Martin Schleyer 礼堂，也可以进入右侧的保时捷体育馆。漫步于环绕场地的观众大厅，人们透过玻璃幕墙可以观赏到梅赛德斯街上的景象，亦可以将邻近场馆景致尽收眼底。观众大厅后的店铺内为观众提供食物与饮料。

6 根跨度 63m 的细长鱼腹梁横跨场馆内部。冰球比赛的圆角形场地决定了看台的形式。长边墙面上的天窗将自然光线引入场馆内部，从视觉上将体育场的曲面大跨屋顶与三层的悬臂结构区分开来。

位于三层的 VIP 包厢沿长边墙面布置。在观众席正面设有一个宽敞的休息室，观众可以欣赏到壮观的场馆内部景观。

一些对于场馆运营必不可少的功能空间被安排在地面层，如卸货空间、设备用房、行政管理用房、可兼作记者招待会与运动员热身使用的多功能用房。一层入口大厅内设有衣帽存储间，人们可通过两个主楼梯到达二层大厅。一层面对梅赛德斯街而设的饭店更增添了保时捷体育馆的便捷性。

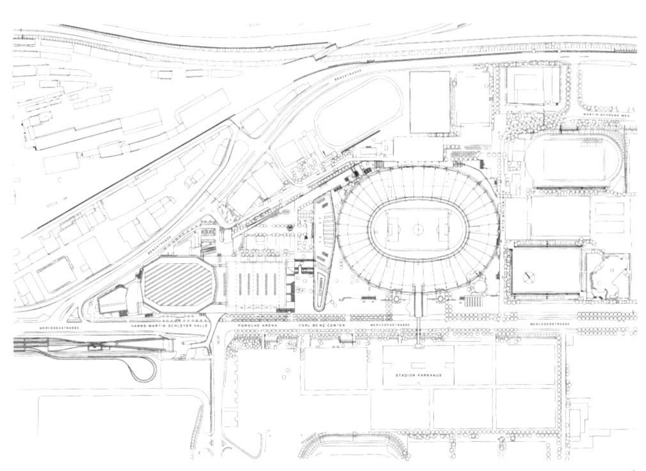

1

Like a necklace of pearls a multitude of venues for sports and cultural events are lined up along the tree-lined boulevard of Mercedes Strasse: Hanns Martin Schleyer Hall, Porsche Arena, Carl Benz Centre, Gottlieb Daimler Stadium, the "House of Sports" right behind it and the new Mercedes-Benz Museum at the end. Each one of them was newly built or at least thoroughly modernized in the course of preparations for the FIFA World Cup 2006.

The resulting ensemble of strong individuals was then named "Neckar Park" after the river Neckar that runs close to it and forms an array of sports, cultural and entertainment venues that is unique in the southern part of Germany.

Porsche Arenas structure clearly develops along a common central-axis with existing Hanns Martin Schleyer Hall. Porsche Arena and Schleyer Hall form one unit along Mercedesstrasse and their elegant length emphasizes the boulevard character of

1 总平面

2 区位鸟瞰
3 东南入口

the street.

A jointly used lobby connects both halls on Level +2 at approximately 6 metres above street-level and creates an attractive new main entrance. A raised walkway runs along the street façade of Porsche Arena and accesses the side entrances and exits. Visitors can also use this walkway to get to the stadium promenading at treetop level.

Porsche Arena is a 7,500 spectator multi-purpose arena for sports and entertainment events.

Arriving at Entrance Level +2 spectators can either enter Schleyer Hall to the left or Porsche Arena to the right. Promenading the glazed spectator concourse around the arena a multitude of views of Mercedesstrasse and the adjacent stadium unfolds to the visitor from this elevated position. Kiosks lining the concourse offer food and beverages to the spectators.

Six slender fish-bellied girders span 63 metres across the arena interior. The stand geometry is determined by the rounded corners of the ice-hockey playing field. Skylights at the long sides bring natural light into the arena and visually separate the curved surface of the long-span roof from the cantilever structure of Level +3.

VIP Boxes line the long sides of the arena at Level +3. At each front side a spacious lounge offers a spectacular view of the arena interior.

The spaces necessary for arena operations – delivery, backstage area, mechanical rooms, administration and a multi-purpose room that can either serve as press-conference room or athletes' warm-up room – are located on Level 0. A downstairs lobby that includes a coat-check is also located on Level 0. Two grand staircases connect it to the upstairs lobby. A restaurant facing Mercedesstrasse adds a welcome feature to Porsche Arenas amenities.

4

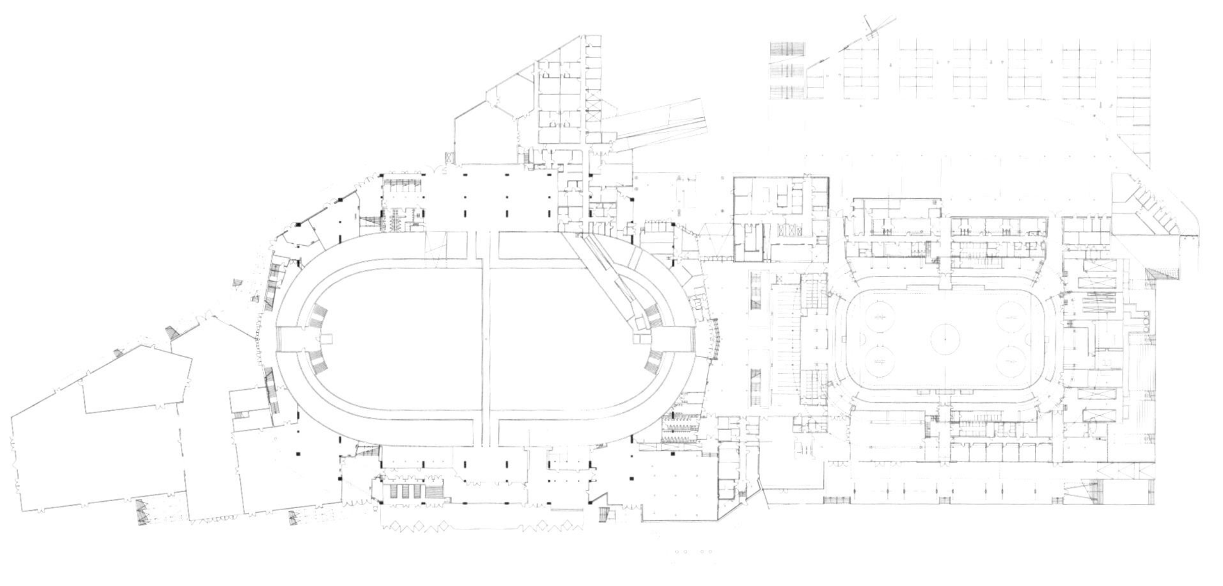

5

4 门厅
5 一层平面

6

7

8

9

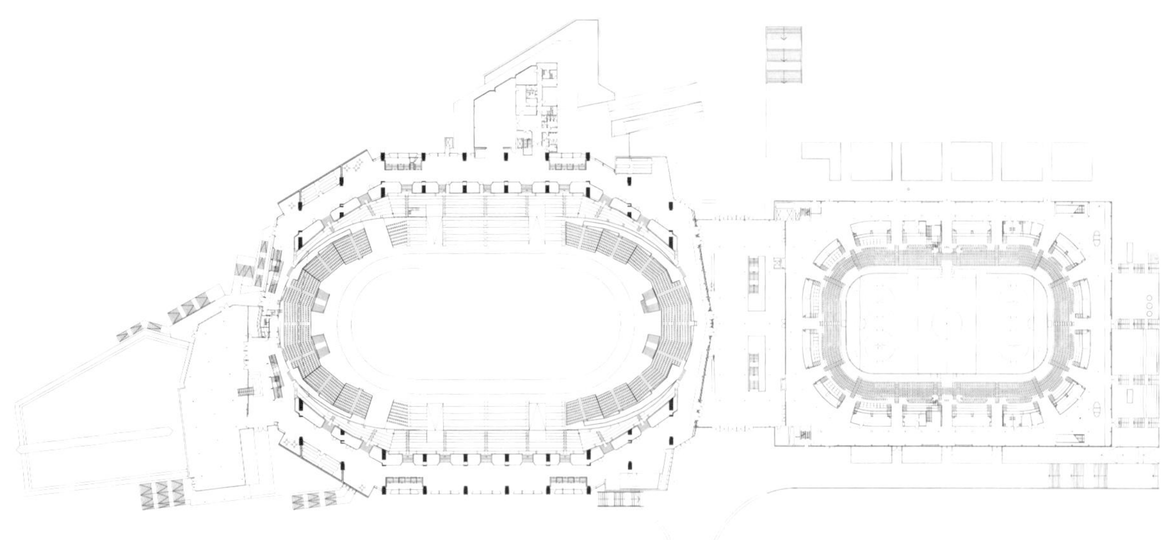

10

6 观众大堂一
7 观众大堂二
8 门厅
9 底层门厅存衣处
10 二层平面

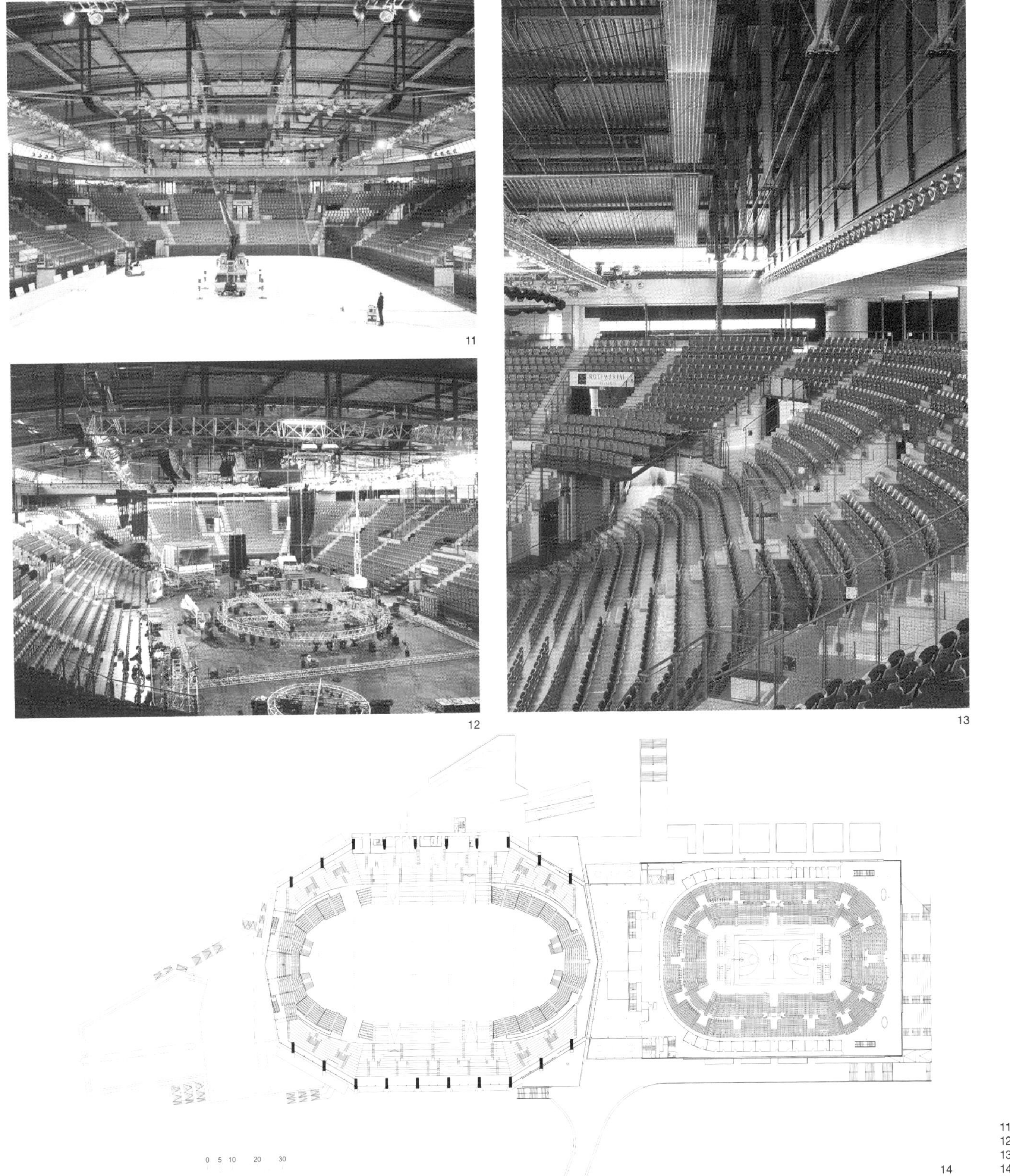

11 场地内景一
12 场地内景二
13 坐席区
14 三层平面

韩国仁川三山世界体育馆

Samsan World Gymnasium, Incheon, Korea

■ NBBJ建筑设计事务所 ■ NBBJ

项目概况

项目名称：三山世界体育馆

建设地点：韩国仁川

业　　主：仁川市政府

设计单位：美国 NBBJ 建筑设计事务所

合作设计：Mooyoung Architects

坐席数量：7513

坐席层数：1

建筑高度：30m

用地面积：5hm^2

建筑面积：19800m^2

设计团队：Robert Mankin, AIA，Paul Davis，Nnamdi Ugenyi，Byoung-yong Kweon

设计时间：2004 年

建成时间：2006 年

三星体育区位于韩国仁川市一处建设中的新型商务及居住区，是该区域的核心部分。体育区坐落于公园及文化设施组成的多街区中心，提供了周边城区急需的休闲娱乐空间。其设计高度灵活，兼顾举办各类活动的需要，提供多套室内配置方案可供选择。

体育区主要设施包括拥有 7000 个座位的三星世界体育馆、一个 600 座的小型体育馆、一个长 25m 的游泳池、一座舞台剧场以及一座大型宴会及活动中心。三星世界体育馆可根据不同观赏性运动调整设施配置，项目包括篮球、羽毛球、体操以及武术等。活动座椅设计使其可将内部碗状看台转换为水平区域，可供举办音乐会、展览以及其他多种集会活动。另外，场馆一层设有 1650m^2 的可出租零售商用区，地下停车场总面积 18150m^2。一层零售商用区同毗邻场馆西侧的建设中的新商业区隔街相望。

新建成的 20 层高层住宅主要集中于体育区南、北两侧。大型娱乐公园位于体育区以东，园内设有一块足球场地、露天剧场、花园以及一处大型水饰景观。再往东穿过一条主街，坐落着新建成的动画博物馆。大多数游人乘地铁抵达该区域，地铁站位于体育区以东。无论是沿该方向观景，还是极目注视该区，双向视界均畅通无阻。而这诸多景致，连同自高层住宅鸟瞰之风光，无一不在有力而完美地诠释着整个项目的亮点以及特质。

大型折叠悬臂式屋顶是三星世界体育馆最具代表性的建筑元素。它巨大的上开角形结构热情地欢迎着八方来客，为整个屋顶注入了活力与轻盈，与周边环境对比鲜明，令人赏心悦目。其金属外壳多孔，图案及上漆富于变化，自塔楼住宅望去，整个屋顶景致极其迷人，同时也折射出了驱动韩国未来发展的高科技工业化的重要意义。

光照乃是本项目的另一主题所在。设计摒弃了相邻高层住宅建筑的小型孔状多窗结构，而是令地面与檐盖为高大光滑的釉面墙体所衔接。整个赛场在阴雨天亦可保证充足的自然光照，而夜色中的赛场则犹如灯笼般通明。

The Samsan Sport Zone is the centerpiece and symbolic heart of a new business and residential district under construction in Incheon, Korea. The Sports Zone rests within a multi-block central zone of parks and cultural facilities, providing much-needed recreation space for the city surrounding it. Its highly flexible design accommodates a multitude of events and internal configurations.

The main interior elements comprise a 7,000-seat multi-purpose Samsan World Gymnasium, a 600-seat sports hall, a 25-meter swimming pool, a 300-seat proscenium theater, and a large banquet and events center. The 7,000-seat arena is configurable for a variety of spectator sports including basketball, badminton, gymnastics, and martial arts. It also utilizes retractable seating units that convert its bowl to a flat-floor space suitable for concerts, exhibitions, and assemblies of many types. Additionally, there is leasable ground-floor retail space of 1,650 square meters and underground parking levels totaling 18,150 square meters. The ground floor retail spaces face a new business district under construction across the street immediately to the west of the site.

The areas to the north and south comprise dense arrays of new 20-storey residential towers. To the east lies a large recreation park featuring a soccer field, outdoor amphitheater, gardens, and a major water feature. Further east, across a boulevard, will be the new Museum of Animation. Most people arrive in the area from the subway stop to the east. The views to and from this direction are unobstructed, and--together with the downward views from the residential towers--offer the greatest opportunity to create a powerful expression for the project.

1

The large folded and cantilevered roof becomes the defining architectural element of the project. Its grand upward angle beckons welcomingly, infusing the structure with a buoyancy and lightness in welcome contrast to the surrounding regimentation. Its pierced, patterned, and painted metallic shell is captivating when viewed from the residential towers and alludes to the high-tech industrialization that is driving the future of Korea.

Light is the other major theme of the project. The ubiquitous small, punched windows of the adjacent residential towers are foresworn in favor of large glazed walls that fill the gaps between ground and sheltering eaves above. Even gray days will find the arena concourses flooded with natural light, and at night the building will take on a lantern-like quality.

1 通透的建筑立面
2 体育馆鸟瞰
3 室内场地
4 巨大的折叠悬臂式屋顶
5 夜色中的体育馆如灯笼般通明

2

3

4

5

6

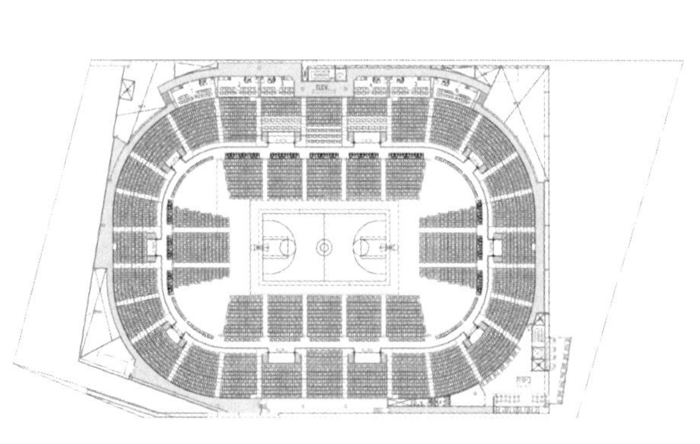

7

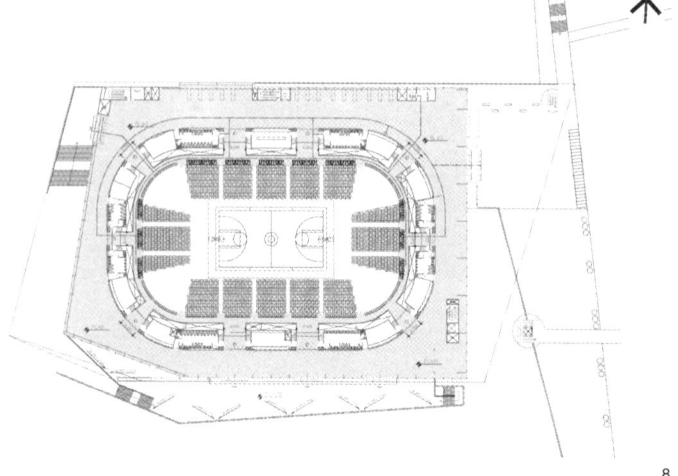

8

6 为建筑注入活力的屋顶
7 看台平面
8 一层平面

英国伦敦 O2 体育馆

O2 Arena, London, UK

■ Populous建筑事务所 ■ Populous

项目概况
项目名称：O2 体育馆
建设地点：英国伦敦
业　　主：AEG（美国安舒茨娱乐集团）
设计单位：HOK Sport Architecture（现 Populous）
外环空间直径：365m
内环空间直径：320m
外环周长：1km
建筑中心最高点：50m
设计时间：2001 年 9 月 ~ 2007 年 6 月
建成时间：2007 年 6 月
照片由 AEG 提供

可容纳 2 万人的 O2 体育馆为体育比赛和娱乐表演而设计，是伦敦 100 多年来第一个为音乐表演专建的场所。该馆位于伦敦的格林威治，于 2007 年 5 月开幕，是大型休闲娱乐区的一部分。由于坐落在已于 2000 年底关闭的“千年穹顶”之内，因此 O2 体育馆的建设面临了一个独特的挑战。

O2 体育馆是格林威治半岛总体规划的一部分，占地 190 英亩（$76.9hm^2$），连同休闲设施，在未来 15~20 年的分阶段开发中将至少建造 9000 所住宅，1 个拥有 630 个房间的酒店以及 36.23 万 m^2（390 万平方英尺）的写字楼、商业零售和休闲设施。

在开馆的第一年，O2 体育馆就将举办 150 场以上的活动，成为英国顶级的音乐会场馆。在此举办的体育赛事包括北美冰球职业联赛（NHL）、NBA 篮球赛以及拳击、室内 5 人足球、室内田径赛和花样滑冰等比赛。体育馆的灵活性使其有能力举办大型体育赛事，包括 2009 年世界艺术体操锦标赛以及 2012 年奥运会体操和篮球决赛等。

HOK 体育建筑（现 Populous 建筑事务所）的高级总裁约翰·巴罗指出，体育馆的设计主要基于末端式舞台的音乐演唱会功能，同时兼顾场馆的灵活性、极佳的观众舒适度和观看其他体育娱乐活动的良好视野。为了在举办音乐会时增强馆内气氛，上层观众席和包厢采用了马蹄形，从而将观众的注意力集中到舞台上。体育馆在举办像拳击这样的中央舞台式赛事时，大约能提供 2 万个坐席。

为了使场馆能够举办多样化、高要求的赛事和活动，赛场地板和看台的设计采用一种永久性冰面底层结构，同时结合可拆卸、可伸缩的座位系统，从而可在一夜之间转换场内活动模式。机械装置的维护车间占地 $9290m^2$（10 万平方英尺），能够同时容纳 9 辆带挂卡车直接进入赛场或通过卸车台卸货，再加上通往馆内另一端舞台的附加通道，使得该馆可以灵活举办多样活动并快速转换场地模式。

在穹顶内部进行建筑施工，就必须让体育馆的屋顶落在穹顶主体结构的垫层之下，同时保持至少 4m 高度的空间以容纳空气与烟雾，场馆的紧急出口和火险逃生的安全考虑均基于穹顶而设计。设计使用钢绞线吊升巨大的屋顶系统，成功解决了在有篷结构内无法使用常规塔吊的难题。

The 20,000-seat O2 Arena, designed for both sport and entertainment, is the first purpose-built music venue in London in over a hundred years. The arena, in Greenwich, London which opened in May 2007, is part of a major leisure and entertainment precinct, and was designed by HOK Sport Architecture and owned and constructed by Meridian Delta Ltd and Anschutz Entertainment Group (AEG). The O2 Arena presented a unique challenge, because it was situated within the existing Millennium Dome which had officially closed on December 31 2001.

The O2 Arena is part of a huge masterplan at Greenwich Peninsula, covering an area of 190 acres, and as well as leisure facilities will provide at least 9000 homes, a 630 room hotel, and 3.9 million square feet of offices, retail and leisure facilities in a phased development over the next 15-20 years.

The O2 Arena will host more than 150 events in its first year of opening, making it the UK's premier concert venue and attracting major artists including Bon Jovi, Justin Timberlake, The Rolling Stones and Scissor Sisters. Sporting events will include NHL Ice Hockey, NBA Basketball, boxing, indoor football, indoor track and figure skating. The flexibility of the Arena allows it to play host to major sporting events, including the 2009 World Artistic Gymnastic Championships, and the 2012 Olympic finals for gymnastics and basketball.

HOK Sport Senior Principal, John Barrow says the building takes its form from its primary function, end stage concerts, without compromising the flexibility, excellent viewer comfort and sightlines for other sporting and entertainment events. To enhance the ambience within the arena during concert mode horseshoe geometry is employed for the upper spectator bowl and suites, focusing audience attention to the end stage configuration. The Arena will provide approximately 20,000 seating capacity for a centre stage event such as boxing.

1

To facilitate such a diverse and demanding programme the event floor and bowl design incorporates a permanent ice floor infrastructure and a combination of demountable and retractable seating systems, allowing overnight transitions between event modes. The engine room of this machine for holding live events is a 100,000sq ft covered service area, allowing the unloading of 9 articulated trucks simultaneously either direct onto the floor or via loading docks. This feature along with additional access to the arena floor opposite stage end gives the arena the flexibility to accommodate a diverse event profile and a fast turnaround time between events. The O2 Arena has been designed to achieve an optimum acoustic environment for live music events

The act of placing a building within the existing building meant that the arena roof sits beneath the liner fabric of the main structure whilst maintaining a minimum 4-meter separation for air and smoke reservoir provisions. Emergency exiting and fire life safety considerations for the Arena build upon approved solutions developed for the original building and an innovative scheme of strand jacking the enormous roof system (once structure, cladding and in roof services have been completed) off the slip formed concrete building cores successfully solved the inability to use conventional tower cranes within the tent structure. Thus the fitting analogy of building a ship within a bottle, although at the largest scale imaginable.

2

1 体育馆鸟瞰
2 远眺体育场
3 演唱会时内场盛况一
4 演唱会时内场盛况二
5 演唱会时内场看台

3

4

5

6

7

8

9

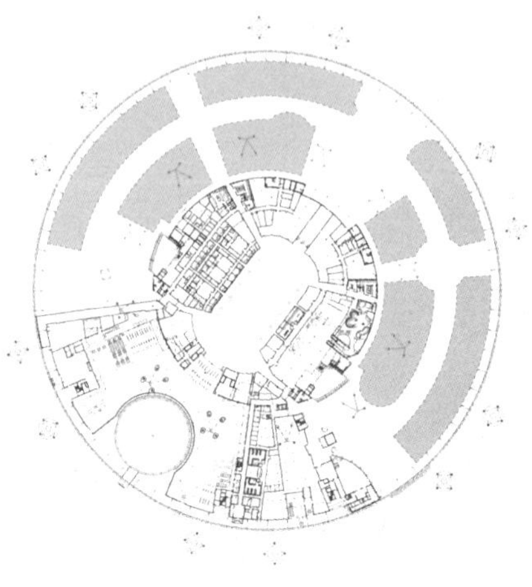

10

6 内场看台
7 VIP 包厢
8 舞台
9 剖切图
10 一层平面

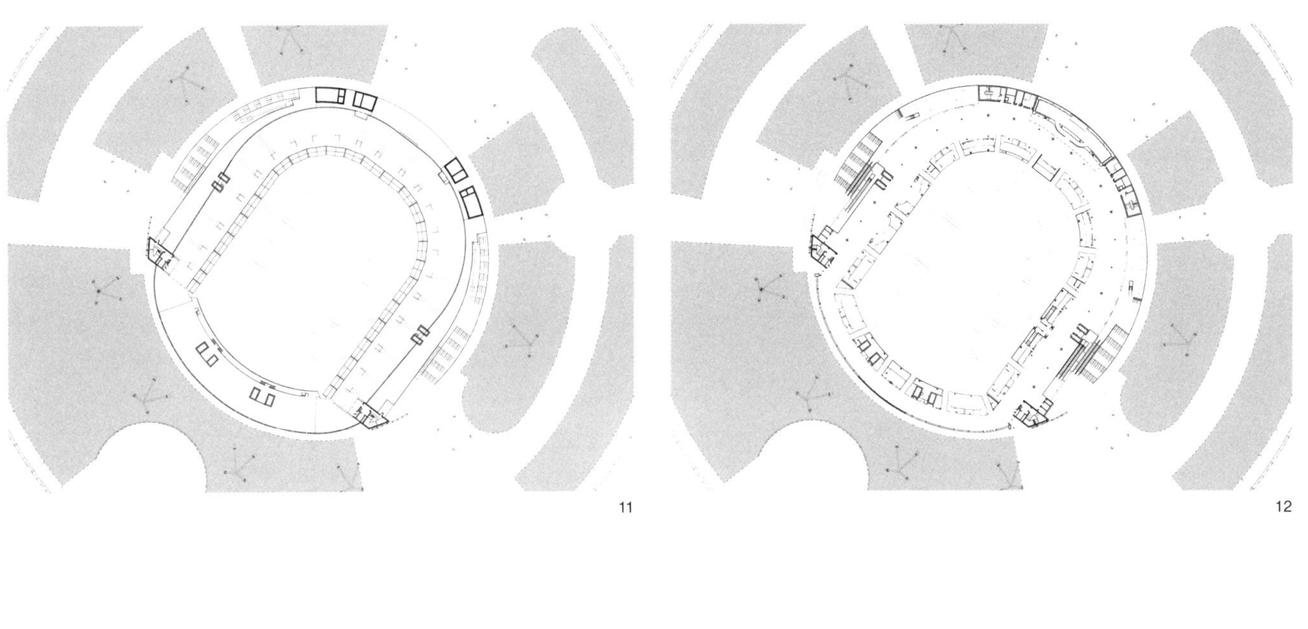

11　　　　12

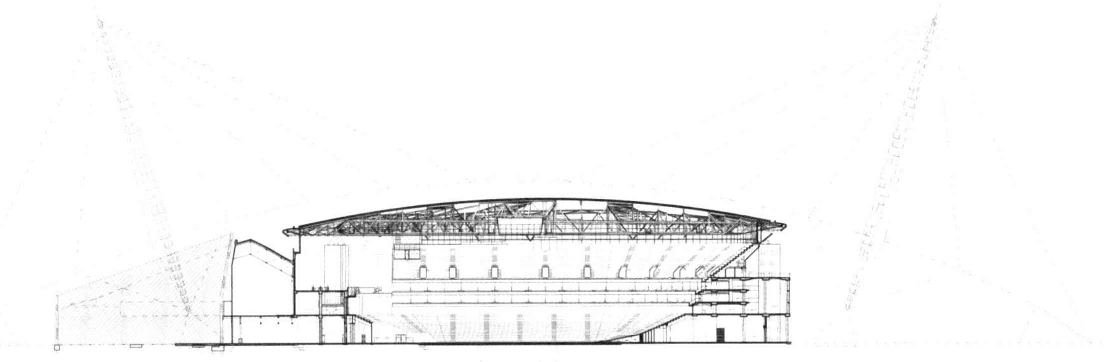

13

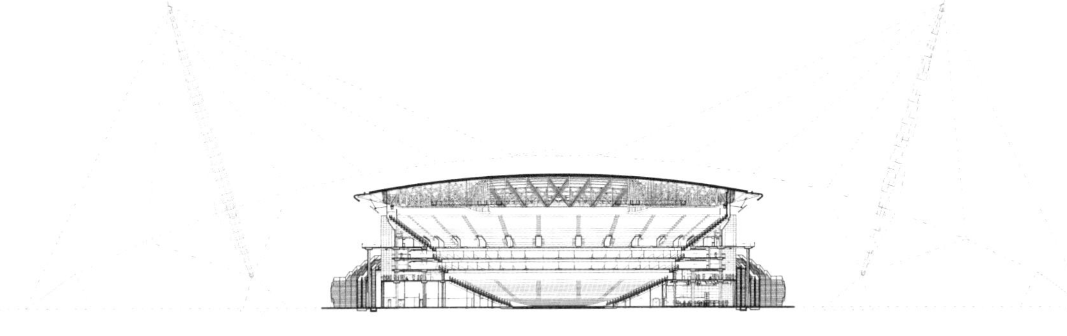

14

11 看台平面
12 二层平面
13 长向剖面
14 短向剖面

英国伦敦阿联酋体育场

Emirates Stadium, London, UK

■ Populous建筑事务所 ■ Populous

项目概况
项目名称：阿联酋体育场
建设地点：英国伦敦
业　　主：Arsenal Football Club
设计单位：HOK Sport Architecture（现 Populous）
建筑面积：100000m^2
设计时间：1999 年 11 月 ~ 2006 年 7 月
建成时间：2006 年 7 月
摄　　影：Hufton+Crow, Simon Waren

对于将成为其新主场的阿联酋体育场，阿森纳俱乐部唯一的要求就是希望 HOK 体育（现 Populous 建筑事务所）将其建成一座世界上最美、最壮观的体育场，一个举办足球比赛的顶级场所。虽然原先那座以原创艺术品作装饰的体育场也曾引领潮流，但是在 20 世纪 90 年代中期，俱乐部还是作出体育场搬迁的决定。2006 年建成的这座规模更大的新体育场坐落在距离体育场原址海布利（Highbury）500m 处的艾许伯顿（Ashburton Grove）。

俱乐部喜爱复杂、精致、现代感强的建筑设计，高层董事也提出他们想要的体育场应该优雅精致，而非炫耀夸张。所以设计师以玻璃、屋顶和看台等元素来体现一个不朽的建筑作品，并使用了黄铜、青铜、大理石、橡木等简洁耐用、愈旧愈醇的材料。同时，俱乐部希望新体育场舒适而不张扬，能与周围社区良好融合。因此，设计通过两座巨型天桥、办公大楼以及北端的三角形建筑（俱乐部的社区配套设施）与周围街区加以联系。

体育场成为宏大的市政规划的一部分，这个耗资高达 3.9 亿英镑的都市公园使未充分开发的地区得以再生。HOK 体育建筑（现 Populous 建筑事务所）与 Allies and Morrison、CZWG、Sheppard Robson & East 等公司联合制定了一整套庞大的重建计划，包括为在伦敦生活日益艰难的护士、教师和消防员等服务业的“重要工作者”建造近 1000 套廉价住房。周边还建有咖啡馆、餐厅、酒吧、商场、废物循环处理中心和一座阿森纳俱乐部的新总部大楼。原体育场连同其艺术装饰遗产，被作为公寓楼保留。

与原先位于海布利的旧体育场一样，阿联酋体育场也隐没在维多利亚区（Victorian terraces）之后。它被夹在两条铁路线之间，人们从周围的市区内环道路上基本看不到它。为了尽可能减少对周边现有建筑的影响，体育场的位置尽量向北移，并同时保证环绕体育场的平台层有足够的空间供人们安全移动。近乎三角形的场地决定了体育场为长椭圆形而不是较传统的长方形，这也保证了体育场与最近的住宅建筑能够保持 100m 以上的距离。

为了实现俱乐部所追求的“震撼”效果，设计师在看台布局以及屋顶和坐席的角度设计上花费了大量时间和精力，以使观众尽可能地靠近赛场，营造热烈气氛。体育场屋顶朝赛场向下倾斜延伸的设计有利于使观众产生亲近感。这一构思在 HOK 体育建筑（现 Populous 建筑事务所）设计悉尼 Telstra 奥林匹克体育场时，由罗德·希尔得（Rod Sheard）进行了首次尝试。体育场倾斜的屋顶有助于聚拢声音，使观众注意力集中在比赛上，并制造赛场气氛。屋顶设计通过笔直的线条凸显看台连绵的曲线，同时也减少了支撑屋顶的大型桁架所形成的视觉遮挡。

The brief from Arsenal Football Club was simple – they wanted HOK Sport Architecture to design the “*most beautiful and the most intimidating*” stadium in the world; the ultimate theatre for football. The original art deco stadium was cutting-edge architecture, but in the mid 1990s, the Club decided it needed to move. A bigger stadium, seating 60,000, was then completed in 2006; on Ashburton Grove less than 500m from the old Highbury.

The Client liked sophisticated, contemporary architecture and wanted a stadium that was elegant, refined, understated with elements such as glazing, the roof, and the seating a reflection of “timeless architecture. The simple, durable finishes were all in materials which would improve with age, such as brass, bronze, marble and oak. Arsenal also wanted a comfortable rather than a showy building, one that reached out to the community. So the design evolved that made a connection into the street network,

1

1 区位鸟瞰

through two huge land bridges, the office block and the Northern Triangle, which houses Arsenal's community facilities.

The stadium became part of a grand masterplan; a £390 million urban park, regenerating a deprived and under-utilised area. HOK Sport in association with Allies and Morrison, CZWG, Sheppard Robson and East, developed a massive regeneration scheme that incorporates more than a 1000 "key worker" low cost housing. There are also cafes, restaurants, bars, commercial space, a waste and recycling centre and a new headquarters building for Arsenal FC. The old stadium, with its Art Deco heritage, has been retained as apartments.

Like the old Highbury, Emirates Stadium looms from behind Victorian terraces. It is tucked between two railway lines, mostly invisible from the inner-city roads crowding around it. In order to minimise any impact on existing properties, the stadium has been located as far north as possible, while still allowing safe circulation around the stadium at the podium level. The roughly triangular shape of the site dictated an elliptical shaped building, rather than a more traditional rectangular shape, which actually enabled it to be located over 100 metres from the nearest residential property.

In order to achieve that sense of "intimidation" that the Club wanted, considerable time was spent working on the design of the seating bowl and the angle of the roof and the seats to get as close to the pitch as possible and create atmosphere. The sense of intimacy is helped by the roof canopies which slope downwards towards the pitch. It was an idea that Rod Sheard had first tried and tested at Telstra Stadium, in Australia, when HOK Sport was involved in the design of the Sydney Olympic stadium, and the sloping canopies at Emirates are instrumental in focusing attention, keeping the sound in, and creating atmosphere. The roof itself, takes the form of a large floating dish, suspended over the seating bowl. It has been designed to accentuate the sweeping curves of the bowl by offsetting it with exact horizontal eves lines, and to reduce the visible impact of the large trusses required to support the roof.

EMIRATES STADIUM
EMIRATES STADIUM
Emirates
Arsenal
2

paddypower.com
Arsenal.com
3

4

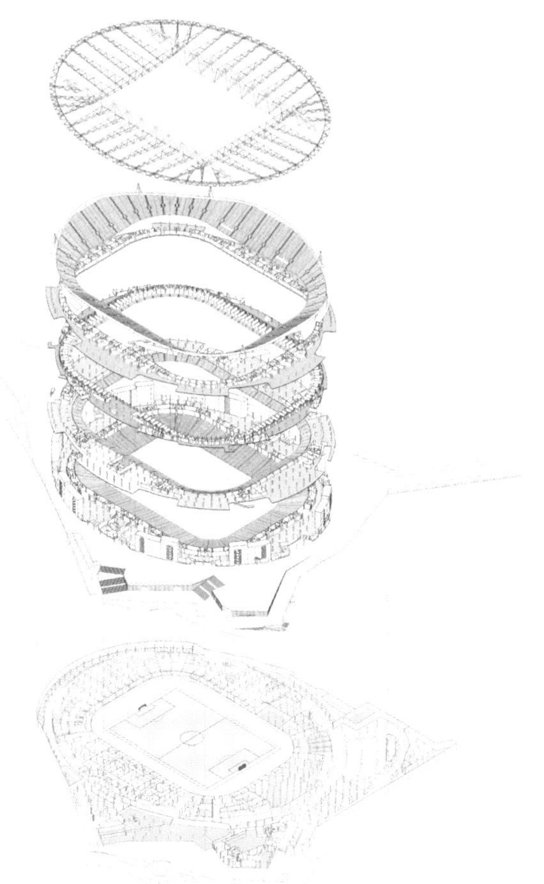

5

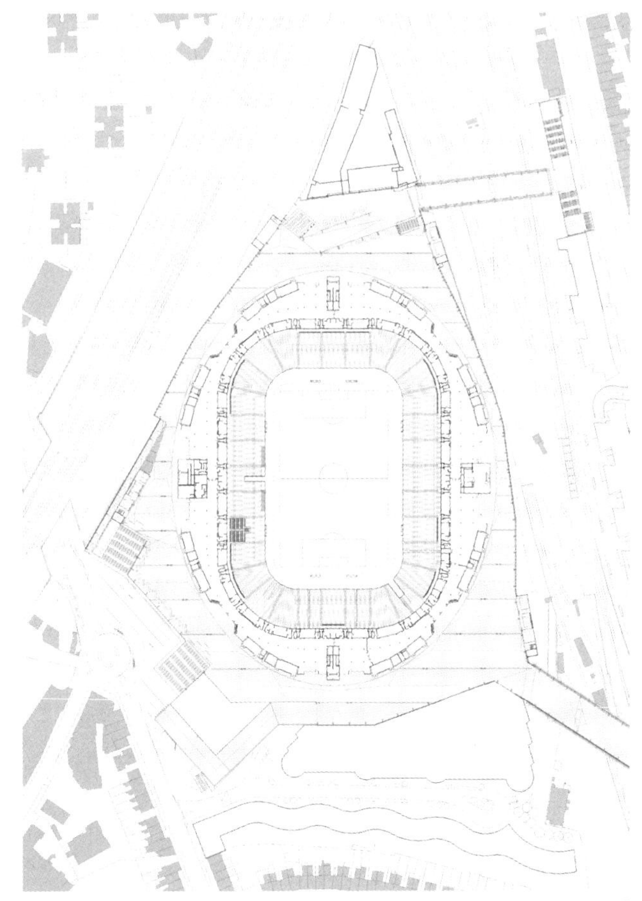

6

2 入口广场
3 看台
4 小型交流区
5 空间结构示意
6 一层平面

7

8

9

10

7 主场队员更衣室
8 主场队员更衣室入口
9 休息区
10 入口广场一
11 入口平台
12 建筑细部一
13 建筑细部二
14 入口广场二

EMIR
11

Emirates
12

EMIRATES STADIUM
Emirates
13

EMIRATES STADIUM
EMIRATES STADIUM
Emirates
Arsenal
14

澳大利亚斯格尔德体育场

Skilled Park, Gold Coast, Australia

■ Populous建筑事务所 ■ Populous

项目概况

项目名称：斯格尔德体育场

建设地点：澳大利亚戈尔德科斯特（Gold Coast）

设计单位：HOK Sport Architecture（现 Populous）

业　　主：MSFA

建筑功能：橄榄球总会和橄榄球联盟比赛场、足球场

工程造价：1.6 亿新西兰元

坐席数量：27500

所属球队：Gold Coast Titans

建成时间：2008 年 1 月

照片由 David Sandison，Aperture，Linkins 提供

斯格尔德体育场位于澳大利亚昆士兰州罗宾纳镇中心北部，距火车站 500m，距黄金海岸 8km。这里将新建一个城中村，而体育场正是这个项目的一期工程。作为"新一代"体育场，斯格尔德体育场将带动该地区未来商业、零售及娱乐等服务业的发展。体育场为 2008 年国家橄榄球联盟赛季所建（在黄金海岸获得第 17 届国家橄榄球联盟比赛承办权之后），工程预算十分严格，工期也很紧张。昆士兰州政府拥有该体育场，并负责场馆的运营。

如此大型的公共设施的设计难点在于保持其设计理念的纯净，这就意味着不仅要有好的建筑设计，还要理解所有利益相关者的需求。业主与 Skilled Park 所有相关人士都很清楚，我们并不是要建一个复杂的城市体育场，所以强烈而简洁的设计理念与视觉效果尤为重要，也成为我们的设计主旨。Skilled Park 体育场的设计注重场地气氛的营造与成本的高效益，每一个设计细节都注重美观与经济意义。

斯格尔德体育场的设计使观众能够最大程度地感受现场比赛气氛，这一效果的实现主要基于两种建筑构件的协力合作，即看台顶篷与碗形坐席。

27000 人的容量意味着无法通过观众数量获得热烈的赛场氛围，因此坐席被设计为单面环绕的形式，通过看台西侧一组悬臂构件形成一个面，从而实现了体育场的最佳空间效果。在具体设计过程中，四面看台的尺寸要均衡，边看台的座椅数量不应明显多于末端看台，这些都很关键。

四面看台上方的顶篷构件能够吸声，有助于赛场气氛的营造，同时也对 80% 的观众起到保护作用。通过实践，我们总结出一个经验，即在业主的预算范围内，我们会尽量为体育场设计顶篷，因为对于为人们营造最佳的空间围合感来说，顶篷是一个非常关键的建筑构件，它能够对场馆内的声、光进行反射或吸收，同时还能保护观众或运动员免受外界天气的干扰。

一个新型地区性体育场的最鲜明特征，在于其形象能够反映出自身的功能。黄金海岸是澳大利亚发展最快的城市，该城以充足的日光、险急的海浪、优质的沙滩以及轻松的生活方式而闻名，是度假娱乐的首选去处。强烈的日光弥漫整个体育场，更增强了体育场的开放性。体育场的构件暴露于外，展示出建筑的结构，带给人们一种简洁、优雅的感觉，最重要的是给人们提供了一种人体尺度感，尤其对于场馆东、南向步行广场上的人们来说。

体育场内没有设置灯塔，既保持了简洁的场馆形象，同时也免去了使用灯塔的费用，减少了能源浪费，减轻了眩光影响。体育场顶篷顶端边缘高度较大，地面层架设的照明设备发出的光向上照射至屋顶后被反射回来，从而确保比赛场地内照明充足。夜幕降临后，场馆屋顶被照亮，极具吸引力的建筑形象使其成为该地区的标志。

Skilled Park is situated to the north of Robina Town centre, 500m from the train station and eight kilometres from the coast. It is built on a greenfield site as the first stage of a new urban village. Skilled Park is a "new generation" stadium, designed to serve as a catalyst for future commercial, retail and entertainment development of the area. The brief was a purpose- built stadium within a strict budget (AUS$160M) and a tight time frame, to be ready for the start of the 2008 NRL season (after the Gold Coast based Titans was awarded the 17th National Rugby League franchise). Construction was by Watpac and the stadium is owned and operated by the Queensland Government's Stadiums Queensland. HOK Sport Senior Principal Paul Henry believes the strength of the world-class regional stadium is in its simplicity.

The hardest part of the design of such a large piece of public infrastructure is to maintain the clarity of the concept. This means both good architectural design, but also an understanding of the needs of the stakeholders. The Client and all those involved at Skilled Park were clear we were not trying to create a complicated city stadium, so the vision of a strong, simple concept was able to become a reality. Skilled Park is designed for atmosphere and cost-effective efficiency; every detail has a purpose, beauty and economy.

1

2

1 区位鸟瞰
2 西南侧入口

3

Skilled Park was designed to achieve maximum spectator atmosphere and experience, which is achieved by two building components, the roof and seating bowl, working in tandem.

The capacity of 27,000 meant atmosphere could not be achieved by a huge crowd. Instead, the seating bowl was designed in a single wrap-around tier, creating the closest possible seating configuration and the maximum coliseum effect, with a small cantilevering suite level on the west side. To achieve this it was critical to design all four stands of equal size and not load the side stands significantly more than the end stands.

Then the roof on all four sides captures the sound, and helps create atmosphere as well as provide protection to 80 percent of patrons. Experience has shown us that if it is possible to achieve a roof within the client's budget, it is critical in helping create atmosphere by providing a maximum sense of enclosure as well as providing retention of sound and light and protection from weather.

The trademark feature of a new community stadium is that it reflects its own identity. The Gold Coast is Australia's fastest growing city and the premier holiday and entertainment destination known for its sun, surf and sand and relaxed lifestyle. Strong light permeates throughout the stadium, enhancing its openness and informality. The stadium skeleton frame was deliberately exposed through the fabric to showcase the spine of the building and to give it a simple, elegant, and most importantly, human scale, especially on the east and southern sides that front pedestrian plazas.

There are no light towers at Skilled Park, a deliberate move not only to keep the design simple, but also to do away with their cost, light spill and glare impacts. The leading edge of the roof profile is high enough so that the under slung catwalk can house the sport lighting for the field of play. At night the roof is lit creating a glow effect, a beacon for the community.

4

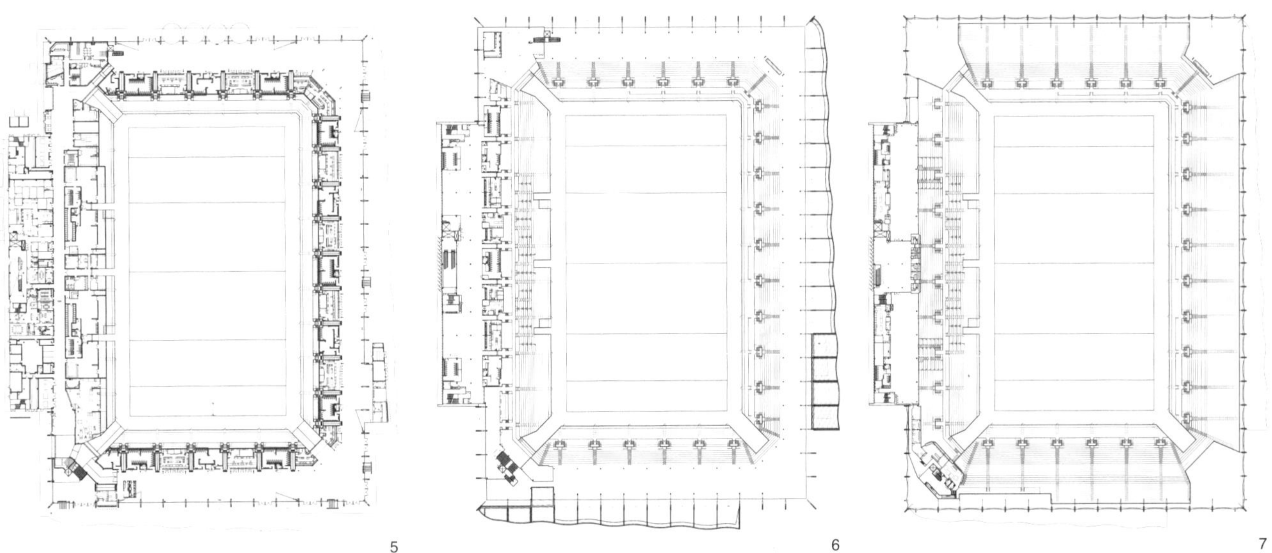

5　6　7

3　看台上方的顶篷构件具有吸声作用
4　东侧立面
5　一层平面
6　二层平面
7　三层平面

8

9

8 北侧立面细部
9 入口处凸显顶篷结构的力量之美
10 入口门厅
11 富于流线美感的裙檐
12 餐厅

10

11

12

英国米尔顿·凯恩斯体育场

Milton Keynes Stadium, Milton Keynes, UK

■ Populous建筑事务所 ■ Populous

项目概况

项目名称：米尔顿·凯恩斯体育场

建设地点：英国米尔顿·凯恩斯

设计单位：HOK Sport Architecture（现 Populous）

业　　主：Inter MK/ ASDA Wal-Mart

建筑功能：足球场、宾馆

坐席数量：30000

工程造价：4200 万英镑

建成时间：2007 年

摄　　影：Chris Gascoigne

1

1 体育场入口
2 能够反射周边环境的立面材料

30 多年来米尔顿·凯恩斯足球俱乐部新建一个 3 万座体育场的计划终于在 2007 年实现，该体育场建于两家大型零售店 ASDA 与 IKEA 附近，其室外运动场的设计达到了欧洲足球协会的四星标准。新体育场的主要设计理念在于使运动员、球迷与当地居民都能够对体育场有一种真切的认同感与归属感，同时具有个性特征。事实也证明体育场成为备受瞩目的全民资产源自其自身的建筑造型、风格与设计，而非豪华的装饰性细节。

HOK 体育建筑（现 Populous 建筑事务所）的高级总裁约翰·保罗说："米尔顿·凯恩斯俱乐部愿意并且能够承担一座一流体育场的建设，从这个层面上来说，这个工程更是一个里程碑。正因为皮特·温克尔曼先生的先见之明，我们才得以设计出一个真正的多功能场馆。"

体育场内可以举办赛事或音乐会等娱乐项目，人们在这里可以放松享受、尽情娱乐。此外，对于俱乐部体育场来说，设计采取了一种创新的模式，即除了室外运动场之外，还设有另外两个活动空间——1 个 6000 座的室内多功能厅和 1 个为贵宾与运动员预留的宾馆发展空间，而且当有特大集会活动举行时，还可以在球场边缘增加房间作为行政管理用房。米尔顿·凯恩斯足球俱乐部负责人皮特·温克尔曼说："这座体育场是一个多功能运动场与公众活动场的综合体，十分适合于建在快速发展的城市中。"

Milton Keynes' aspirations for a 30,000-seat stadium had been in the works for more than three decades. Finally, in 2007, the community was able to welcome a UEFA 4-star stadium, developed on the same site of two major retail units, ASDA and IKEA. The main architectural philosophy behind the stadium was to produce a building with a strong identity that players, fans and residents alike could feel was truly their stadium and a building with an individual identity. As a result, the stadium is a strong civic asset and one that derives its attraction from the quality of its practical shape, form and design rather than expensive detail or cladding.

"The project was a milestone in the sense that clubs like MK Dons can afford world-class facilities," said John Barrow, HOK Sport senior principal. "Through Pete Winkleman's vision, we have created a real multi-purpose venue."

The stadium is the first modern stadium in the United Kingdom to feature a top-loaded, 360-degree open concourse. Chosen to create a more congenial atmosphere, the crowd can relax and enjoy the event during concerts and entertainment shows. In addition, the stadium also incorporates two other major elements similar to those found in this new model for community stadia – a 6,000-seat indoor multi-purpose arena and the potential for incorporation of two hotels for both guests and players, and several rooms on the pitch side will double as executive suites during major events. "stadiummk is a multi-purpose sports and spectator events complex fit for the country's fastest growing city," said MK Dons owner Pete Winkleman.

2

3

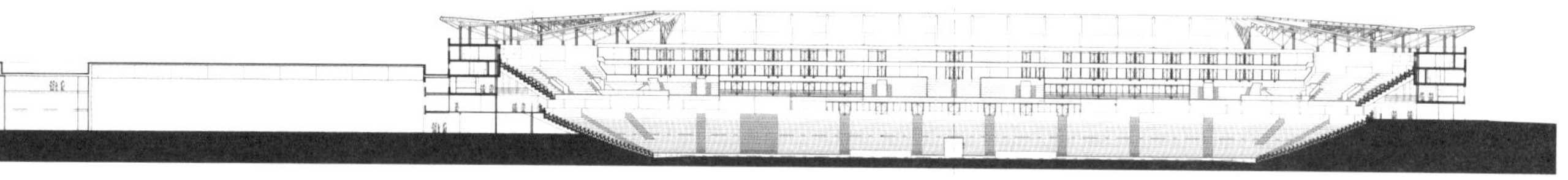

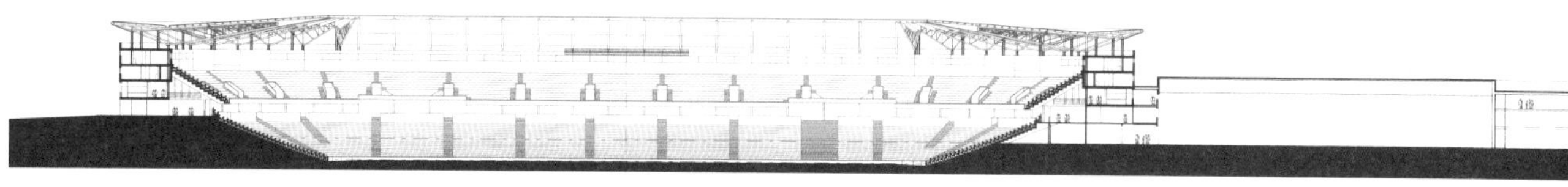

4

3 赛场内景
4 剖面

5

6

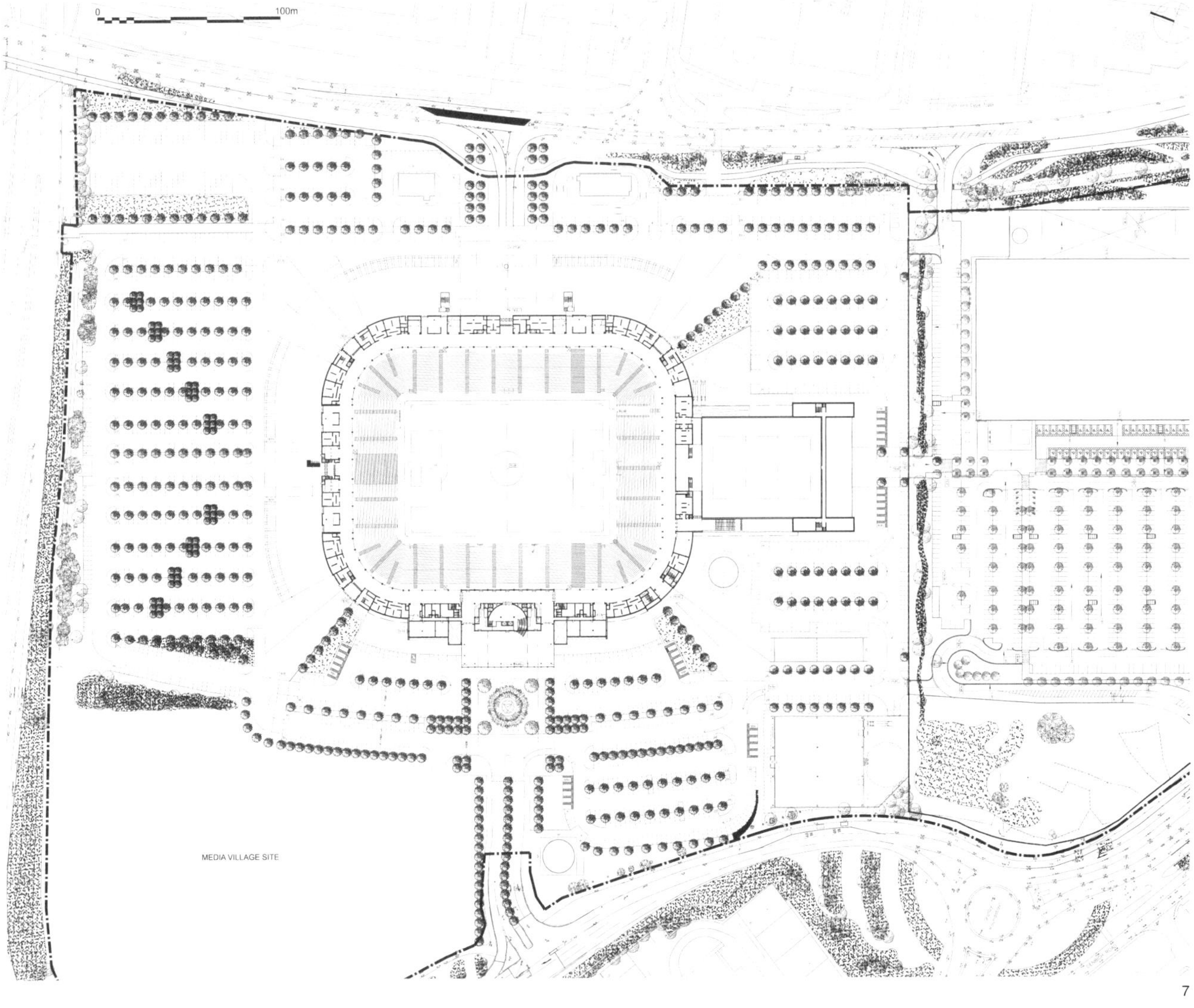

7

5 看台后部的立面处理
6 观众平台
7 一层平面

台湾高雄太阳能体育场

Taiwan Solar Powered Stadium, Kaohsiung, Taiwan, China

■ 伊东丰雄联合建筑设计事务所 ■ Toyo Ito & Associates, Architects

项目概况

项目名称：台湾高雄太阳能体育场

建设地点：高雄市左营区

业　　主：台湾地区体育行政主管部门，高雄市政府工务局

基地面积：18.9hm^2

占地面积：2.5hm^2

建筑面积：99000m^2

坐席数量：40000

建筑高度：35.5m

设计单位：Toyo Ito & Associates, Architects

合作设计：Takenaka Corporation; Rla Kaohsiung Main Stadium for 2009 World Games Design Team

结构设计：Takenaka Corporation + Hsin-yeh Engineering Consultants INC.

机械设计：Takenaka Corporation + Teddy & Associates Engineering Consultants Ltd. + C.C.LEE & Associates Hvacr Consulting Engineers

景观设计：Takenaka Corporation + Laboratory for Environment & Form

防灾设计：Takenaka Corporation + Taiwan Fire Safety Consulting, Ltd.

设计时间：2006年1月~ 2007年3月

建设时间：2006年9月~ 2009年1月

照片由 Fu Tsu Construction Co., Ltd. 提供

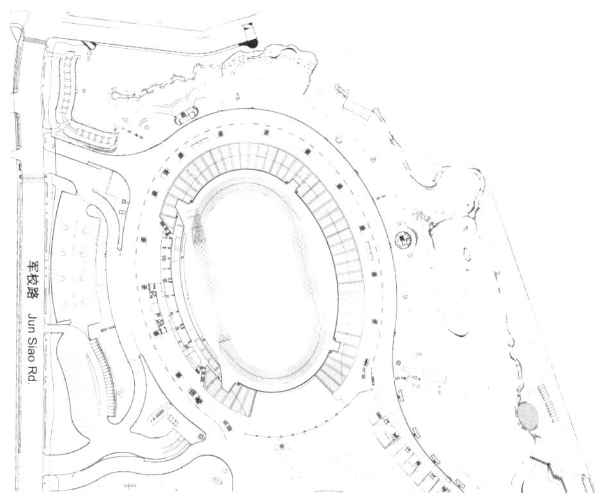

1 一层平面

高雄是台湾第二大城市，它充满活力，土地丰饶，气候宜人，高雄人朝气蓬勃，活力四射。世界运动会是最大规模的国际性多项目体育盛会之一，竞赛项目为非奥运会比赛项目。世运会每四年一届，于奥运会年次年举行。高雄体育场经规划为2009年高雄世运会的主会场，体育场有观众坐席40000个（连同届时搭建的临时坐席共可容纳55000名观众），是台湾首座达到IAAF（国际田联）一级标准以及FIFA（国际足联）相关标准的体育场。

设计师于2005年底竞标该项目之时，在投标方案中提出了三项核心理念："开放式场馆、城市公园、螺旋连续。"

"开放式场馆"旨在将体育场观众席向整个城市开放。全新的高雄体育场不同于传统的封闭式场馆建筑，其观众席同南主门相对，自然吸引了来自体育场东南的新大众快速交通（MRT）地铁站的游客驻足于此。

"城市公园"力图以一种全新的城市公园形式吸引公众视线。在开放式场馆的设施当中，门前广场和中央运动场均可在无任何活动安排的情况下实现日间整体应用。

覆盖观众席的巨型屋顶面积约为2.2万m^2，其上安装有由超薄强化玻璃组接而成的太阳能电池阵列。32根名为"震荡环状螺旋"的螺旋状钢管沿整座体育场顶棚结构而上，形成次级结构。这一"螺旋连续"直径达318.5m，它笑迎八方宾客，令观赛体验更加兴奋刺激。

基于以上三项设计理念，全新的高雄体育场如同饱含生命力的机体一样被赋予了流体运动的活力，以活动中心的姿态将全城人们的目光汇聚于此。

高雄体育场的大型三维曲面屋盖自景观带起坡，包括桁架、震荡环状螺旋以及太阳能电池阵列三层结构。所有桁架构成主支撑结构，用以长期支撑该2.2m^{2}的顶棚。桁架共计159套，尺寸各异，遍布整个场馆。

32根震荡环状螺旋同桁架紧密结合，一方面体现了"螺旋连续"的设计理念，另一方面也成为支撑振动力和风压等短时负载的重要结构单元。每根桁架有30个节点，形状渐变，每个节点连接一个临近桁架的对角节点。每个环状结构连接两个节点，经二维弯曲，随着桁架几何形状的变化呈现不同的曲度。环状结构的组接采用外围钢管焊接工艺，实现了环状结构间的无缝连接。

平面太阳能板阵列的宽度从2.5~3.5m逐渐增加，悬于邻接环状结构之间。对于三维顶棚结构同二维太阳能板阵列间存在的不和

2 "开放式场馆"将观众席向城市开放

谐我们应给予一定的谅解，但这一问题已经通过添加苯乙烯氯丁二烯橡胶 (SCR) 制成的褶型垫圈得以改善。另外，固定于环状结构之上的挂扣也具备角度及位置调整功能。

约有 1.3 万 m^2 的顶棚已铺设了 8800 块太阳能板，具备 1000kW/h 及 110 万 kW/ 年的发电能力。此举可每年减少 660 吨 CO_2 排放。屋盖结构环绕整座场馆盘旋而上，同时采集利用天然能源，俨然是一个活的有机体。这座体育场竣工后成为了一座不折不扣的可持续性建筑。

Kaohsiung is the second largest city in Taiwan. It is a vital city that possesses remarkably abundant nature, pleasant climate and citizens filled with life and vibrancy. The World Games is one of the largest international multiple-sport events, holding sports that were not included in the Olympic Games. It is held once every 4 years, a year after the Olympics. Kaohsiung stadium is planned as the main venue of the next World Games, to be taken place in Kaohsiung city in July 2009. The stadium seats 40,000 people (55000 people by building temporary seats), and is the first stadium in Taiwan that meets international standards, namely Class-1 of IAAF (International Association of Athletics Federations) and FIFA standard (Federation Internationals de Football Association).

In the competition participated at the end of 2005, we introduced three key concepts; "Open Stadium", "Urban Park" and "Spiral Continuum" in our proposal.

"Open Stadium" aimed to open the spectators' seats to the city. Unlike traditionally enclosed stadium buildings, the new Kaohsiung stadium positioned spectators' seats facing towards the south main gate. This naturally attracts visitors from the newly constructed MRT station at the southeast of the stadium site.

"Urban Park" intended to attract the public in form of a new urban park typology. In the "Open Stadium", the front square and the field area can be integrally used even during days without events planned.

The large roof covering the spectators' seats has approximately 22,000 sq meters area, and is installed with solar cell units assembled by laminated tempered glass. Thirty-two helical shaped steel pipes, the "Oscillating Hoops spiral", ascend along the whole stadium roof as a secondary structure. The "Spiral

Continuum" structure, which has 318.5 mm diameter, welcomes visitors to the stadium and enhances the spectators' excitement.

Based upon these three design concepts, the new Kaohsiung stadium embodies dynamic fluid movement like a vibrant body, and is expected to draw the city's attention as a hub of activities.

The large, three dimensionally curved roof of the Kaohsiung Stadium that extends from the landscape consists of 3 layers – the Trusses, the Oscillating Hoops and the Solar panel units. All of the trusses act as main structural elements, designed to support the long-term load of the 22,000sqm roof. A total of 159 trusses that gradually change their sizes are installed throughout the site.

32 Oscillating Hoops that close-knit together all the trusses on one hand represent the main design concept of the 'Spiral Continuum', on the other hand are important structural elements that handle short-term loads such as seismic forces and wind pressure. Every truss has 30 nodal points that facilitate the gradual change of form, and each nodal point of the truss connects to a diagonal nodal point on the adjacent trusses, by means of the oscillating hoops. Each hoop that connects two nodal points is two dimensionally bent (partly approximated by a line), achieving a different curvature as the truss geometry changes. The hoops are welded to one another through casing steel pipes, making all the hoops appear to be seamlessly connected.

Planar Solar panel units with gradual changing widths from 2.5 to 3.5m are hung between adjacent oscillating hoops. Inevitably some tolerance has to be given to the discrepancies between the three dimensional roof and two-dimensional solar panels, however this has been improved by using a pleated form gasket made of SCR (styrene-chloroprene rubber). Furthermore, the fasteners fixed on the oscillating hoops have the flexibility to adjust their angle and position.

Approximately 13,000sqm of the overall roof has been covered by 8,800 pieces of solar panels, with electric-generating capacity of 1,000kW per hour and 1,100,000kW per year. This results in reducing 660 tones of CO_2 per year. The roof structure, spiraling around the whole stadium whilst yielding natural energy, behaves just like a living organism. The resultant stadium building presents itself as a sustainable piece of architecture.

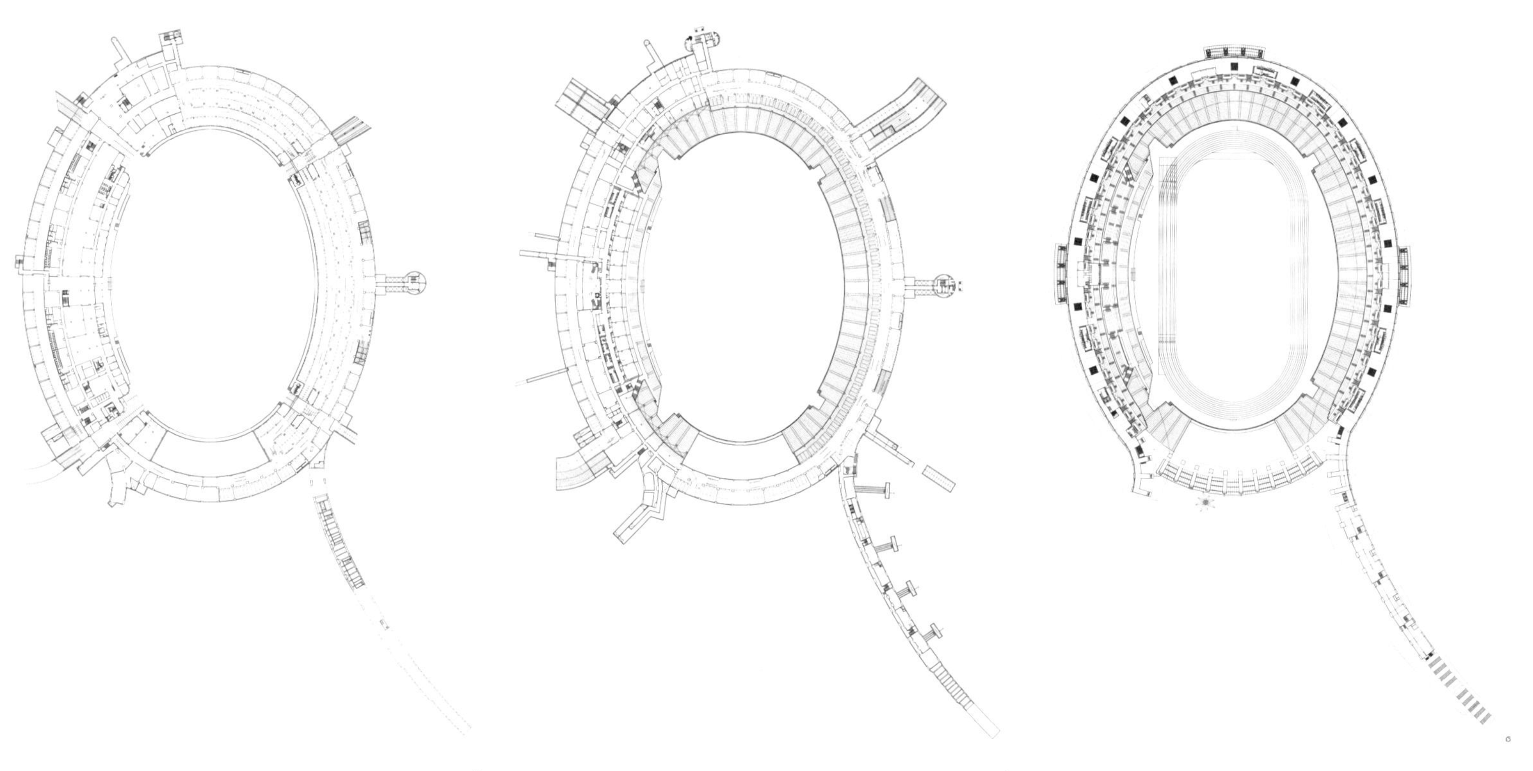

3 4 5

6

7

8

3 地下二层平面
4 地下一层平面
5 二层平面
6 内场
7 观众平台
8 顶篷细部

南京奥体中心

Nanjing Sports Park, Nanjing, China

■ Populous建筑事务所 ■ Populous

项目概况
项目名称：南京奥体中心
建设地点：中国南京
业　　主：南京奥体中心经营管理有限公司
设计单位：HOK Sport Architecture（现 Populous）
基地面积：89.6hm²
建筑面积：222576m²（地上），154923m²（地下）
坐席数量：62000（体育场），13000（体育馆），4000（水上中心），8000（网球中心）
设计时间：2001 年～ 2005 年 7 月
建成时间：2005 年 7 月
摄　　影：Patrick Bingham-Hall

南京奥体中心是 HOK 体育建筑（现 Populous 建筑事务所）在中国最知名的项目。该体育中心不仅是亚洲已建成的规模最大的体育场所，还在南京西部新区形成了一个中心，成为体育推动都市开发的典型案例。2007 年 10 月，HOK 体育建筑与中方体育场经营公司一同前往德国科隆领取国际体育设施设计的最高奖项“IOC/IAKS”金奖（IOC——国际奥委会，IAKS——国际体育和休闲设施协会）。该奖项联合授予设计师和场所经营者，不仅表彰典范设计，而且表彰出色的场所经营。

位于河畔的体育中心投资 2.85 亿美元，包括一个 6 万人的主体育场、一座 1.1 万人的室内体育馆、一个奥运会标准水上中心、一个拥有 20 片球场的网球中心、冰球室外场地、棒球篮球设施和一座代表世界最先进水平的媒体科技中心。

1

2

总体规划理念是为南京人民创造一个“人民的殿堂”，建设一片充满活力与生气的新天地。设计将国际水准的体育设施整合在一个大众休闲娱乐的公园内，使奥体中心成为一个多功能的场所。体育场馆布局紧凑，因此35%的区域被设计为公园。南京奥体中心的体育设施体现了世界最高水平，反映了全球设计精英的知识技能，达到了承办国内外大型赛事的标准。

对于HOK体育建筑来说，该项目是在体育场设计方面探求重大突破和创新的机遇。体育设施群体现了在互连性方面的一个飞跃，因为各设施被联系在一起，使得赛时和日常使用都更加高效。

体育中心的独特性在于其完美地引领着新市区的交通网络。在世界范围内，有许多体育设施帮助社区重生的案例。然而，南京奥体中心是以体育设施为重点来创建整个城市或地区的新思路的典范。

HOK Sport's best known project in China is the Nanjing Sports Park, one of the largest athletic venue projects ever completed in Asia, built by the Jiangsu Government for the 10th China National Games, in October 2005. The sports park forms the centerpiece of a new downtown precinct development to the West of Nanjing in Jiangsu province and illustrates the significance of sport as a catalyst for urban development. In October 2007, the Chinese operators of the Sports Park, joined HOK Sport lead architects for the medal presentation in Germany, after the project won the prestigious international architecture award, the Gold IOC/IAKs award. This award is given jointly to the architects and operators of a sports facility, not only for exemplary design, but also for excellence in operation.

Situated on a riverfront site, the US$285-million-sports-park includes a 60,000-seat stadium, an 11,000-seat indoor arena, an Olympic standard aquatic centre, 20-court tennis centre, outdoor facilities for hockey, baseball and basketball, and a media centre with state-of-the-art facilities.

HOK Sport's concept for the masterplan was based on the idea of creating a "People's Place" for the citizens of Nanjing, a dynamic destination point within the City of Nanjing. It is a multifunctional environment, a combination of world standard sporting facilities within a recreational park. The sports buildings are grouped closely together and 35 percent of the precinct is made up of Park space. The facilities themselves represent the best practices and knowledge from around the world and satisfy the stringent requirements of hosting national and international sporting events.

The project offered HOK Sport an opportunity to explore major advances and innovations in stadia design. The sports complex represents a leap forward in interconnectivity because the facilities have been linked together, enabling greater efficiency for both major event and everyday use.

Modern sports facilities are typically stand-alone buildings plugged into an existing infrastructure, helping to revitalize and regenerate cities. But a fifth generation of stadia has emerged and Nanjing leads the way in demonstrating that sports facilities can be the central core of a new city. It contains all elements required to achieve a critical mass capable of sustaining independent city life. This critical mass is composed of residential, commercial, retail and leisure elements combined with all the services and transport infrastructure required to make the 'stadium city' thrive. It represents a new philosophy that redefines a downtown - an integrated place of working, living, gathering and celebrating – with the Sports Park as its hub. It also demonstrates the significance governments are placing on the value of sport and its impact on a community. Sport can help generate goodwill among the population when developing a new city.

1 体育中心鸟瞰
2 体育场

3

4

5

6

3 水上中心
4 媒体科技中心
5 网球中心内场
6 体育场内景

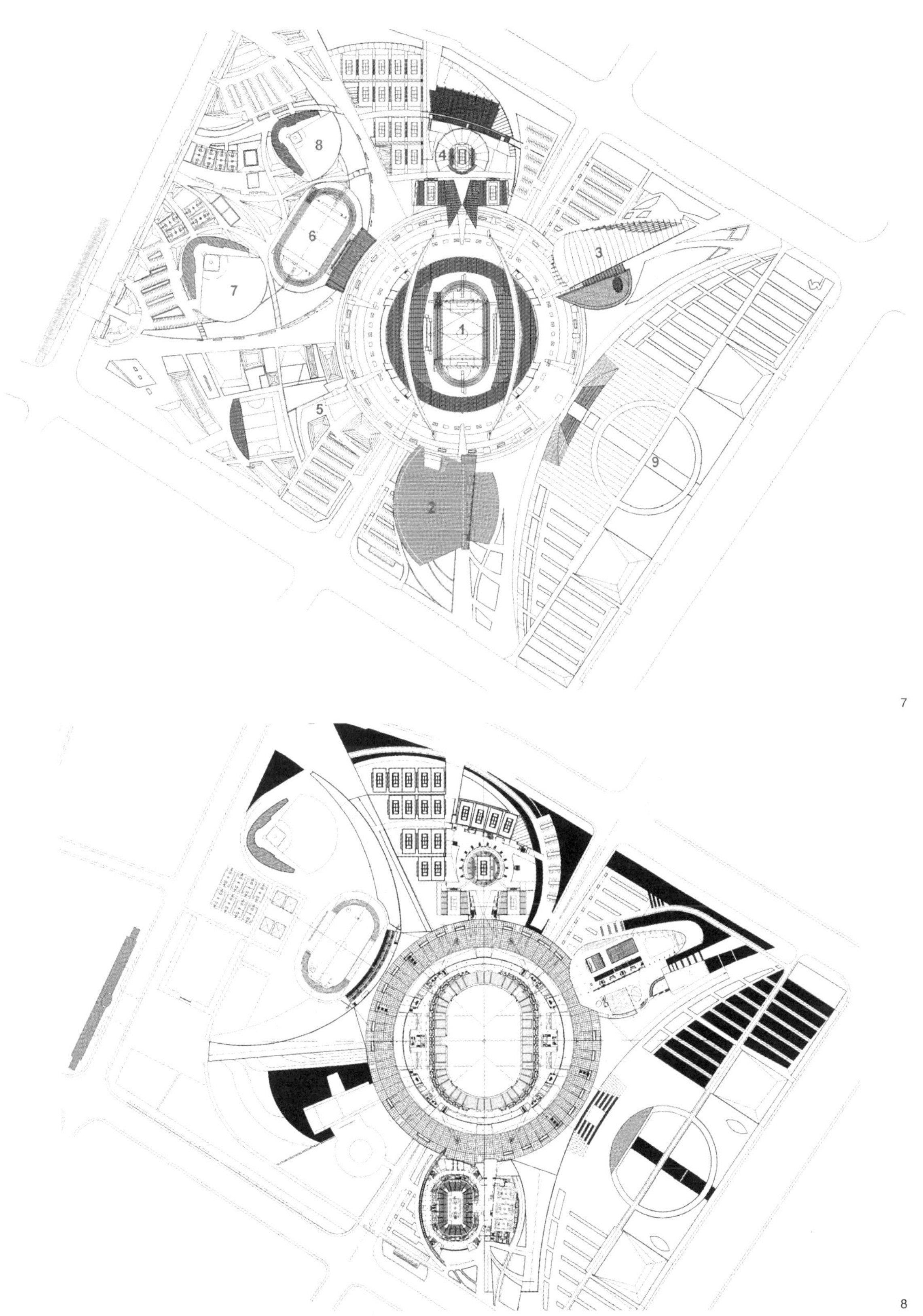

7

8

7 体育中心总平面
8 体育中心一层平面

佛山世纪莲体育中心体育场及游泳馆

Stadium and Swimming Gymnasium of Century Lotus Sports Park, Foshan, China

■ 冯·格康，玛格及合伙人建筑师事务所 ■ gmp

项目概况
项目名称：佛山世纪莲体育中心体育场及游泳馆
业　　主：佛山市第12届省运会场馆建设中心
建设地点：中国佛山
设计单位：gmp
建筑设计：Volkwin Marg
合作设计：Nikolaus Goetze
中方合作设计：华南理工大学建筑设计研究院
项目经理：Christian Hoffmann
设计团队：Marek Nowak, Christoph Helbich, Mario Rojas Toledo, Michael König, Sven Greiser, Sebastian Hilke, Mark Jackschat
结构设计：Schlaich Bergermann und Partner
体育场坐席数量：36000
地下停车位：880
游泳馆坐席数量：2800
比赛池（长）：50m
训练池（长）：50m
跳水池（长）：25m
室外泳池（长）：50m
建设时间：2004 ~ 2006年
摄　　影：©Christian Gahl, Berlin

1 体育中心全景鸟瞰

佛山市凭借举办第12届广东省运动会的契机，向公众展示了繁荣发展的现代化城市形象。佛山世纪莲体育中心不仅以多功能体育场和游泳馆达到举办国际体育赛事的各项要求，而且以配套的训练及休闲体育设施为广大市民提供了多元化的体育活动体验。

体育场

体育场是位于河畔的体育中心的核心部分，凭借简洁、自然、浑然一体的圆形平面成为整体景观的中心。其观众看台和屋顶的圆环形式是天的象征，将所有观众和来访者包容其中。从远处望去，体育场展示了其独特的轮廓线，作为城市南部雄伟壮观的大型建筑，沿河滨大道融入新佛山的城市景观之中。从河对岸望去，其莲花般的建筑造型令人叹为观止，可开合屋顶的创新性设计使其成为建筑界的奇葩。作为国际先进水平的现代化多功能体育场所应具备的一切特点，均不折不扣地在这座建筑物中完美呈现。

体育场选址于河畔，成为融入经济发展、蒸蒸日上的佛山城市结构的新亮点。河滨区域的各种体育、文化和休闲设施形成一种聚合效应，未来佛山新的城区将在这里产生，而这座体育场也将为此作出积极且不可取代的贡献。

体育场简洁、统一的建筑其实蕴含着丰富多样的功能。它不仅作为广东省运会的重要赛场之一，接受了高水平赛事的检验，更开创了体育运动历史的新纪元，因为该体育场的多功能屋顶早在概念设计阶段就是作为多功能可持续发展的设施来设计的。这一直径125m可开合式屋顶使该体育场成为世界最大的全覆盖式运动场之一。

大型的白色薄膜屋顶展开时如同绽放的花朵，为所有观众提供了遮阳挡雨的绝佳庇护。同时，它也是全世界最大的折叠屋顶，可在12分钟内覆盖比赛场地，将露天体育场变为室内运动场，这一盛大的景象使全场观众激动不已，甚至欢呼雀跃，热烈的氛围也感染着赛场上的运动员。比赛场地上空中央悬挂着一个巨大的立方体显示屏，实时播放体育赛事、文化活动和音乐会的实况，以方便不同方位观众的欣赏。当体育场处于露天状态时，薄膜屋顶就隐藏在显示屏的后面。

体育场除了包括比赛场地和观众看台等主要功能，还设有各种附属功能，在作为新城体育中心的同时，也将成为未来城区的多功能中心。

观众由体育场碗形结构下方、位于山丘上一层的8个大型露天阶梯进入场内，在走上山丘的下层环廊时，向外能够眺望体育中心周围景观及附近的美丽景色。向内则是敞开的圆形看台和看台上欢呼的观众。人们从这里可以分别到达不同功能区，或沿环廊直接进入贵宾休息室和入口大厅，或通过16个宽敞的外设阶梯进入上层或下层空间。精心设计的宽阔通道直达下层看台，人们在此可欣赏到引人入胜的场内空间，经由外设阶梯还可直接到达位于其下层的配套餐饮区和卫生区、位于三层的上层看台和环廊。此外，西侧的贵宾、运动员和新闻工作者专用区以及东侧的运动员宾馆都与下层环廊处于同一个层面，这两个区各有3层前厅，并且与地下二层上的环形道路及地下停车场相连通。

位于一层的宽敞的西侧贵宾看台入口大厅是主席团成员、尊贵客人和商务贵宾的入口。该层除普通观众区之外，还设有许多就餐、休息用房及私密房间供贵宾使用，看台上设有舒适的沙发供其观看比赛。本层同时为300位主席团成员、150位媒体代表和150位体育官员设有专属的休息室、办公室、会议室以及通向体育场内部的宽阔通道。西侧下层看台中心区能容纳所有这些贵客以及多达1500名商务贵宾，不同人群的使用通道不会产生交叉。灵活的平面布局保证了该体育场的多用性，尤其考虑了贵宾区未来作为活动中心、会议和宴会厅使用时以及市场开发和常年使用中的更高要求。在东侧与贵宾区对称设置的是运动员宾馆，共有110个房间，分布在3个楼层，最多可容纳200位客人，同时设有独立于西侧功能区的会议室、宴会厅及一个体育活动中心（包括健身房、休息室和理疗区）。除了体育场指挥部、保安和急救中心区之外，沿着下层环廊还设有许多商店，不仅强化了其作为体育场的主入口层和到达层的功能，更为将来体育场的商业运营提供了良好的服务空间。

二层专供贵宾及入住宾馆的客人使用。在省运会比赛期间，西侧提供40个设施豪华、餐饮供应丰富的贵宾包厢，每个包厢的阳台都放置12个朝向赛场的单人沙发。在大型活动期间，东侧宾馆的46个朝向赛场的房间也可以作为包厢使用。大型贵宾休息室能够容纳多达1500位商业贵宾，人们由此可通过宽敞的楼梯和豪华的玻璃电梯到达一层的贵宾厅和下层看台坐席。此外，南、北两侧各容纳350人的大型多功能单元还可作为展览场地或体育吧使用。由于设有多个外楼梯通达上下层，这一层在未来使用时可以方便地分隔成若干单元。在这种情况下，环廊不仅可以作为紧急疏散通道使用，同时还可作为吸引游客的入口空间。

在位于三层的上层环廊，观众可以通过28个井口就近进入上层看台，井口的数量也确保观众的疏散毫无问题。在大型活动场间休息时，看台区旁边的赞助商专用区内可以进行各种类型的商业活动，除此以外，餐饮区和卫生区也设于这个有顶篷的宽阔平台之上，人们在此可将体育中心和近处的河流美景尽收眼底。除了可开合屋顶中心处的立方体显示屏外，波浪形的上楼厅南侧还安装有一个电视墙，北侧则是面向佛山市中心方向的火炬安放处。

地下一层设有下看台的餐饮和卫生区。西侧的媒体代表和体育官员临时使用的大型配套设施全部满足国际体育赛事的举办要求，同时这些区域都通过多个内部楼梯分别与上层的前厅及下层的混合区连通。省运会之后，可容纳400人的新闻发布会会议厅及其他小型会议室都作商用，并可与位于上层的贵宾区、会议区和餐饮区保持便捷的联系，实现了体育场在比赛之外的多功能使用。管理行政办公区位于建筑的外侧，底座与体育场相连，办公空间朝向内院，拥有良好的自然采光和通风。东侧中央的多层前厅通向宾馆的公共设施（如饭店、会议区和健身中心）入口。在办公区的另一侧是48个拥有自然采光的宾馆房间。

2

3

车辆可由南、北两侧进入地下二层，南侧是赛事入口及私人车辆入口。相互独立的两条环状路既可作为运输环路，又可作为地下停车场，即使在高峰时段，车辆的进出都十分顺畅，同时也易于实现观众和工作人员的分流。停车场共设有 848 个车位供运动员、贵宾和观众使用，体育代表队的大巴可以通过内环路直接开到混合区。位于中央的混合区与比赛场地以及媒体和体育官员活动区联系便捷。所有基本功能区（更衣室、兴奋剂检验室、工作人员用房）都符合国际田径比赛的标准。运动员可以通过地下隧道，由体育中心的训练场地直达体育场内部或混合区。转播车停放处作为北侧入口的组成部分，融合设计于体育场的底座中，在举办音乐会时还可作为后台区。沿着内环路设有 4 个供货区，保证服务人员可通过电梯或楼梯独立且灵活地向各个功能区分配货物。

该体育场是一个 21 世纪的现代化体育设施，其设计不仅从体育运动角度按照国际体育协会的所有要求实现了优化完善，而且确保其作为多功能设施在赛后持续地进行商业性运营。

游泳馆

游泳馆是体育中心的二号场馆，设计传达了与体育场相同的建筑语言，既与体育场交相呼应，又不破坏其无可争议的主导地位。如果说体育场为市区增色，那么游泳馆则融入了城市景观之中。作为设计的中心要素，游泳馆轻盈薄膜屋顶仿佛漂浮在体育中心的用地上，它独特的折叠方式与体育场的屋顶如出一辙，从而形成了和谐统一的整体效果。

馆顶为 70m 跨度的斜交受拉钢拱结构，其剪力由三角形钢支承支座分导。各受压构件之间由应力钢索绷紧固定，以保证表面膜屋盖形体的稳定性。

游泳馆内所有泳池前后相继排列，泳池底部位于地下一层或二层。整个游泳馆分作比赛泳区与休闲泳区，中央以入口大厅相连。大厅空间宽敞、设备精良，基于其两侧进入的通达性，作为两区共用的公共区可以保证观众、贵宾、新闻工作者、运动员及普通泳者的分流。

从上向下同层排列的看台区可容纳 2800 个观众坐席，贵宾看台位于中间，可由地下一层的专用入口进入。贵宾区由一个能够看到泳池内部空间的接待区和与比赛区同层面的休息厅组成。视线通达的两个餐饮区独立设置，一个供观众使用，另一个供游泳者使用，人们可从主入口大厅或者从休闲游泳区直接进入。

地下一层为休闲泳区和热身池底部，地下二层则是比赛泳池和跳水池底部。楼层之间以宽阔的楼梯连通，楼体与坐席台阶相对应。此外，未来必要时，可以使用活动玻璃墙将比赛泳区和休闲泳区分隔开来。

看台之下的各功能区通过贯通一层的环设玻璃墙面与泳厅分隔，但保持空间和视线的通透，这里设有贵宾休息室、体育场指挥、计时、新闻和运动员专用区以及更衣区等。混合区内能够看到泳区内景，设有新闻发布会议室、发奖中心。

大面积的岸上训练区和休息区可直通餐饮区，不仅便于游泳爱好者及运动员使用，而且可不受泳池是否开放的限制独立使用。

游泳馆所有设施均符合国内及国际游泳比赛使用要求，跳水台可供各种跳水项目使用（包括同步跳水）。教练员和裁判员可通过泳池壁上的视窗观察运动员入水动作；教练、裁判员、兴奋剂检查等所需的房间都在运动员专用区附近；运动员和工作人员享有专用的接待和休息区。 游泳馆的全部供应技术装备（供水、空调、电器设备等）都位于休闲及热身泳池的下面。大型货物可以利用位于建筑外侧的载重电梯运输。除跳水池外，所有的地下平面都处于地下水位之上。

On the occasion of the 12th Guangdong Province Sports Meeting 2006 Foshan wanted to present itself to the public as a modern and growing city. A multipurpose stadium and a swimming hall serve all demands of international sports competitions, while training and leisure sports facilities offer a large variety of activities to the visitors.

The Stadium

The stadium as the centre of the sports park on the river has the ground plan of a perfect circle: simple, self-evident, resting in itself as a centre in the green landscape. The circular ring of the stands and the roof forms the heavenly symbol of the spectators' and visitors' community. From the distance emerges the unique silhouette of the new stadium, which, on the promenade in the south of the city, adds an imposing and monumental shape to the cityscape of the new Foshan. The fascination of the building is already revealed from the opposite bank and it turns out to be a world novelty with its retractable roof – an innovation come true. All the qualities of a modern, forward-looking and multifunctional stadium of international standing have been integrated consequently and with unchangeable symbolic force into a conical building with a 'floating' roof. The form is full of power and at the same time seems to float above the landscape. The unity and simplicity of the form holds various opportunities of use.

The location for this stadium has been optimally chosen. In an economically striving city like Foshan, the sports park on the river bank creates a new centre, which is ideally connected to the city's infrastructure. The additional offers for sports, culture and leisure time, which can be developed along the river bank, convey synergetic effects, so that in the future a new quarter of Foshan will arise, of which the new stadium will form a vivid and indispensable part.

The big stadium is more than a significant venue for the 12th Guangdong Province Sports Meeting. With this stadium a new era in the history of the games is started as it is designed for future multifunctional use with its multifunctional roof. In this way even today a future vision of the new stadium after the summer of 2006 is shown. A new generation of the construction of stadiums comes true. The retractable roof of 125 meters in diameter turns the stadium

2 浑然天成的建筑景观
3 体育场内场

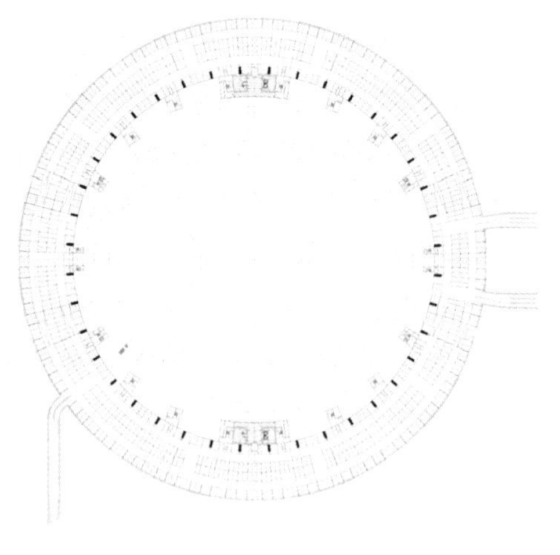
4

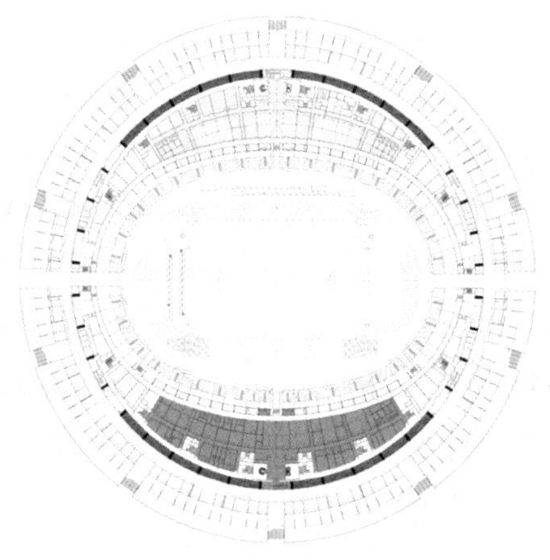
5

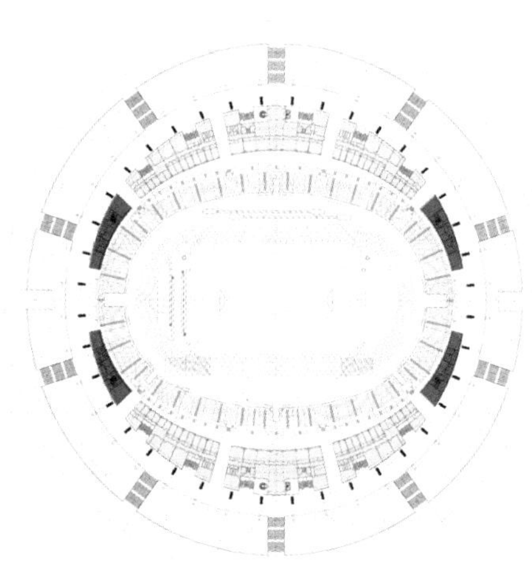
6

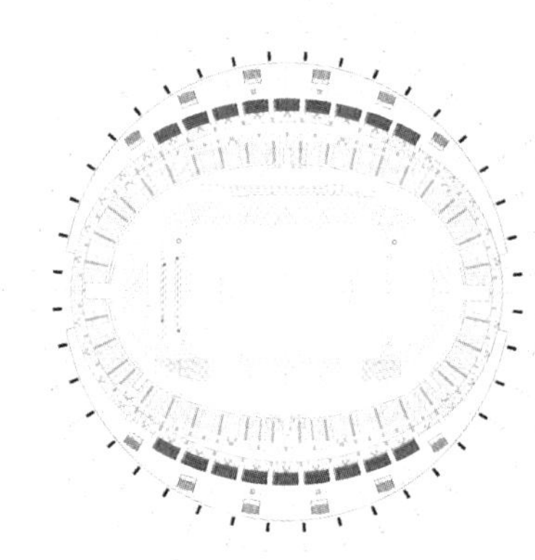
7

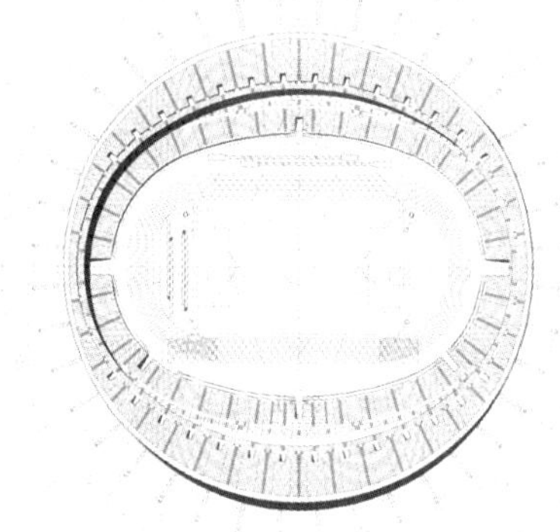
8

9

4 体育场地下二层平面
5 体育场地下一层平面
6 体育场一层平面
7 体育场二层平面
8 体育场看台平面
9 体育场屋顶平面

into one of the biggest fully-covered arenas in the world.

The stadium as the centre of the sports park on the river has the ground plan of a perfect circle: simple, self-evident, resting in itself as a centre in the green landscape. The circular ring of the stands and the roof forms the heavenly symbol of the spectators' and visitors' community. From the distance emerges the unique silhouette of the new stadium, which, on the promenade in the south of the city, adds an imposing and monumental shape to the cityscape of the new Foshan. The fascination of the building is already revealed from the opposite bank and it turns out to be a world novelty with its retractable roof – an innovation come true. All the qualities of a modern, forward-looking and multifunctional stadium of international standing have been integrated consequently and with unchangeable symbolic force into a conical building with a 'floating' roof. The form is full of power and at the same time seems to float above the landscape. The unity and simplicity of the form holds various opportunities of use.

Surrounding the main use of the central arena with its sports field and stands there are various additional functions, which turn the stadium besides its central function as a sports ground into a multifunctional centre in the middle of the sports park and the future quarter of the city.

The visitor enters the stadium on level 0 on the elevated hill beneath the stadium via 8 wide open stairways. When the spectator reaches the lower concourse on the hill, to the outside he enjoys the impressive view over the surrounding sports park and the near river, and to the inside the wide circle of the enthusiastic audience on the stands opens to his eyes. From this point the different groups of spectators are distributed, either by direct access through lobbies and foyers along the concourse or by 16 generously measured escape stairwells, which take the visitor up and down the various functional areas. The lower stand is reached directly from this level through wide passageways which allow a free flow of spectators and a spectacular view into the inside of the stadium, while catering and sanitary facilities are located on the level below, easily accessible through the escape stairwells. Following the stairwells up to level +2, the visitor enters the upper concourse and the upper stand. Furthermore, both the VIP-, athletes- and media-complex in the West and the athletes' hotel in the East are approached directly from this level. Nonetheless, both sides own a separate underground VIP drop-off and parking garage, directly linked to the functional areas via a wide and luxurious multi-storey lobby.

Level +0: The spacious VIP-Foyer of the Western Stand forms the representative and luxurious entrance for presidium members, honorary and business guests. Closed to the general public, comfortable VIP seats on the stands and a variety of different catering areas, lounges and private rooms are offered for VIP visitors. 300 Presidium members, 150 representatives of the media and 150 sports officials each own their own lounge, offices and meeting areas, as well as a spacious terrace to the inside of the stadium. Both these privileged visitors and up to 1, 500 business guests have their seats in the central area of the western lower stand. Accessability without interference of other user groups is always guaranteed. The flexible scheme of the ground plan answers to changing demands of future stadiums, especially considering the rising marketing standards and a year-round use of VIP-Areas as an event, conference and catering location. In The East, the athletes' hotel forms the equivalent to the VIP-complex. On three levels about 110 hotel rooms provide space for up to 200 guests, offering them their own conference and catering facilities as well as a sports center with fitness, wellness and physiotherapy functions. In addition to event management, control and security functions a variety of shop areas is offered along the lower concourse, stressing its function as the main entrance and access level of the stadium and supporting the future commercial use of the stadium.

Level +1: This level's is exclusively dedicated to VIP and hotel functions. During the games of 2006, there are 40 VIP boxes in the West with exclusive furnishing and rich catering, each one offering 12 seats on the balcony stand. Optionally, the 46 hotel rooms facing the interior of the stadium in the East, can be used as VIP boxes during special events as well. Connected to the VIP lobby on level 0 and the seats on the lower stand via wide stairs and exclusive glass elevators, the large lounge area in front of the VIP boxes can accomodate up to 1,500 business guests. Furthermore, large multifunctional units in the North and South, each with space for up to 350 visitors, can be used as an exhibition area or a sports bar. Because of the multiple vertical access via the escape stairwells, this level can easily be divided into separate smaller units in the future if necessary. In this case, the circular balcony on the outside of the stadium not only provides a necessary escape route but also an attractive and inviting entrance situation.

Level +2: From the upper concourse the spectators enter the upper stand. The approach to the seats via a clear structure of 28 entrances allows a trouble-free entering and leaving of the stadium. During the breaks, special sponsor areas are at hand for all kinds of commercial use. At a short distance from the seats, both catering (kiosks, hot food stalls, tea rooms, etc.) and sanitary facilities are located in this covered and generously measured area, offering a great view over the surrounding sports park and Dongpingh River. In the South of the ondulating upper stand, a second video wall in addition to the score cube in the center of the retractable roof will be installed, while in the North, the ceremonial flame of the games of 2006 will shine towards the city center of Foshan.

Level –1: As mentioned above, on this level both the catering (kiosks, hot food stalls, tea rooms, etc.) and the sanitary facilities of the lower stand are installed. In the West, large temporarily used areas for media representatives and sports officials sufficiently satisfy the special needs of international sports events. They are all linked to the lobbies on the level above as well as the mixed zone below by a number of internal staircases. A press conference room for 400 persons as well as smaller

10

11

12

10 游泳馆屋顶结构
11 跳水区
12 泳池

conference suites can be used commercially after the games. This will turn the stadium into a multifunctional arena of special importance, especially in combination with the VIP-/conference and restauration area on the levels above. A large number of offices for the stadium's administration is located to the outside of the hill, receiving sunlight and ventilation. In the East, the central multi-storey lobby marks the entrance to the hotel's public functions such as a restaurant, conference areas and a fitness center. As an equivalent to the offices on the other side, 48 hotel rooms with natural lighting find place in the base of the stadium.

Level –2: Vehicle access to the stadium is granted both in the North and the South, the latter one being the regular approach for private cars and during events. Two separate ring roads within the base of the stadium serve as a delivery circle and a parking garage and allow a trouble-free entering and leaving while easily separating visitors and authorized personnel. On the whole there are 848 parking areas that are to the athletes', VIPs' and visitors' disposal. Team buses can as well drop off their passengers right in front of the athletes' area. Here, a central mixed zone allows an easy access to the sports field and the media and sports officials' units. All primary areas (changing cubicles, doping controls, staff rooms) are measured according to the standard of international track and field sports events. A direct underground link connects the training area in the sports park with the sports field and the mixed zone. As part of the northern access, a TV truck parking position is integrated into the base of the stadium, which can be used as a backstage area if a concert is to take place. 4 separate delivery areas are spread along the inner circular road, allowing an independent and flexible vertical distribution to the various functional areas via staircases and elevators.

On the whole, the new stadium represents a modern sports facility at the beginning of the 21st century. It has been optimised with regard to all international sports associations not only from a sportive point of view. It also represents a multifunctional arena, which, with its additional possibilities for further use, can also be used commercially after the games of 2006.

Swimming Gymnasium

The swimming gymnasium forms the second important module in the Foshan Sports Center. Its architectural shape takes the functional requirements of this type of building into account and receives an own significance without placing the urbanistic dominance of the "Century Lotus Stadium" in asks. Whereas the stadium leaves widely its mark on the urban range the swimming gymnasium is integrated into landscape as a ground stadium. A light and suspended fabric roof rising out of the sports park's terrain serves as the central element of design. Its characteristic folding takes up the architectural expression of the stadium roof which creates an impression of ensemble.

The roof structure grows as a 70 m wide spanned arched work of which horizontal shear is supported by triangle shaped and in steel relieved abutments. In between these pressure loaded constructive modules tensioned valley cables are stretched ensuring the fabric covering's form-stability.

All swimming pools are situated one behind the other being lowered by one resp. two storey heights compared to ground level. The swimming gymnasium is divided clearly into a performance and a leisure swimming area. Between these zones the central entrance hall is located. It forms the joint address for the various groups of persons at whose disposal the stadiums is. Owing to the spacious foyer's arrangement and its double-sided access a separate guiding of spectators, VIP's, members of press, athletes and swimmers is guaranteed.

The stands with seats for 2800 spectators are caught on-grade from above. The VIP stand is arranged centrally. It is accessible on floor –1 by an own entrance. The VIP-zone comprises an entrance area with a visual connection to the gymnasium interior and a lounge on the same level as the performance swimming. Two attractive catering ranges being independent of each other are available to spectators on the one hand and to swimmers on the other. An immediate access from the main entrance or rather from the leisure swimming is ensured.

Underneath the distributing floor the swimming range develops on floor –1 [leisure swimming / heating-up pool] and –2 [performance swimming and high diving]. These areas are connected by grand stairs on which course seating stairs and terraced ranges enable staying. This arrangement creates a natural zoning. Furthermore the performance and the swimming range can be separated by a mobile glass partition.

The uses being on-grade with the swimming zones are opened up to the gymnasium interior by a rotating single-storied glass line. Those concern VIP-lounge, stadium control, timekeeping, press, athletes and changing areas. The Mixed Zone where members of press and athletes meet is located centrally together with press conference and the medal-awarding-ceremony range. There is a visual connection to the gymnasium interior.

The extensive zones for dry land training and wellness are approachable for leisure swimmer and athletes but there are useable independently of swimming operation as well. Also here there is immediate access to the catering.

All facilities regarding performance swimming are designed for national and international sports events. The diving platform supplies all disciplines even the synchronous diving. The process of plunging can be observed by windows in the pool walls. All premises for caches, referees, anti-doping etc. are located in the immediate vicinity of athletes ranges. There are reception and lounge zones for athletes and officials.

济南奥林匹克体育中心

Jinan Sports Center, Jinan, China

■ CCDI中建国际设计顾问有限公司 ■ CCDI

项目概况

项目名称：济南奥林匹克体育中心（2009 第十一届全运会主赛场）

业　　主：山东省济南市城市建设投资有限公司

总建筑面积：35 万 m^2

坐席数量：57000（体育场）、12000（体育馆）、4000（游泳馆）、4000（网球场）

体育场建筑高度：52m

体育场罩棚结构形式：空间折板网架体系

体育馆屋顶结构形式：弦支穹顶

设计单位：CCDI 中建国际设计顾问有限公司

设计总负责：李岩、郑权

建筑专业：宋延斌，刘慧，单蔚颖，金莉，籍成科，初腾飞

结构专业：杨想兵，顾磊，邢民，张志宏，廖新军

设备专业：满孝新，董青，张海宇，刘文捷

设计时间：2005 ~ 2007 年

建成时间：2009 年

建筑摄影：陈溯

现代体育盛会综合了文化、科技、政治、历史、城市等多层因素，使承办城市以及体育场馆成为体现各方期待与梦想的综合载体。为承接第十一届全国运动会而建设的济南奥体中心，用含蓄而现代的方式诠释着历史文化，将城市的期待与梦想舒缓地引入一个半透明帷幕的剧场中。

济南有泉城之称，“山、泉、柳、荷”不仅仅是对其在地理特征和自然植被的概述，同时也是一组有象征意义的精神体现和文化印象。设计师将对于新老城市关系的理解、对历史文化的尊重、对自然形态的讲述以及现代手法的运用，贯穿于规划设计始终，力图在现代建筑语境中抽象演绎，用比较平和自然的建筑造型与结构形式来表现文化意境。

在城市空间发展战略上，奥体中心建筑组群的规划选址突出体现了政府的宏伟愿景和城市东拓的决心。在带状城市中新老城区交界之地，建筑群除了为全运会及赛后的观演及商业提供功能完备的场所设施之外，直接成为推动东部新城发展的催化剂，吸引投资，带动城市建设，促进新城经济，改善人居环境。作为连接南部龙洞片区和北部燕山、贤文等片区的纽带，奥体政务片区大量公共服务、科技产业、居住生活、医疗卫生等城市综合功能带来核心发展动力。在新城发展中，奥体中心将起到重要的凝聚作用，各种完善的设施

1

及景观也将为市民提供一个生活休闲娱乐健身的公共场所。面对规划用地限制和现有政府办公建筑的条件，这组建筑群采用了特殊规整的建筑布局，强调位于新城门户位置的建筑组群与周边现有建筑间庄重的对应关系，在平静与谦恭之中展示体育建筑的气势。

从尊重城市文脉的角度出发，奥体中心设计寻找文化元素，并将其通过建筑手法和结构造型物化表达出来。“柳”与“荷”是从自然生命形态的故事和文化意念中抽象出的母题，成为建筑、结构和功能相互融合统一的媒介。这种仿生形态，在摒弃象征主义的具象结果后，经过一系列调整推演，以一种表达心理诉求的抽象形式呈现在大众面前。西区的主体育场，以轻柔飘逸的柳叶为母题，连续排布形成有韵律的组群，让建筑表皮呈现有节奏的、渐变的叶状肌理，同时单片柳叶的两个折面与叶脊的结构形态演化为外部维护单元与屋面罩棚所形成的连续空间折板体系，有效提升结构的整体性。东区以荷为母题，三个馆形成一个组团，其层叠关系与表皮肌理与西区的整体造型平衡统一。

“轻”对于传统大型体育建筑而言，是较为陌生的主题，设计以此作为奥体中心建筑群的另一个特征。首先，在结构体系选型方面，体育场采用了空间折板网架体系，用钢结构杆件赋予常用于混凝土的折板结构新的意义，既大大降低了用钢量（国内同等级体育场罩棚的 1/2，鸟巢的 1/8）提高整体性，又契合了造型需要，将屋顶结构与叶片表皮连为一体。体育馆则采用了玄支穹顶，用极纤细的杆件和拉索完成 130m 跨度的屋顶支撑，同时减少室内的压迫感。其次，柳叶叶片造型和材料选用，尽量做到薄、细、精、巧、透，让接近和穿行于其中的人们更多体会到空间的流动，并且注重近人尺度细节的人性化设计，弱化体育建筑带来的巨大尺度和厚重感。第三，建筑内部公共空间的塑造也尽力做出同样的引导，比如体育场内部环廊，作为场内外联系的过渡区域，弧线的造型和叶片的连续排布使紧密相间的结构竖杆呈现出向上升腾的轻盈感受。

“半透明帷幕”是该组体育建筑群独特界面效果，提升了建筑整体的观赏性、趣味性和戏剧性。半透明的特质通过每片叶片的材料——穿孔铝板来表达：孔率自上而下逐渐变化，叶片上部突出叶弯处的体积感实面较多、孔率较小；下部为满足通风、采光、视觉等需求而较虚、孔率较大。连续的叶片构成自由呼吸的表皮，丰富建筑肌理，改善空间物理环境。穿孔板的半透明效果，在不同方位营造出迥异的场景和视觉体验。观众在建筑内部可以透过叶片看到远处广场；可以穿梭于叶片落下的斑驳光影，感受到透过柳叶的阵阵微风；可以站在建筑外远观，依稀可见回廊中的各种活动和体育场看台的轮廓，感受整体的气势和体量。

以荷为主题的东区体育馆，由球顶金属屋面及双向空间曲面外围护系统构成，屋面中心有外凸的风帽，整个屋面呈圆球面形；外围护曲面体由 36 个大小花瓣造型和 36 块玻璃曲面体组成，花瓣围绕体育馆排列，规则有序。体育馆的弦支穹顶结构具有较大的竖向刚度及良好的抗震性能，是世界空间结构发展的里程碑和制高点。建筑师和结构工程师通力合作，对弦支穹顶的不同布局方案进行了多次模拟比较，将弦索配以 Kiewitt 型和葵花型混合的单层网壳产生了现在的方案，用极纤细的杆件和拉索完成大跨度屋顶的支撑，这一结构体系再次契合了济南体育中心“轻盈”的设计命题。

济南奥体中心的规划设计以及建造过程是政府管理部门、设计团队、建造人员共同努力的结果。我们期待这座建筑在全运会以及今后的岁月里将发挥长远的功效。

1 济南奥林匹克体育中心全景

2

3

2 体育场实景
3 体育场内景

Modern sport events are combined with multiple factors such as culture, science and technology, politics, history and city, which makes the host city and its stadium a integrated carrier of expectations and dreams of all parties. Jinan Olympic Sports Center under construction for the 11th National Games interprets the traditional culture in an implicative and modern way, and leisurely leads the prospects and dreams of the city into a theater veiled in translucent curtains.

Jinan is known as "Spring City", "hill, spring, willow, lotus" is not only the summary of the city's geographical feature and natural vegetation, but the spiritual representation and cultural impression with symbolic significance. Designers linked throughout the planning and design their understanding towards the relation of the new and old urban area, respect for history and culture, discussion of natural features, and application of modern technique, and tried to abstract and perform these elements in modern architectural shaping, and represented the cultural conception through placid and natural architectural conformation and structures.

In term of the strategic development of urban space, the government's grant vision and decision of expansion towards east was taken into account during the planning and site selection of Olympic Sports Center Complex. At the juncture of the old and new city proper of the strip-shaped city, the architectural complex should, except providing space for audience during or after the National Games, and commercial facilities with complete functions, become the accelerator that promoting the development of new district in the east, attracting investment, pushing urban construction and economy, and improving the living environment. As the link that connecting the Longdong area in south and Yanshan and Xianwen area in north, the administration zone of Olympic Sports Center includes comprehensive urban functions of pubic service, industry of science and technology, inhabitation and livelihood that would bring core development power. During the development of new city proper, the Olympic Sport Center will play an important role of cohesion, various perfect facilities and landscape would provide a public space for people's livelihood, recreation, entertainment and health building. Given the restriction on the planned land and current condition of government office buildings, special neat layout was adopted to this architectural complex to lay stress on the correspondence between the architectural complex located in the gateway of new urban area and the surrounding existing buildings, and present the imposing manner of sport architecture in a tranquil and courteous way.

From the perspective of carrying on the cultural line of the city, cultural elements were pursued in the design of Olympic sport center, and materialized through architectural construction methods and structural modeling. "Willow" and "lotus" are motif abstracted from the story of natural life and cultural ideas, and have become the media that linking the architecture, function and structure. The bionic form was represented in front of the public in an abstract form that expresses the psychological demand through a series of restructure and development after abandoning the symbolic representational result. In the main stadium in west area, gentle flowing willow leaves were taken as motif and constructed into a continuous and metrical group, the appearance of architecture presents the rhythmical and gradually-changed leaf texture, and at the same time, the structure morphology of blade and leaf ridge of a single willow leaf evolves into continuous space folded-plate system by external enclosing unit and roofing canopy, which effectively promotes the integrity of the structure. Lotus is the motif of the east area; three gymnasiums form a group, the multi-layers and surface texture balance and unify the overall shape in west area.

As far as large-scale sport architectures concerned, this design is an unfamiliar motif as another characteristic of the complex of Olympic Sport Center. First, in term of determination of structure system, the stadium adopts space grid system with folded plates, the steel member bars give new significance to the folded plate structure that regularly used to concrete, and greatly reduce the amount of steel consumption(accounting for the 1/2 of the amount cost by canopy of a same-level domestic stadium, and 1/8 of that of the Bird Nest) , improve the integrity and correspond to the needs of structural profile, and bring together the roofing structure and the leaf epidermal texture. The gymnasium adopts suspended-dome, extremely thin robs and cables are used to support a 130m long-span roof, and at the same time, relieve the oppressed feeling of the interior space. Second, the shape and material of willow leaves should be thin, slender, delicate, artful and translucent as far as possible, and enable people who walk near and into the space to feel more variation of space and pay attention to the humanized design of detailed scales, and weaken the massive scale and heavy feeling of the sport architecture. Third, same guiding design were also made by great efforts to the interior public space, for example, the inner circle corridor of the stadium, as a transitional area connecting the inside and outside space, the continuous arrangement of arc shape and leaves give the intensive structural rods a light and graceful upward perception.

"Translucent curtain" is the unique interface effect of this sport architectural complex that promotes the ornamental, interest and theatrical features. The translucent uniqueness is expressed through the material of each leaf — perforated aluminum panels; the porosity gradually varies from top to bottom, and the protuberant leaf crook part has larger solid surfaces and smaller porosity; while the lower part is relatively void with larger porosity to meet the need of ventilation, lighting and vision effect. Continuous leaves constitute a surface with free breath and rich architectural texture that improve the physical environment of the space. The translucent effect of perforated plates creates distinctive scenes and visual experience at different directions. The audience can see the distant square from inside through the leaves; and walk in the blocky shadow left by the leaf-shaped roof, feel the breath of gentle breeze blowing through the leaves; and have a distant and vague view, standing outside the architecture, of various activities inside the circle corridor and the profile of bleachers in the stadium and feel the overall momentum

4

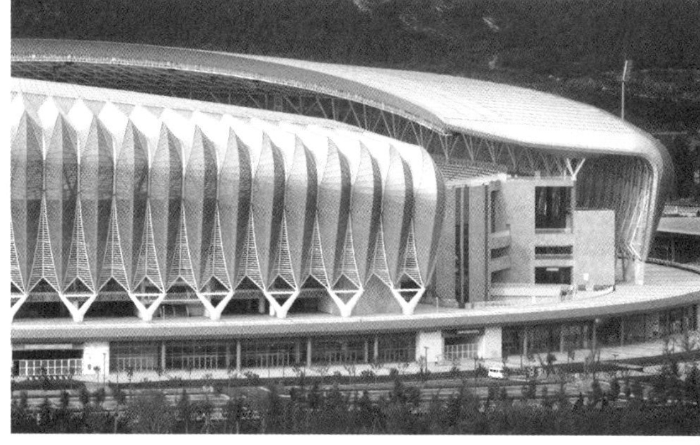

5

6

and dimensions of the complex.

The gymnasiums in east area with lotus motif is constructed by spherical-cap metal roof and bi-direction space curved-surface enclosing system, the center of roof with doming gave the entire roof a sphere surface; the enclosing curved surface comprises 36 lotus petals in different sizes and 36 pieces of curved glass, the petals are arranged around the gymnasiums in a regular order. The suspended-dome structure, higher in vertical stiffness and great in seismic performance, is the landmark and peak point of the development of world spatial structure. Architects and structural engineers worked together achieving the present scheme through multiple simulating comparisons between different layout schemes, and coordination of chords with sunflower single-layer grid shells, a large span roof supported by extremely thin member bars and chords has been realized, this structure system again corresponds to the design proposition of "lithe and graceful" for Jinan Sports Center.

The planning, design, and construction process of Jinan Olympic Sport Center is accomplished by the joint efforts of governmental management departments, designer team and construction workers. We are expecting that the structure will have a long-term effect in the National Games and in the coming years.

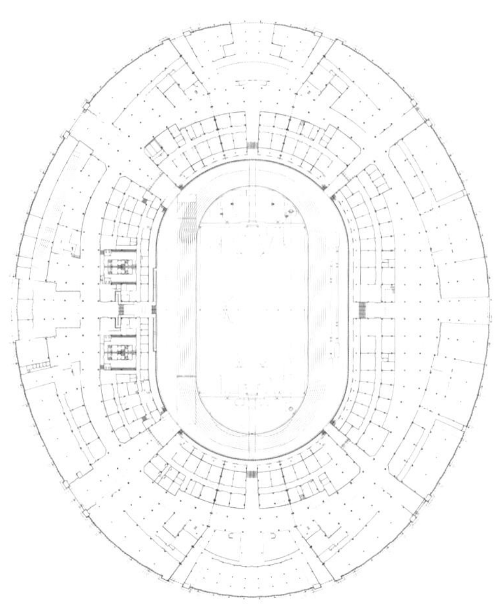

7

4 体育场"柳叶"细部
5 体育场造型局部
6 "柳叶"与基座的连接
7 体育场一层平面

8

9

10

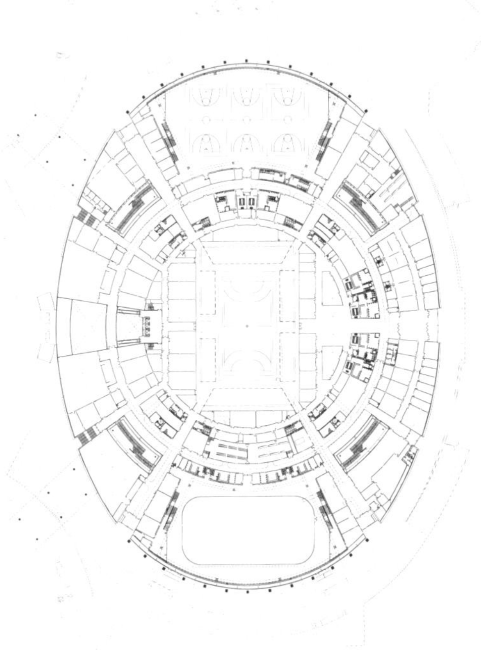

11

8 体育馆实景
9 体育馆内部全景
10 体育馆内部空间
11 体育馆一层平面

12

13

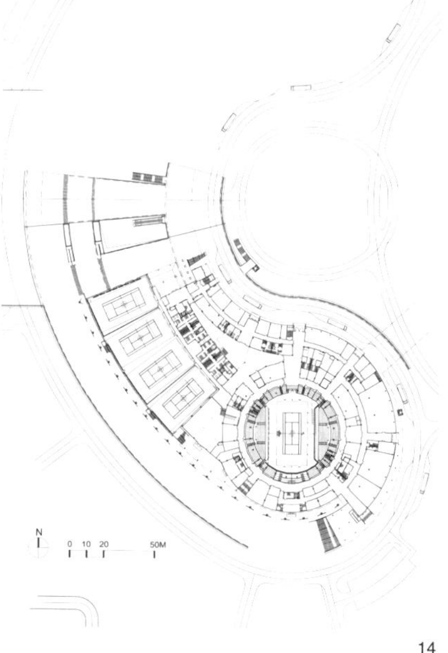

14

12 网球馆鸟瞰
13 网球馆内部空间
14 网球馆一层平面

15

16

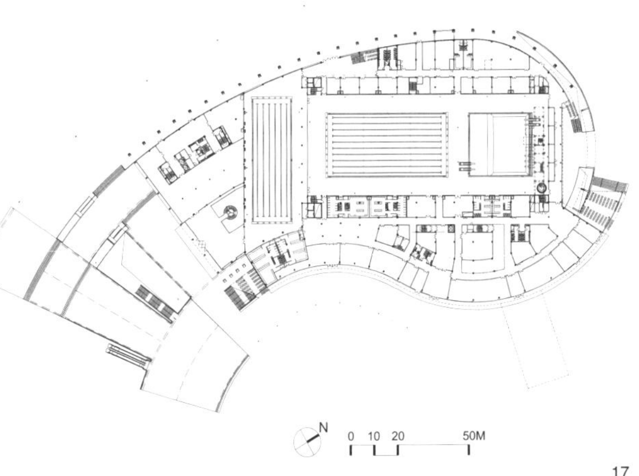

17

15 游泳馆鸟瞰
16 游泳馆竞赛大厅
17 游泳馆一层平面

深圳世界大学生运动会体育中心

Shenzhen Universiade Sports Centre, Shenzhen, China

■ 冯·格康，玛格及合伙人建筑师事务所 ■ gmp

项目概况

项目名称：深圳世界大学生运动会体育中心

业　　主：深圳市工务署，深圳市体育局，深圳市规划局

设计单位：gmp

建筑设计：Meinhard von Gerkan, Stephan Schütz, Nicolas Pomränke

项目主管：Ralf Sieber

设计团队：Christian Dorndorf, Kuno von Haefen, Huang Cheng, Lian Kian, Helge Lezius, Li Ling, Meng Xin, Kathi Mutschlechner, Alexander Niederhaus, Wu Di, Xu Ji, Zhou Bin

基地面积：87hm^2

坐席数量：60000（体育场），10000（游泳馆），18000（多功能中心）

建成时间：2011 年

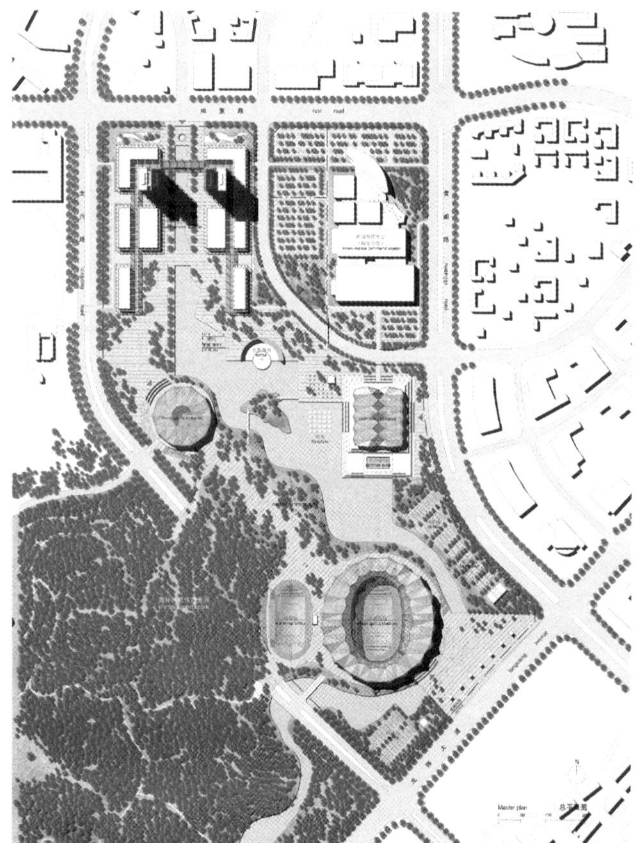

1 总平面

总平面规划

深圳奥林匹克体育新城拥有各种引人入胜的体育活动、居住小区、商业空间和娱乐活动。在新城中心，景观区与城市街区环绕铜鼓岭相互交融。

深圳世界大学生运动会体育中心的设计总体目标是创造出代表世界水平的、具有高度标志性的体育设施。在此基础上，设计的重要任务则是将体育场馆与周边景观和城市格局联系起来。

基地西南面的铜鼓岭是本项目最重要的景观要素。由于“健康大道”可通往绕山而建的各种体育设施，因此，创建通往该区的步行联系非常重要，并且应保证其基本不受任何车行交通的干扰。基于上述构想，我们确立形成了本项目的基本景观要素——将铜鼓岭的山坡延伸到体育中心的建设基地，从而在不同标高上创造出优美的地形。

体育中心的建设基地与健康大道通过步行道相联系，而龙兴路以隧道形式下穿山体。这样，设计完全实现了“休闲带”的设计理念，即利用景观带连接各体育场馆。

基地的 3 座体育场馆呈三角形布局，主体育场坐落在基地南部的山脚下，其北侧为矩形平面的游泳中心，圆形的体育馆位于游泳中心西侧，通过 + 6.00m 标高层上的步行休闲广场与主体育场相联系。

体育综合服务区设在基地的最北端，其中位于人工湖两侧的两座 150m 高的高层建筑成为整个建筑群的收尾之作。建筑通过清晰的几何秩序与服务设施东侧矩形平面的展览中心建立了联系。

人工湖为基地内的核心景观元素，西侧的湖岸形态柔和，东侧则遵循体育馆以东城市街区的矩形秩序。根据总体规划提出的“景观带”的设计理念，水面贯穿基地南北两端，东、西两岸分别设置了篮球场、网球场以及相关的俱乐部会所和其他配套服务设施。

建筑造型

体育中心设计定位于面积广阔的景观公园，并具备传统景观园林的全部特征——水流、植物和树木，代表着花园内的流动和生长，柔和流畅的整体形态烘托出和谐浪漫的氛围，而铜鼓岭作为一种与之结合的景观要素，共同构成和谐的世界。

与代表生长和流动的元素形成对比的是那些代表连续与稳定的元素，它们看上去犹如以岩石和石块形式存在的晶体结构。在中国文化中，岩石在园林景观中总是发挥着重要的作用。传统园林体现的自然韵味成为体育场馆设计的总体基调。

2 全景鸟瞰

体育场馆的外部造型在广阔景观背景的衬托下，仿佛一颗颗巨型水晶，这些富于表现力的体块与柔和的景观造型之间形成了有趣的对话，并使体育中心具有高度的可识别性。半透明的外立面使建筑在夜晚看上去如同巨型的发光体，营造出浓厚的节日氛围和标志性的场所感。

交通系统

交通系统的设计原则是避免步行交通与车行交通在基地内部的交叉。因此，地上车位均沿服务中心及环绕展览中心集中设于基地北部。这一区域共设有 2000 多个车位，便于实现不同功能间最大程度地协同作用，如展览、购物、办公、酒店和体育活动等。

3 座体育场馆的步行出入口均设在 +6.00m 的标高层上；小车和送货卡车的入口通道则在各建筑的地面层上进行组织安排；卸货平台、VIP 下车点等均设在地面层，不会对步行交通产生任何干扰。

穿梭的大巴和出租车可直接抵达各体育场馆的前广场，从而建立了与公共运输系统的联系，尤其是与深惠路轨道交通站的联系。在位于体育场东南侧、沿龙翔路而设的广场上，票务和咨询处均设计为灯柱的形式，为整个建筑群奠定了一种欢迎的基调。

由于主体育场和主体育馆共设 7.8 万个坐席，因此在这两座建筑之间及其周边共规划了 2590 个车位。游泳中心的地面层设有 317 个车位。由于该中心非高峰期的坐席数仅为 3000 个，因此所需停车位的数量相对较小；而在高峰期，则可使用展览中心周边的车位，观众可通过架设在两座建筑之间的人行天桥。

地下车库设在体育服务区以及运动员接待中心，共有 1500 多个车位。由于所有的停车场均可通过周边道路进入，因此核心景观区内除了消防通道外不设任何道路。

主体育场

世界大学生运动会对于深圳和中国而言，是一次引人注目的盛事，尤其象征着中国青年的美好未来。因此，所有的建设性措施并非只是针对本次赛事，同时也为将来的使用作出考虑，而且这些考虑因素在具体的设计中已得到特别关注。因此，体育场被规划设计为一个多功能的场所，可举办各种体育及休闲活动，并且在未来的几十年间，将成为一个世界级的、独特的建筑景观。

所有观众均通过一个抬高的平台（ + 6.00m 标高）走进体育场，并从较低的、不设任何台阶的平台走到自己的座位；中层看台和高层看台可通过设在看台周边的台阶抵达。VIP 区和私人专席可通过 VIP 下车点和单独车位的西侧或地面层抵达，或是从设有 VIP 前厅的 + 6.00m 标高层抵达。各 VIP 前厅通过独立的核心筒进行联系，核心筒内设有相当数量的电梯。VIP 区设在体育场西侧的三层和四层，二层设有服务于普通观众的餐饮区、洗手间以及媒体中心。

观众、VIP、运动员流线与货运流线完全分开，以确保安全、快速的交通以及比赛场地的经济运行。

作为场馆运作的要求，体育场的功能单元必须能为不同场地同时举办的各种活动提供全年运营的有序安排：零售区、休闲绿化区、野餐区、体育活动（如溜冰、划船、网球、排球）、露天赛场、饭店餐厅以及 VIP 区、购物、旅馆与办公区等。所有这些设施可根据功能要求进行分隔或联系，因此可保证场馆全年的正常运营。设计也对未来的扩建开发作了较多考虑，因此具有举办各类运动和文化盛事的可能。

一层（运动员和媒体区）——在地面层，所有与国际橄榄球理事会、国际田联、国际足联等机构相关的功能空间均设在西看台之下。更衣室、热身设施、教练室和所有的媒体室满足国际足联的最新要求。车位、机房、储藏室设在东看台之下。VIP、新闻以及运动设施均可由独立通道抵达。一个标志性的、混合用途的大型区域联系了新闻、VIP 与运动员等各个分区。整个区域的规划可以适应不同大型活动的举办。体育场设有 VIP、新闻、运动员的直达车行通道，包括环绕底层看台而设的各自的下车区。所有与媒体相关的需求均从沿看台敷设的媒体管道系统接入办公区；体育场运行的所有区域设有音响隔离措施，为工作提供了不受干扰的环境。通往比赛场地的宽大的多车通道设在角落处，可以为赛场层的货运提供理想的物流条件。在上述设施周边，设有车位以及设备、机电和存储区。

二层——二层是供观众使用的主要环形通路。餐饮摊档与洗手间及不同的台阶相互交替；VIP 前厅以及新闻评论和工作区设在这一层的西侧。盆形体育场设有 3 种看台，其中两种较低的看台围绕体育场设置；较高的看台则分为两个部分，并遵循体育场圆形的形式沿比赛场地侧面呈波浪形的造型，看上去极富吸引力。设计采用环状的座椅布局，以实现最佳的观看效果及人流的均匀流动和分布。体育场各个部分的观赛条件俱佳，全覆盖的屋顶则烘托出浓厚与热烈的氛围。

三至四层——三层可通过台阶经北、东、南三侧的大型开口或通道抵达。这些台阶将中层看台与沿二层平台布置的各种必要设施联系起来。组织有序的座椅区与 31 条通道联系顺畅，方便观众进出中层看台。中层看台的西侧设有两层的贵宾席与看台。VIP 专席可以为单开间、双开间或三开间，便于调整专席数量与尺寸。私人专席后部设有商业俱乐部区，相关服务可从俱乐部两端供应。这些区域与私人专席一起，为活动主办人和观众提供一流的商业服务。

五层——波浪形的高层看台可通过体育场每侧的 16 个扶梯抵达。高层平台和看台的结构直接与主外立面的主要承重结构相联系。沿平台设有餐饮亭、洗手间及其他必要设施。

容量——体育场的一般容量为 6 万人。设计遵循《国际田径协会联合会手册》、《国际田径协会联合会田径场地设施标准手册》以及国际足联的规定，提出下列座椅数目要求——60000 个观众坐席，500 个 VIP 坐席，350 个观察员坐席，6000 个新闻媒体坐席，2700 个电视和收音机转播坐席，100 个摄影师坐席。

热身场地——热身场地位于主体育场的西侧，通过隧道与一层的运动员区域相联系。热身场地充分利用西侧山体的地势，3000 座的坐席区与其自然结合、融为一体，因此没有额外的结构需要。

主体育馆

体育馆也同样被设计为一个多功能的场所，可举行室内运动比赛、溜冰、大型表演、公众集会与小规模展会等活动。与体育场和游泳中心相似，体育馆基本由晶体状的外立面、具有高度表现力和标志性形象的屋顶构成。通往体育馆的主入口同样也设在 +6.00m 标高层上，在这里，人们从晶状体块之下走过，并穿过三角形的玻璃幕墙，然后抵达前厅。

前厅的外立面朝向花园，因此采用了透明与半透明的幕墙。体育馆上方的屋顶除了一个圆形的天窗外均为黑色，在举办需要人工照明的活动时，可将天窗遮住，以保证良好的灯光效果。

一层——VIP 下车点位于地面首层南侧，即二层主平台之下，并与停车场直接相连，从下车点可通往 VIP 前厅，通过电梯直达三层的 VIP 环形专席。比赛场地北侧的运动员、演员等入口可通往更衣室、洗手间、淋浴室，经由位于四角的入口门后到达比赛场地。除运动员与 VIP 设施之外，一楼还设有机房和储藏室以及外围的 139 个车位。环形车位区可从设于龙兴路上的独立入口抵达，而不干扰步行出入人流。

二层——在主平台层上沿低层看台周边设有洗手间、餐饮亭、服务台与售票台。

三至四层——以玻璃幕墙将一段段台阶与前厅分隔开，这些台阶可通往三层的 VIP 区域及四层的高层看台。VIP 专席完全环绕赛场，观看在中央区域进行的赛事和表演时享有良好的视野。独立电梯可抵达专席后部的 VIP 俱乐部，这些电梯还将本层与一层的下客点联系起来。通过高层看台的平台可以通往高层看台及餐饮亭和洗手间。一段段的台阶则通往坐席区的 22 个入口门。

容量与运营——主体育馆内的坐席容纳能力视不同功能而决定。固定座位的数目如下：高层看台 6100 个坐席；低层看台 8400 个坐席；VIP 座位 750 个；媒体座位 250 个。低层看台的前 5 排为移动座位，共计 1225 个。如果这些坐席完全坐满观众，相应的赛

3

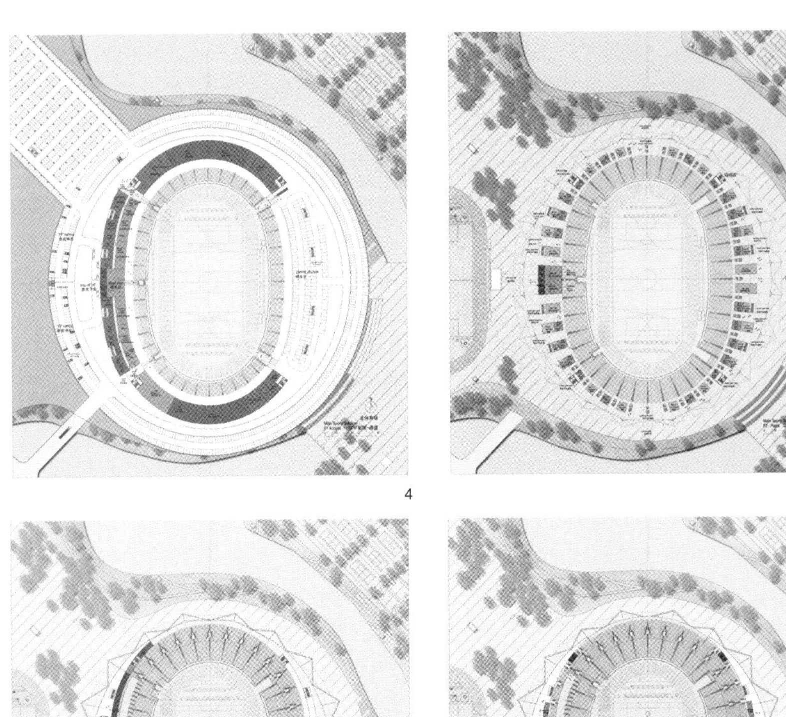

4

5

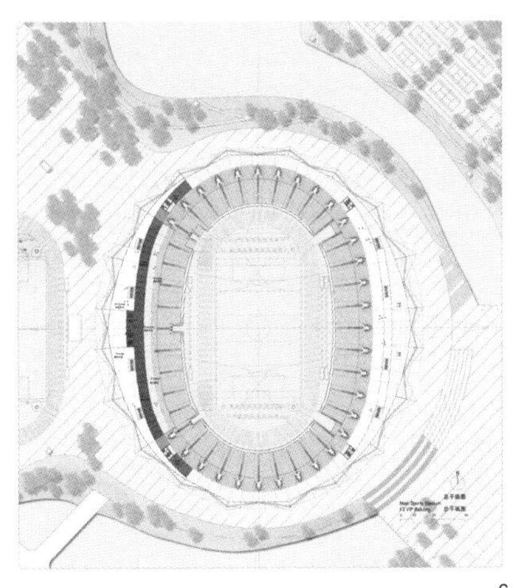

6

7

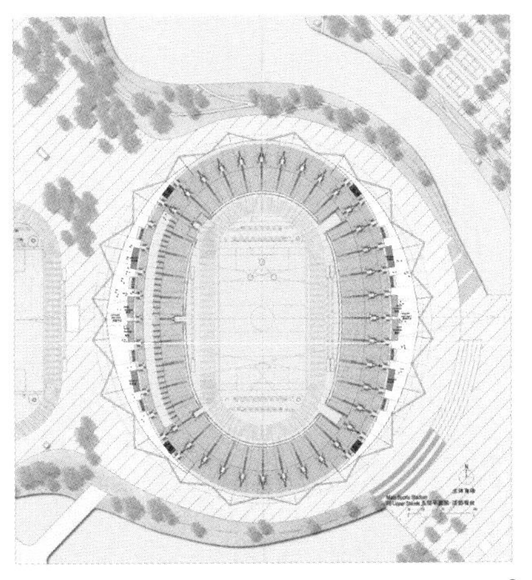

8

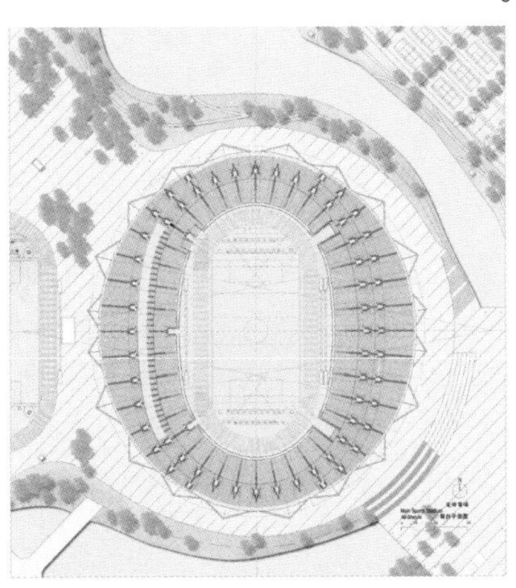

9

3 体育场剖面图
4 体育场一层平面图
5 体育场二层平面图
6 体育场三层平面图
7 体育场四层平面图
8 体育场五层平面图
9 体育场看台平面

10

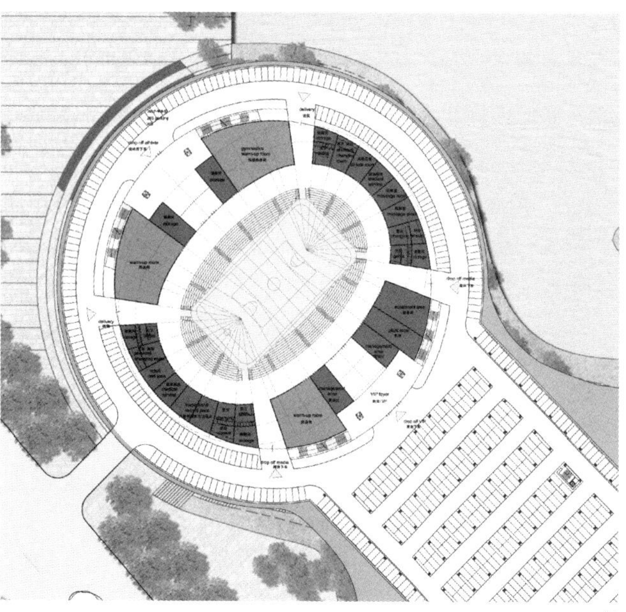

11

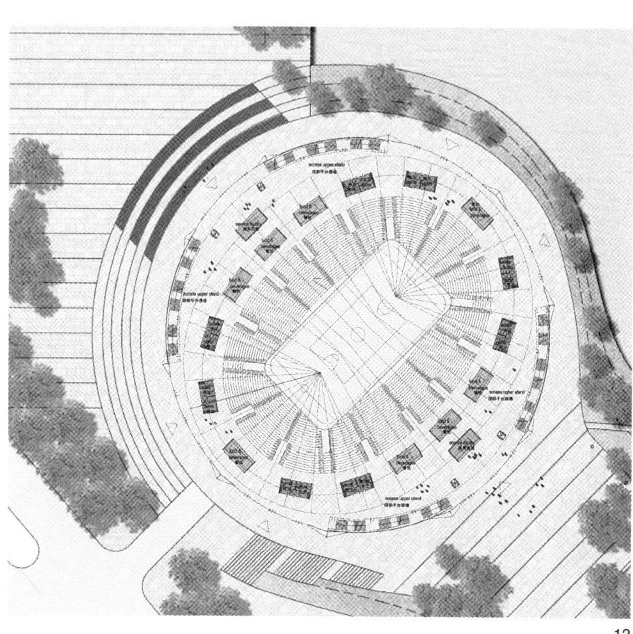

12

10 体育馆剖面图
11 体育馆一层平面图
12 体育馆二层平面图

场面积也足够举行冰上曲棍球比赛。主体育馆的成功运营很大程度上取决于其功能的灵活性。因此，设计中极为重要的一点就是保证能够在馆内安装舞台设备（如从屋顶的钢结构上悬挂而下的音响和照明设备等）。不同活动的相关容量如下：带前舞台的音乐会最多可容纳 15325 个坐席；带中央舞台的音乐会最多可容纳 17925 个坐席；网球赛最多可容纳 17125 个坐席；篮球赛最多可容纳 17625 个坐席；会议最多可容纳 16225 个坐席；冰上曲棍球赛最多可容纳 16725 个坐席；拳击比赛最多可容纳 18925 个座位。

游泳中心

游泳馆设计重点考虑了其功能要求及晶体状的总体建筑外观。由于游泳馆位于黄阁路和展览中心南街之间的三角形交叉点上，设计采用矩形的平面形式以便与整个城市设计统一。与其他场馆一样，游泳馆的主入口也设在 +6.00m 的标高层上，以便将车行交通和内部交通与公共流线区分开来。

该馆屋顶为跨度 100m、以三角形折叠表面为特色的钢结构。由于采用双层聚碳酸酯垫层这一保温隔热材料。使馆内的大部分空间可避免产生眩光。

馆内设有 1 个标准泳池（25m × 50m）、1 个训练池（25m × 25m）。位于二层（+ 6.00m 标高）的前厅区可从东面和西面抵达，因此游泳馆建筑既可作为整个体育中心的一个组成部分运营（西侧入口），又可利用其在城市一侧的入口（东侧）独立运营。

游泳馆设计的难点在于处理旺季和淡季的容量差别。为此室内设计了 3 个相继向上的看台，其中低层看台约有 3000 个固定坐席，而另外 2 个高层看台则设计为预制钢结构的临时坐席区（7000 座）。看台采用倾斜式的坐席布置，每个坐席区设有 9 排。坐席避免了视线的遮挡。此外，VIP 和裁判看台设于中央，包括 50 个普通 VIP 坐席和 12 个主席座位以及满足需要数目的裁判坐席。

一层——泳池区设在一层，泳池两侧设有淋浴室、更衣室和洗手间，专供运动员使用。另外本层还设有运动员与 VIP 休息室、会议及办公用房等。泳池区的直接入口处采用全玻璃外立面，以保证这些区域可以从屋顶天窗获得足够的自然采光。VIP 下车点和货运通过周边的小车道实现，这些小车道附设了相应的车位。裁判和 VIP 人群通过连续的台阶进入相应的坐席区，在泳池两侧区域设有服务这两组人群的独立入口。

二层——二层为公众入口区，设有前厅、票务和咨询台。每个前厅的两侧设有独立的餐饮摊档以及服务公众的淋浴室、更衣室和洗手间，以确保运动员设施和公众设施的独立运行。

淡季的运营策略——当临时的高层看台被拆除后，低层看台两侧就会留出大片的空地和相应的净空。淡季时可设置有植物配置的休养区，包括休闲区、儿童游乐区以及用于沙滩排球的人工沙滩等。这些设施与可俯瞰整个体育场馆的室外泳池共同创造出能够满足多种需要的、优美的游泳和休闲场所。

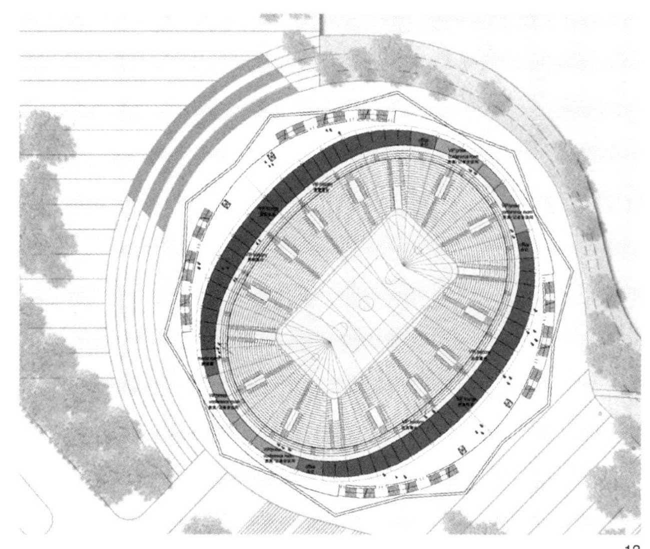
13

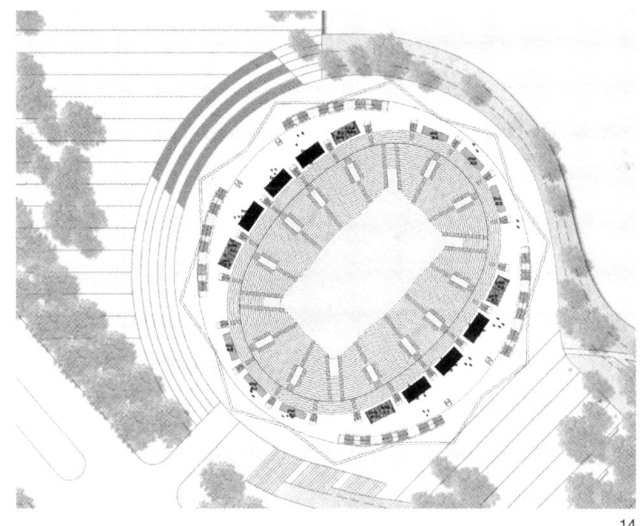
14

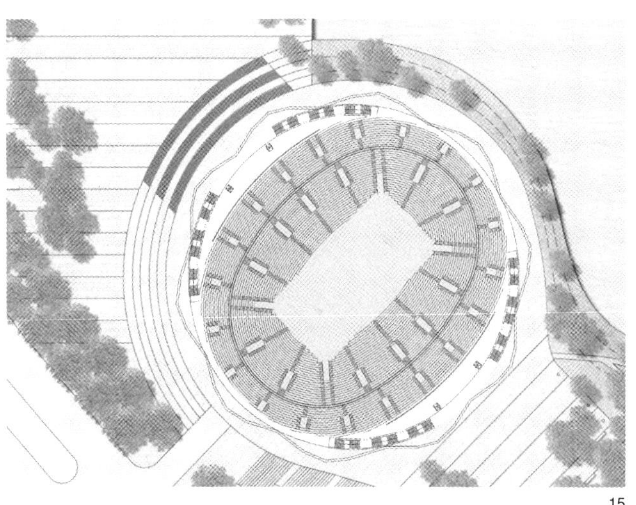
15

13 体育馆三层平面图
14 体育馆四层平面图
15 体育馆看台平面

体育服务区和运动员接待中心

体育服务区和运动员接待区设在一个整体的建筑群中，共有6个独立建筑体块。其中北侧的两栋高层建筑之一作为运动员接待中心，可容纳300间客房和其他必要的服务设施；另一栋为办公大楼。两座高层建筑共同构成了通往体育中心北侧门户。建筑群的南端为一个多功能训练中心，总建筑面积约为1.2万m^2。

这一区域的建筑之间以玻璃通道相互联系，所有建筑的共同特征——高大的骑楼成为整体建筑群标志性的造型元素。由于采用规则柱网，这些建筑可灵活用于商业零售、娱乐和餐饮等用途。骑楼空间与室外露天广场产生对话，接待中心的长形水轴与体育中心的人工湖相互呼应，在保持自身个性的同时也成为一个和谐的整体。

Master plan

Shenzhen Olympic Sports New Town offers a highly attractive variety of sports activities, residential quarters, commercial spaces and recreational activities. Landscape areas and urban quarters merge into each other around the Tong Gu Ling Hill in the centre of the New Town.

It is the overall target of the design to create sports facilities of world class standard with a highly iconic character. Beyond that, it is of overall importance to link the sports complex with the surrounding landscape and urban structures.

The predominant landscape element is the Tong Gu Ling Hill to the South West of the site. Since the "Healthy Strip" provides access to different sports facilities around the hill, it is important to create a pedestrian link to this area which basically remains unconstrained from any vehicular traffic. This target leads to the basic landscape features of this project: the extension of the slope of the Tong Gu Ling Hill to the site of the sports centre which creates an attractive topography on different levels.

The site of the Sports Centre and the Healthy Strip are linked by pedestrian walkways whilst the Long Xing Road runs underneath the Hill in a tunnel. That way, the idea of the "recreational belt" which interconnects the sports facilities by a landscape strip is fully implemented in the design.

The main sports stadium is located to the foot of the hill in the South of the site. All the three sports facilities are placed in a clear geometrical order which follows a triangular shape. For this reason the swimming complex is located to the North of the stadium where it corresponds with the rectangular intersection of Huangge Road and the South Street of the Exhibition Centre. To the West of the rectangular swimming complex where the circular main sports complex is located, is linked to the main sports stadium by a raised promenade on level +6.00 m.

The sports service complex in the very North of the site forms a gate like ending of the complex by two high rise buildings of 150 m height. It is located to both sides of the water. The clear geometrical order of this complex is related to the rectangular shape of the Exhibition Centre to the East of the Service Complex.

All the sports facilities are linked by an artificial lake with a naturally soft-shaped West shore and an East shore following the rectangular order of the urban quarters to the East of the sports complex. The water surface extends from the very North of the site to the very South following the idea of the "Landscape Belt" proposed by the "Overall Master Planning Design".

The artificial lake is designed as the core element of the landscape. It attracts people by different features such as boat driving, concerts and performances on a lake side stage, fountains etc. The shores are designed in a differentiated way: soft shaped and with lush green vegetation or with a hard pavement and stairs which invite people to sit down and enjoy the landscape. Within the lake, there is an island which can be accessed by bridges so that people can cross the lake from one shore to the other in order to allow an efficient circulation on site. A pleasant acoustic background is produced by fountains which are illuminated at night time in order to create a festive atmosphere. To the East and to the South shore of the lake, there are basketball fields as well as tennis courts with corresponding club houses and other service buildings.

The Architectural Appearance

In order to create a strong identity for the entire complex, it is imperative to produce a similar appearance of the three sports facilities. The understanding and interpretation of what an icon is or what it represents is a multifaceted one. It should be related to cultural roots and it should produce a cultural connotation.

The entire complex is designed as a broad landscape park with all features of a traditional landscape garden: water stretches as well as plants and trees represent motion and development within the garden. The soft and smooth shapes create a harmonious and romantic atmosphere. The Tong Gu Lin Hill as an integrated landscape element belongs to this world of harmony.

In contrast to those elements which represent development and motion, there are those ones which represent continuity and stability. Those elements appear as crystalline structures in form of rocks and stones. In the Chinese culture, stones play one of the most important roles within gardens and landscapes. This perception of nature which is implemented in traditional gardens is the basis of the design for the Shenzhen Universiade Complex.

The expressive character of the stadiums reminds of giant crystals in a broad landscape. The dialogue of these expressive objects with the soft shape of the landscape creates an unmistakable image to the sports centre. The translucent facades appear as giant light objects during night time which produces a highly festive and representative character.

The Main Sports Stadium

All spectators will approach the stadium from a raised platform (+6.00 m) accessing their seats from the lower concourse without additional staircases. The middle stands and the upper stands will be reached by staircases which are located continuously around the stands.

The VIP areas and private boxes will be accessed separately

from the West side either from the ground floor where the VIP drop-off and an individual parking lot is placed or from the +6.00 m level where an additional VIP lobby is located. The different foyers for VIP's are linked by separate and independent cores containing a necessary number of elevators. VIP areas are placed on level 03 and 04 on the West side of the stadium whilst level 02 contains food and beverage stands, restrooms for public spectators as well as a media centre on the West side underneath the VIP area.

The middle stands are reached by spacious flights of stairs, whilst the upper stand is reached by regular staircases. The access to the building itself takes into account the different modes of transportation, the different categories of spectators and the different events, especially the Universiade Games.

Spectators, VIP athletes and deliveries are completely separated in order to ensure a save and quick access and at the same time a cost-effective operation of the venue.

The Universiade Games are a spectacular event for Shenzhen and the People's Republic of China. This festival will symbolize a fascinating future especially for the youth of the country. Therefore, all constructive measures are planned not only for this event but also for the future use where special attention has been made in the design process. Therefore, the stadium was planned as a multi-functional venue for all kind of sports, soccer, culture, leisure activities representing a unique world attraction in the following years and decades.

As an operational requirement, the functional units of the stadium must logically offer an arena with year-round operations for simultaneously occurring events in the different venues: retail areas, green spaces for recreation, picnic, and sports activities like skating, boating, tennis, volleyball, outdoor amphitheatre, restaurant and VIP areas, shopping, hotel and office areas. All theses facilities can be separated and connected according to the function so that a year-round operation is secured. Future developments can be easily adapted so that unlimited possibilities for athletic and cultural events can be provided.

Level 01: players and media: On the ground floor, all IRB, IAAF and FIFA relevant functions are located under the Western stands. Change rooms, warm-up facilities, coaching rooms and all media rooms meet all latest FIFA requirements. Parking lots, plant and store rooms are placed underneath the Eastern stands. The VIP, press, and athletics facilities are accessed separately. A large and representative mixed zone connects the press, VIP and players areas. The entire area is planned in a way which offers the opportunity to hold different major events. Direct vehicle access for VIPs, press, players and media is provided including separate drop-off zones around the lower stands. All media-related needs are fed directly into the office areas from the media duct system that runs along the tribunes. Acoustical buffering from all areas of the stadium operation provides a disruption-free environment for work. The spacious, multi-vehicle accesses to the playing field are located in the corners of the playing field and allow a logistically ideal situation for deliveries to the Sports field level. All around the above mentioned facilities, there are parking lots as well as MEP and storage areas.

Level 02: Level 02 serves as the main access ring for the spectators. Food and beverage stands alter with restrooms and different stairs which are leading up to the middle and to the upper stands. The VIP foyer as well as the press accreditation and working area is placed on the West side of this level. The stadium bowl consists of three stands of which the two lower ones run all round the stadium bowl. The upper stands are divided into two parts and since they follow the circular form of the stadium they are waved along the lateral sides of the playing field. That way, a highly attractive shape of the stadium is produced from outside as well as from inside. A ring seating organization is laid out for optimal viewing as well as for even circulation and distribution of the people. The arena offers supreme viewing conditions in all parts whilst the complete covering of the roof creates a dense and intense atmospheric feeling.

Level 03 / Level 04: Level 03 is accessed by flights of stairs through large openings (gateways) on the North, East and South side. These flights of stairs link the middle stand with the necessary facilities placed along the concourse in Level 02. The organized seating blocks connect smoothly to the 31 gateways allowing easy entrance and exit to the middle stand. On the West side of the middle stand, there are the VIP boxes and balconies on two levels. The boxes could be single, double or triple units in order to increase or reduce their number and size. Towards the back of the private boxes, a business club area is placed which is catered from the two ends. These areas can be combined with the private boxes, offering attractive business facilities for sponsors and individual tenants.

Level 05: The waved upper stand is accessed by 16 staircases on each side of the stadium. The construction of the upper concourse as well as the stands is directly connected to the main load-bearing construction of the façade. Along the concourse, there are kiosks for food and beverage as well as restrooms and other necessary facilities.

Capacity: The regular capacity of the stadium is laid out for 60,000 persons. Since the design should follow the National Association of Athletics Federation Handbook and the International Association of Athletic Track and Field Facilities Handbook, in particular to the FIFA Association, the following number of seats is required: 60,000 spectator seats; 500 VIP seats; 350 observer seats; 6,000 seats for media and press; 2,700 seats for TV and radio; 100 seats for photographers.

The Warm Up Arena: The warm up arena is located to the West of the main sports stadium. It is linked by a tunnel to the athletics area in F1. Due to the topography of the hill West of the Arena the seating area with 3,000 seats is naturally integrated in the slope of the hill so that no additional construction is necessary.

The Main Sports Complex

The Main Sports Complex is designed as a multifunctional

16 游泳馆剖面图

16

arena for indoor sports competitions as well as for ice-skating, mega-performances, social gathering and small-scale exhibition shows. Like the stadium and the swimming complex, the architectural is basically determined by the crystalline façade and roof appearance with its highly expressive, iconic impression. The main access to this complex is again located on the +6.00 m level where people pass underneath the crystalline object through triangular glass façades in order to reach the foyer.

Whilst the foyer façades are orientated to the garden and therefore transparent and translucent respectively, the roof above the arena is dark except for a circular skylight which can be blacked out for such events which require artificial light.

The building consists of an upper stand (level 04), a VIP ring (level 03) and the lower stands on level 01 and level 02.

Level 01: The VIP drop-off is located underneath the main concourse on level 2 on the South side of the ground floor. It is directly connected to the parking area which extends from the main sports complex to the stadium. The drop-off leads to a foyer for VIPs where elevators provide access to the VIP ring on level 3. To the North of the playing field, there is the entrance for athletes, performers, etc. This entrance leads to the changing-, rest- and shower-rooms and furthermore to the playing field through gateways which are located in the four corners. Beyond the facilities for athletes and VIPs, the ground floor is occupied by plant- and storage-rooms as well as by an outer ring of 139 parking lots which are placed underneath the bases of the building. This ring is accessed by a separate entrance from the Long Xing Road which does not interfere with the pedestrian access.

Level 02: The main concourse locates restrooms, kiosks for food and beverage, information desks and ticket counters around the lower stands.

Level 03, Level 04: Flights of stairs – one above the other – which are separated from the foyer by fire-rated glass facades lead up to the VIP area on level 03 and to the upper stands on level 04. The VIP boxes surround the playing field completely and provide excellent views to the events and performances in the central area. The corresponding foyers and VIP club area behind the boxes is accessed independently by elevators which connect this level with the drop-off area on F 1. The upper concourse provides access to the upper stands as well as food and beverage kiosks and restrooms. Flights of stairs lead to 22 gateways to the seating area.

Capacity and Operation: The capacity of seats within the Main Sports Complex depends on the different functions. The number of permanent seats is as follows: upper stand: 6,100 seats; lower stand: 8,400 seats; VIP seats: 750; media seats: 250. The first five rows of the lower stand are movable seats with a total number of 1,225. In case that this seating are is fully occupied, the resulting playing field is sufficient for ice-hockey matches. The success of the Main Sports Complex in terms of operation depends very much on the flexible use for many different events. Therefore, it is imperative to provide the possibility of the installation of stage equipment like sound and lighting equipment which is suspended from the steel construction of the roof. The resulting capacities for different events and activities are as follows: concert with front stage: maximum 15,325 seats; concert with centre stage: maximum 17,925 seats; tennis: maximum 17,125 seats; basketball: maximum 17,625 seats; conference: maximum 16,225 seats; ice hockey maximum 16,725 seats; boxing: maximum 18,925 seats.

The Swimming Complex

The swimming complex forms the third important module of the Shenzen Universiade Sports Centre. Its architectural design takes into account the functional requirements of this type building as well the overall architectural appearance of the crystallic volumes in the park.

Due to its position at the rectangular intersection between Huangge Road and the South Street of the Exhibition Centre, the rectangular form of this venue appears highly integrated in the entire urban design.

Like in the other venues, the main entrance to the swimming complex is located on the + 6.00 m level in order to separate vehicular and internal traffic from the public circulation.

The roof structure grows as a 100 m wide span, a steel construction with folded surfaces of triangular shape. The double layered polycarbonate cushions on the roof provide insulation against the outdoor climate. Due to the polycarbonate material, the hall's interior is extensively free of irritating dazzling by sunlight.

All swimming pools are situated one behind the other consisting of one standard pool (25 x 50 m) and a heated pool for relaxing and training purpose (25 x 25 m). The foyer areas on F 2 (+ 6.00 m) can be accessed from the East as well from the West side. For this reason, the building can be operated either as an element within the sports park (West side) or separately with its own access from the city (East side).

The foyers to both sides offer views to both pools so that orientation is clear and simple within the building. The ticket disposal and controlling occurs within the foyer.

The particular challenge of the swimming complex is the difference between the peak season and the off-peak season capacity. For this reason, three stands one above the other are planned of which the lower one with a capacity of roughly 3,000 seats is planned as a permanent seating area whilst the two upper stands serve as temporary seating areas (7,000 seats). They are planned as a prefabricated steel construction similar to a scaffolding.

The stands are planned as a sloping seating arrangement of 9 rows each. All seats are free of any sight line obstruction. Additionally, a VIP and referee stand is arranged centrally with 50 regular VIP and 12 chairman seats as well as the necessary number of seats for referees.

Level 01: The area of the swimming pools is located on level 01. To both sides of the swimming pool, a shower and changing rooms as well as the rest rooms are placed. These facilities serve for the athletes exclusively. Additionally, there are lounge areas for

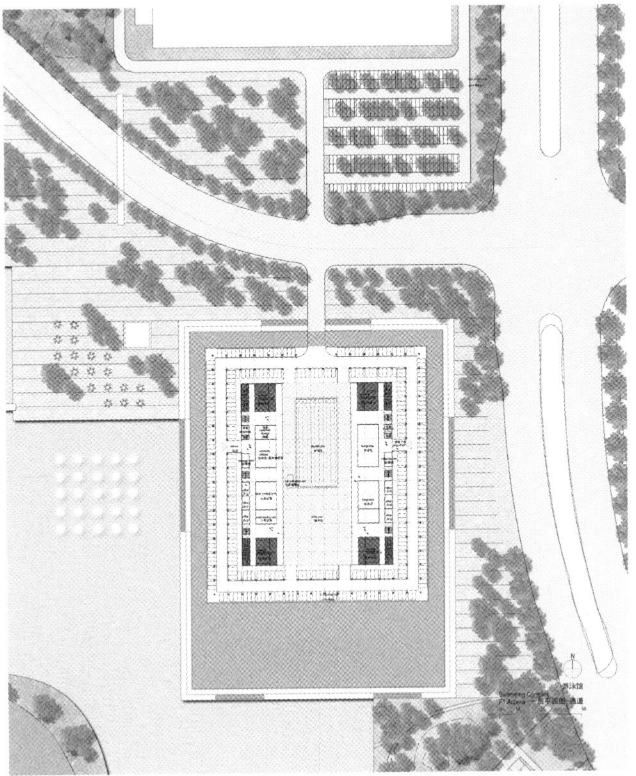

17

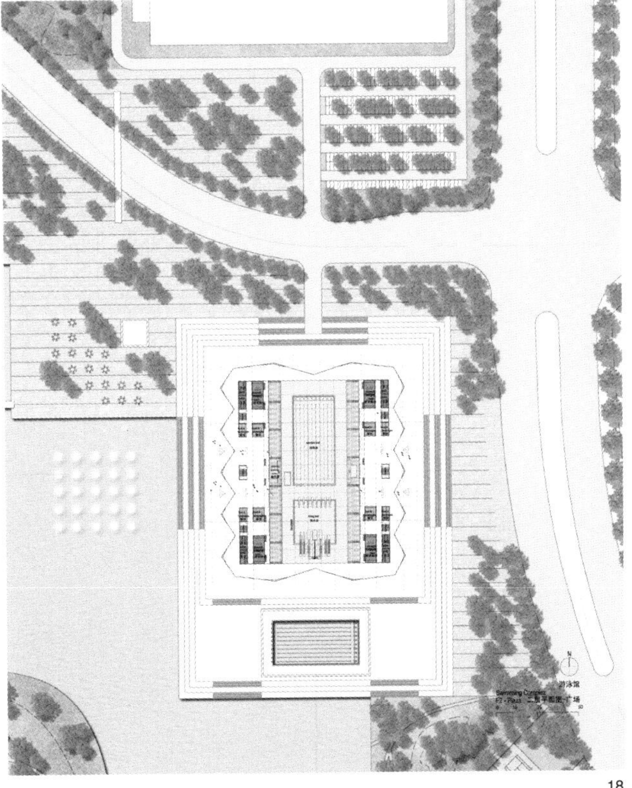

18

17 游泳馆一层平面图
18 游泳馆二层平面图

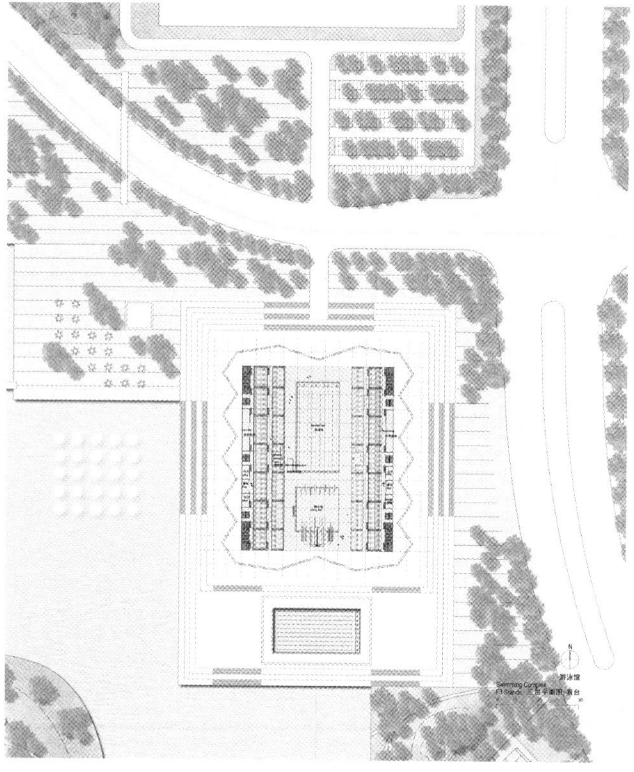

19

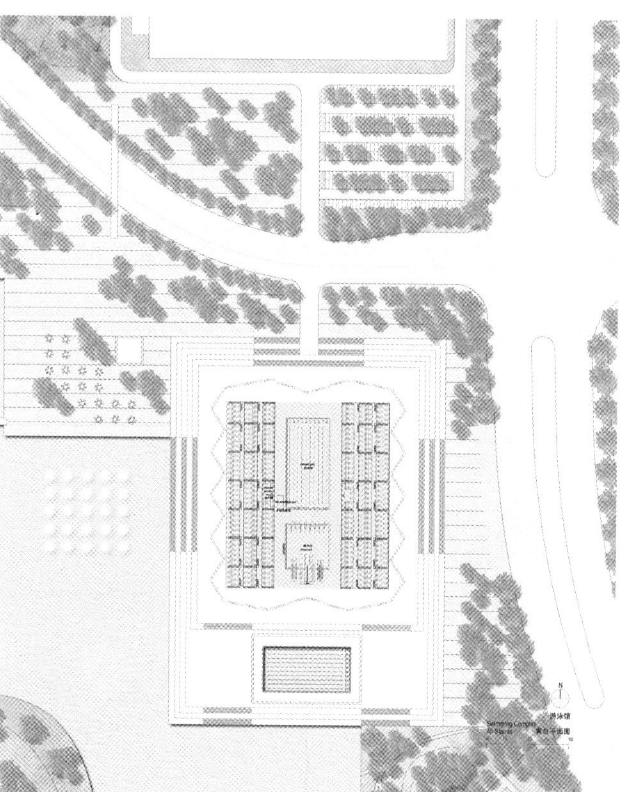

20

19 游泳馆三层平面图
20 游泳馆看台平面

athletes and VIP, large and small meeting rooms as well as offices. The direct access to the swimming pool area occurs via fully glassed facades so that these areas receive sufficient daylight from the skylight on top of the roof.

The VIP drop-off as well as delivery occurs from the surrounding car lane with corresponding parking lots. Both groups, referees as well as VIPs, access the corresponding seating area through straight flights of stairs so that an independent access for both groups is organized to both sides of the swimming pool area.

Level 02: Level 02 serves as public entrance area with foyer, ticketing and information desks. To both sides of each foyer, there are independent food and beverage stands, as well as shower-, changing- and restrooms for the public in order to guarantee an independent operation for athletes and public.

Operating during off-peak season: In case that the temporary upper stands are removed, a broad area to both sides of the lower stands with a corresponding generous height is produced. The operation concept during the off-peak season provides a leisure area with plants, relaxing areas, playing areas for children, artificial beaches for beach volleyball, etc. Together with the outdoor pool which is overlooking the entire sports complex, a highly attractive swimming and recreation venue is produced which fulfils multiple needs.

The sports service quarter and the athletic reception centre

Both facilities are integrated in an entire complex consisting of six independent blocks of which the Northern ones contain two high-rise buildings of roughly 150 m. One of the high-rise buildings is used as the athletic reception centre providing enough space for 300 guest rooms as well as other necessary service facilities. The other high-rise building is used as an office tower. Both high-rise buildings together serve as the Northern gate to the new Shenzhen Universiade Sports Centre.

The high-rise buildings as well as the low-rise buildings of the quarter are connected by a glassed passage which follows the grid of 8.4 x 8.4 m. All the buildings are characterized by lofty arcades which provide a generous and representative appearance to the quarter. Due to the regular grid of the buildings, the complex can be used in a highly flexible way for retail, entertainment and food and beverage facilities.

The arcades are linked to the outdoor plaza which is determined by squares of different size with trees and plants so that people are invited to spend the leisure time here by outdoor dining and other activities. The longish water axes in the centre is connected to the artificial lake of the sports centre so that both quarters have their own architectural identity on the one hand but appear like an entity in terms of urban design on the other hand. To the very South of the complex, there is a multi-purpose training centre with a gross floor area of roughly 12,000 square meters. A regular grid of 8.4 m allows a highly efficient arrangement of parking lots in the basement of this complex. This basement parking is accessed by entrance and exit ramps to the East and to the West.

杭州奥林匹克体育中心

Hangzhou Olympic Sports Center, Hangzhou, China

■ NBBJ建筑设计事务所 ■ NBBJ

项目概况
项目名称：杭州奥林匹克体育中心
业　　主：杭州市奥体博览中心建设有限公司
设计单位：美国 NBBJ 建筑设计事务所
　　　　　CCDI 中建国际设计顾问有限公司
用地面积：$40hm^2$
建筑面积：22.9 万 m^2
体育场坐席数量：80000
体育场坐席层数：3
体育场建筑高度：40m
体育场屋顶结构：斜拉钢桁架（Steel truss & cable supported）
项目经理：Robert Mankin, AIA, LEED AP（NBBJ），胡晓明（CCDI）
建筑设计：Beom-Seok Suh, KIA（NBBJ），刘慧（CCDI）
结构设计：CCDI 中建国际设计顾问有限公司
设计时间：2009 年
建成时间：2012 年（预计）

像中国的其他城市一样，杭州正经历着快速的城市变化。尽管历来杭州是以西湖为中心发展，但是在工商业良机的带动下，城市开始向钱塘江沿岸地区扩展。新的建设在过去的十年里将城市面积扩大了 3 倍，形成一个折中的、超现代的城市结构，这一结构尽管规模巨大，但在公共场所建造方面却模糊不清。

NBBJ 建筑公司与中建国际设计（CDDI）联手合作设计了杭州奥林匹克体育中心——一个充满活力的、以行人为本的、位于杭州都市化热潮中心的娱乐开发区。体育中心位于钱塘江滨江区域，约 $40hm^2$，设计目标是创造一个葱翠繁茂、风景如画、可持续的公共场所。

设计概念延引自附近河流三角洲的几何构型，流畅的地形是组建这个场地的首要方式，它限定了通行范围并使各种活动聚集。场地可以为徒步者创造不间断的步行体验并将体育活动和商贸活动结合起来，同时在位于场所东端和西端的两个主要的交通枢纽之间形成了一条清晰的通行路线。

1　体育中心鸟瞰

2 体育场近景效果

2

这个场所由3个活动层构成。一条连接主运动场和网球联赛等设施的地面平台形成“体育林荫大道”。在地面，步道、花园和广场共同构成了一个公共娱乐活动网，在这里可以举行各种极限运动和另类运动。下沉空间和庭院通向一个宽敞的地下零售设施，那里建有许多小商店、饭店和一个多厅电影院。

场地最主要的建筑就是8万座的运动场。这个奥林匹克赛场规模的设施将成为杭州市首要的运动场馆，同时也是在未来十年内国内计划建造的最大运动场。这个运动场外壳的几何形状取自于生长在杭州西湖岸边的安详的植物群图解，旨在沿着快速发展的钱塘江滨江区域建造一个强烈的、独一无二的建筑形象。运动场的碗状形态和结构与外壳共同构成一个独特的聚集场所并为市民提供了一种独特的通行体验。在运动场的北端，开放性的碗状坐席区域能够尽览长岸边风景，并将运动赛事与杭州市连接起来。

Like many cities in China, Hangzhou is undergoing rapid urban change. While the city center had historically developed around the West Lake area, opportunities for industry and commerce have shifted the city's expansion towards the Qian Tang riverfront. New construction has tripled the city's size in the past 10 years leaving behind an eclectic, hypermodern architectural fabric that is powerful in scale, yet nebulous in terms of public place making.

NBBJ, in collaboration and partnership with CCDI, have designed the Hangzhou Olympic Sports Center: A vibrant, pedestrian-centric recreation development located in the midst of Hangzhou's urbanization frenzy. Situated on the Qian Tang riverfront and encompassing a site of approximately 400,000 square meters, the sports park is seen as an opportunity for creating lush, picturesque and sustainable public spaces that are often elusive in the newly constructed context.

Drawing conceptually from the geometries of the nearby river delta, the flowing forms of the landscape planning are the principal means of organizing the site, defining circulation and concentrating activities. The site is designed to create a seamless pedestrian experience that weaves together sports and commercial programs while forming a clear path of circulation between two planned major transportation hubs on the east and west ends of the site.

The site is composed of three layers of activity. An above-grade platform defines the 'sports boulevard,' which links together programs such as the main stadium and tennis tournament facilities. On the ground level, pathways, gardens and plazas form a network of public recreation activities designed for alternative and extreme sports. Sunken spaces and courtyards lead to an extensive below-grade retail facility containing boutique stores, restaurants and a multiplex cinema.

The primary architectural element on the site is the 80,000-

3

seat stadium. The Olympic-sized facility will be the premier sports venue for the city of Hangzhou, and is currently the largest stadium planned for construction in China for the next 10 years. The stadium's exterior shell geometry draws from the serene flora iconography found on the banks of Hangzhou's West Lake in order to create a powerful and unique image along the fast-growing Qian Tang riverfront. The stadium bowl program and structure are coordinated with the exterior shell to create a unique concourse and circulation experience. On the north end of the stadium, the seating bowl opens up to reveal a view to the Yangtze riverfront, and connect the sporting events to the city of Hangzhou.

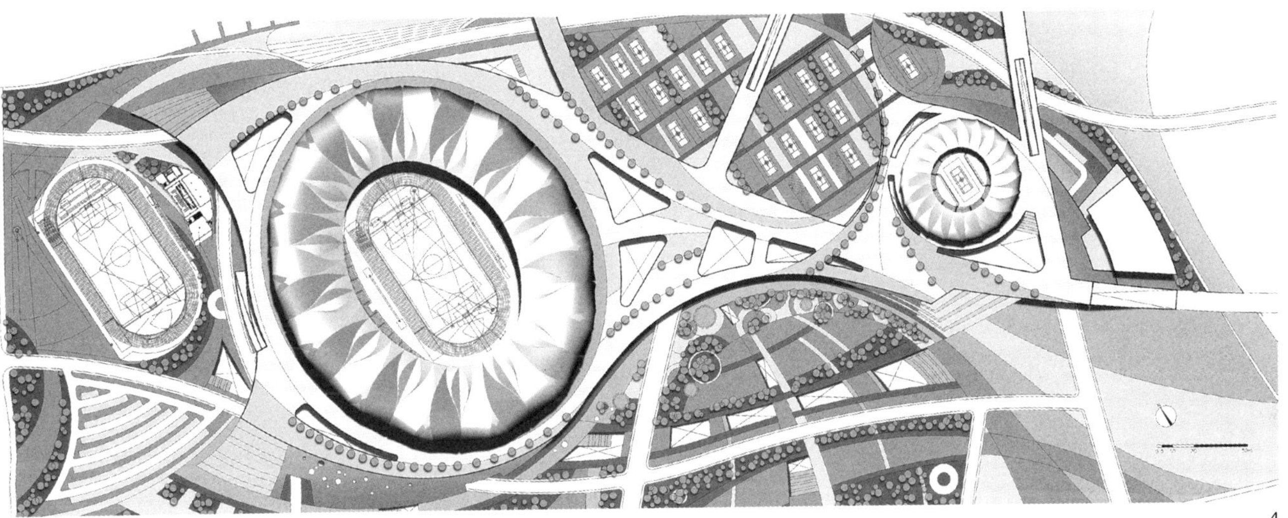
4

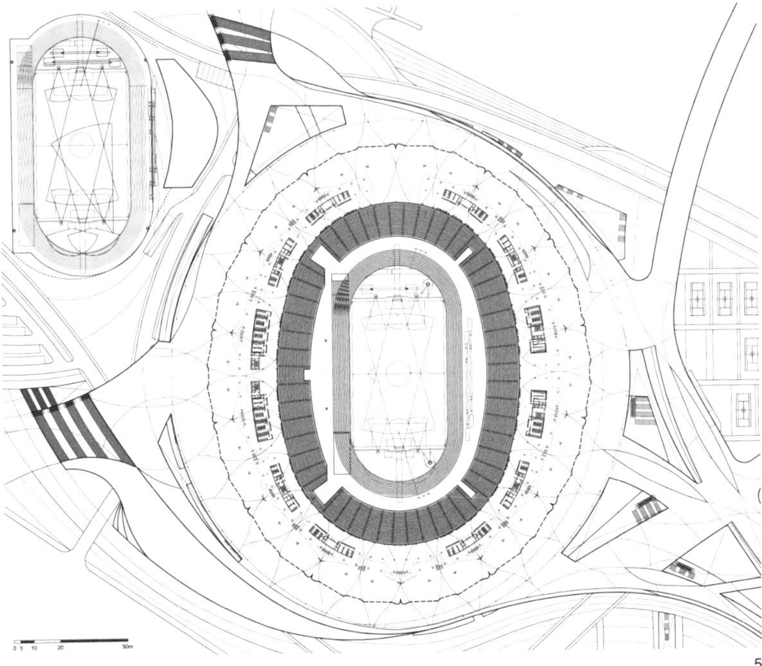
5

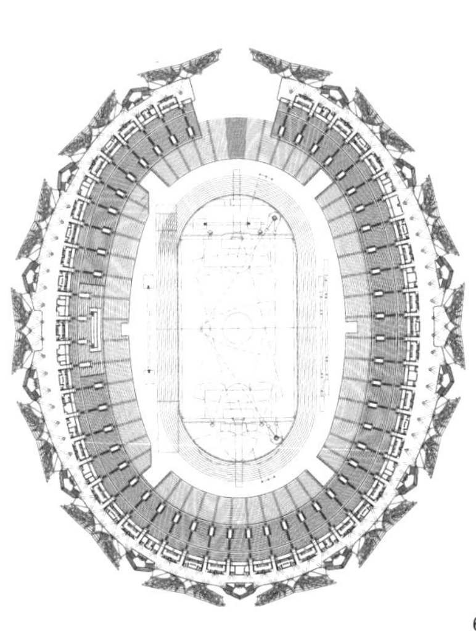
6

3 体育场表皮细部
4 体育中心总平面
5 体育场二层平面
6 体育场六层平面

大连市体育中心

Dalian Sports Center, Dalian, China

■ 哈尔滨工业大学建筑设计研究院 ■ ADRI

项目概况

项目名称：大连市体育中心

建设内容：主体育场、体育馆、游泳馆，网球中心、棒球场、训练基地

业　　主：大连市星海湾管理中心

基地面积：80hm^2

建筑面积：125000m^2（体育场），36000m^2（网球中心），98700m^2（训练基地）

坐席数量：60000（主体育场），10000（网球中心）

设计单位：哈尔滨工业大学建筑设计研究院

纳德华建筑设计公司

设计时间：2009 年至今

大连市体育中心位于大连市南关岭朱棋路以西，岭西路以北，规划总占地 80hm^2，建设内容包括主体育场、体育馆、游泳馆、网球中心、棒球场及大连市体育训练基地。在城市空间战略上，体育中心规划选址突出体现了大连市“西拓北进”的城市发展思路，西拓至旅顺、北扩至金州，构筑“两城”（即大连主城区与大连新市区）的空间格局。作为新城市中心区的启动项目，体育中心除了为全运会及赛后的观演及体育运动、休闲娱乐、商业活动提供功能完备的场所设施，更成为推动北部新城发展的催化剂，吸引投资，整合带动城市周边区域发展，改善城市空间环境。

面对规划用地的限制，体育中心采取灵活的布局方式，飘逸的“运动之脉”为主线贯穿整个基地。体育场及体育馆作为主体建筑，形成由南向北的发展主脉，顺应其动态趋势布局游泳馆、网球馆、田径训练馆等其他场馆及开放空间。环境及景观规划力图通过多层级的户外空间及活动内容的建构，创造符合体育主题及自然生态的环境，为大连市民提供高品质的活动场所。

“海”是大连市城市自然地理文脉的代表，漩涡、海浪、皮艇、礁石等是构成海洋的乐章。场馆建筑形象的塑造则充分体现对海洋及健康等寓意的追求。体育中心造型采用仿生形态，以简洁、抽象、飘逸的造型唤起人们对“海”的向往。主体育馆主体部分采用连续扭曲旋转向上的造型，配合两侧训练馆及观众入口大厅跳跃的造型，犹如涌起的浪花漩涡；游泳馆结合平面布局，将墙面、屋面与地面融为一体，模拟了波浪推波助澜的景象；主体育场仿佛海中迎风破浪的皮艇；综合训练馆等则以收敛平缓的曲线隐喻岸边的礁石。

主体育场

作为举办 2013 年全运会闭幕式的场地，主体育场位于体育中心中北部，占地约 26hm^2，总建筑面积逾 12 万 m^2，包括 6 万人规模的主体育场及 2 块标准室外田径训练场，体育场最高点高度逾 60m。体育场采用椭圆形平面，通过 S 形疏散平台与主体育馆相连。

作为体育中心统领整体建筑群的重要建筑，体育场建筑形象对体育中心的整体形象定位尤其重要，其最终效果表达与材料密不可分。体育场外围护罩篷材料主要为通透的膜材，不仅可以减小屋盖自重，提高施工速度，而且膜材还可重复利用的特性还有利于环保。体育场整体造型结合看台的布置方式采用流动的曲线，同时结合观众二层平台入口上部罩篷的曲线变化交错流动，屋顶、看台、雨篷与外围护结构作为整体，由穿孔铝合金板和透明打点 ETFE 充气薄膜材料沿横向线条划分拼块组合而成，象征之意不言而喻。简洁、通透的 ETFE 充气薄膜表皮配合高科技的灯光效果，赋予体育场如梦幻海洋般的视觉感受。

网球中心

网球中心位于体育中心西部，紧邻主体育馆，占地面积约 11hm^2，总建筑面积 3.6 万 m^2，包括主赛场、带有 4 块标准场地的室内训练馆、2 块半决赛场、14 块室外比赛热身训练场地及地下停车场。

主赛场为矩形平面，观众坐席露天设置，不带雨篷。为了衬托主体育馆的主体地位，网球主赛场、室内训练馆采用下沉式的布局。半决赛场依室内训练馆一侧展开布置，为有效消减建筑体量，采取了赛时临时搭建坐席的使用方式。

网球场与训练馆以绿带连通，主网球场选址偏向西南，以增大与体育馆间的距离，形成与体育场和体育馆较为舒展的整体布局，同时最大程度地在主赛场东侧及北侧形成开放空间，缓解比赛期间大量人流及车流对城市交通的压力。

网球主赛场建筑形态迥异于曲线形的主体育馆及体育场，考虑城市界面及体育馆主广场的景观需求，整体造型虚实结合，利用半透明的、色彩渐变的金属穿孔网墙将建筑内部复杂的各种功能用房沿城市及体育馆方向包裹起来，形成富于变化的表皮肌理。

运动员训练基地

运动员训练基地位于用地东侧，分为训练区和生活科研区。作为体育中心的配套设施，训练基地将经济实用作为基本原则，通过采取有效退让等设计手段，与体育场、体育馆和游泳馆等主体建筑呼应。

1

综合训练馆平面布局采用模块组合，两个体量之间以中庭相连通。流动的空间形式与体育中心整体建筑风格融合。室内田径馆在体量上作下沉、消隐处理，大部分屋面采用覆土绿坡的处理形式，实现了巨大的体量与周边绿地的融合。

生活科研区采用Z字形布局，以一个连续的线形体量将科研办公、教学、宿舍、公共服务等功能用房有机组合，创造出了一种全新的流动空间。大多数功能空间为南北向布置，采光良好，同时整体平面形态与整个体育中心的规划布局相呼应，协调统一又富有特色。建筑形态与整体建筑群呼应，模仿了海浪的动势，高低错落、圆润平滑。造型简洁凝练、生机盎然，灰色的金属板与晶莹剔透的玻璃营造出活泼、现代的建筑性格。

Dalian Sports Center lies on the western side of Zhuqi Road at Naguanling and the northern side of Lingxi Road in the city of Dalian, covering an area of 80 hectares. The center boasts a main stadium, gymnasium, natatorium, tennis center, baseball court and Dalian sports

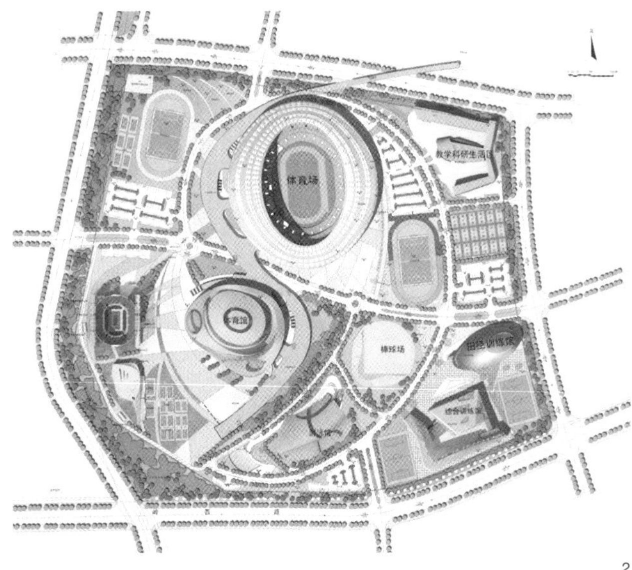

2

1 体育中心鸟瞰
2 总平面

3 主体育场鸟瞰

3

training base. Its general layout demonstrates the city development strategy of "developing the western and northern regions", with its western frontier extending to Lvshun and northern frontier to Jinzhou, thus forming a "two city" spatial layout consisting of Dalian city proper and Dalian new development area. As a leading project in the new center of the city, the constructions of the center not only provides facilities for performances, sports, fitness, leisure, entertainment and business activities during and after the National Sports Meet, but also serves as a promoter of the development of the new city in the north in absorbing foreign investment and leading the development of the neighboring areas and improving the spatial environment.

The general layout considers the limitation of land and breaks the conventional static symmetrical disposition. It highlights the spirit of sports and fully displays the beauty of sports. Adopting a dynamic and flexible layout, it uses a "sporting stem" to penetrate the entire land, and takes the stadium and gymnasium as the central buildings, and forms a dynamic disposition of the affiliated facilities. The stem extends from south to north, bringing dynamic formations of the natatorium, tennis gym, athletic training gym, some other gyms and the open space. The general layout is combined with the design of landscape, upholding the theme of sport and natural ecological environment in creating a multi-layer outdoor space for the Dalian citizens.

The image of the buildings fully displays the pursuit of the ocean and health. Sea is an embodiment of natural life form and is a representation of Dalian natural geographical stem. The scroll, wave, canoe, and reef compose the sea. The design of the sports center upholds natural features, and imitates natural images but are not as concrete as symbolism. The brief and abstract images make people long for the sea. The main gymnasium assumes a repetition of curving upward image, resembling waves. The natatorium combines the wall, roof and floor, using a curving and growing image resembling the waves coming one after another. The stadium resembles a canoe rowing in the wind. The comprehensive training gym uses mildly curving lines resembling the reef.

Main Stadium

The main stadium of Dalian Athletic Center, which will hold the closing ceremony of the National Games in 2013, is located in the north of the central part of the athletic center. The center is about 260,000 square metres in total area, including a built-up area of more than 120,000 square metres which incorporates a main stadium having a seating capacity of 60,000 people and two standard open-air track and field sports grounds. The top point of the whole center reaches a height of 60 metres. The plane view drawing assumes a shape of oval, and an "S" which stands for the pulse of sports connects the dispersed terrace and the main gymnasium.

The stadium which is especially important to the niche of the whole athletic center in image is designed as a dominant architecture of all the buildings in the center. Besides, the final effect of the architecture is closely related to the use of materials, because different materials present different effects, and the effects

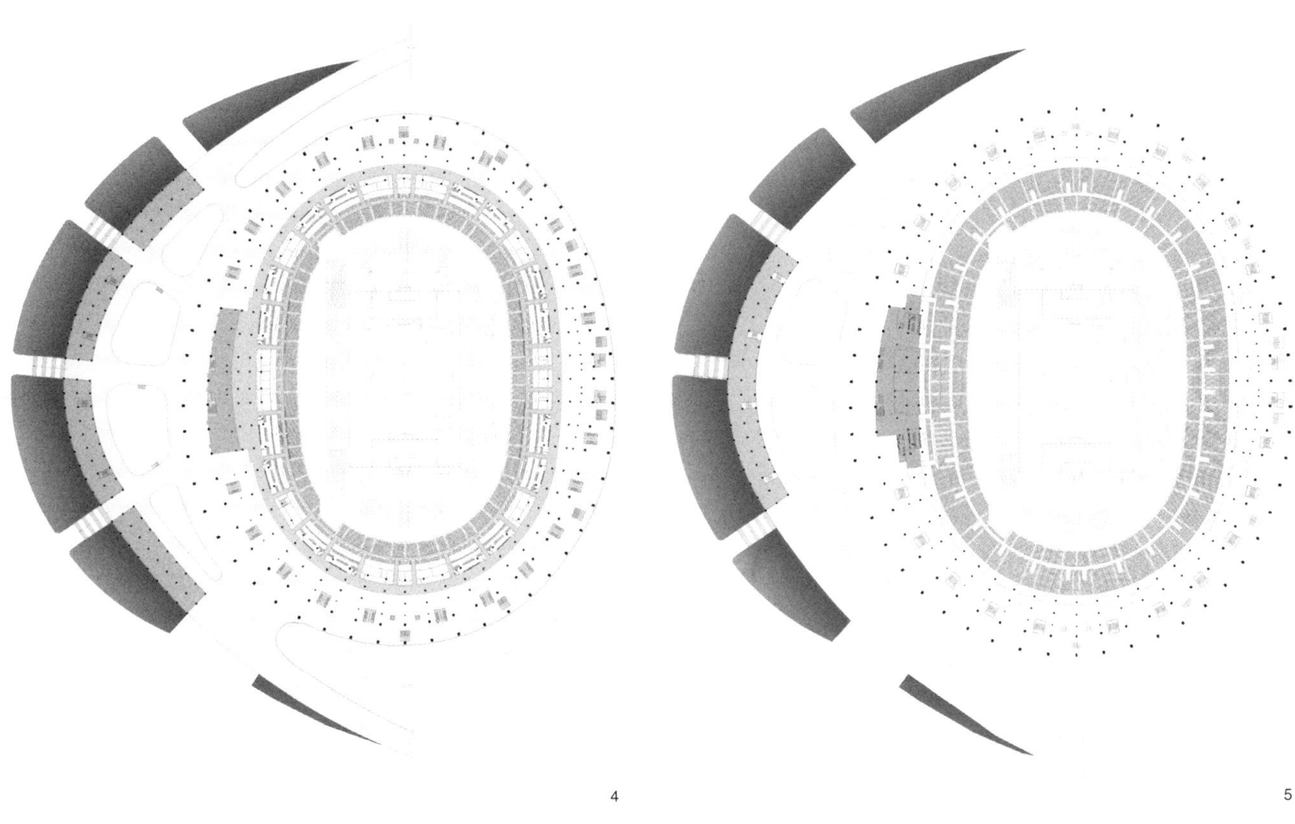

4

5

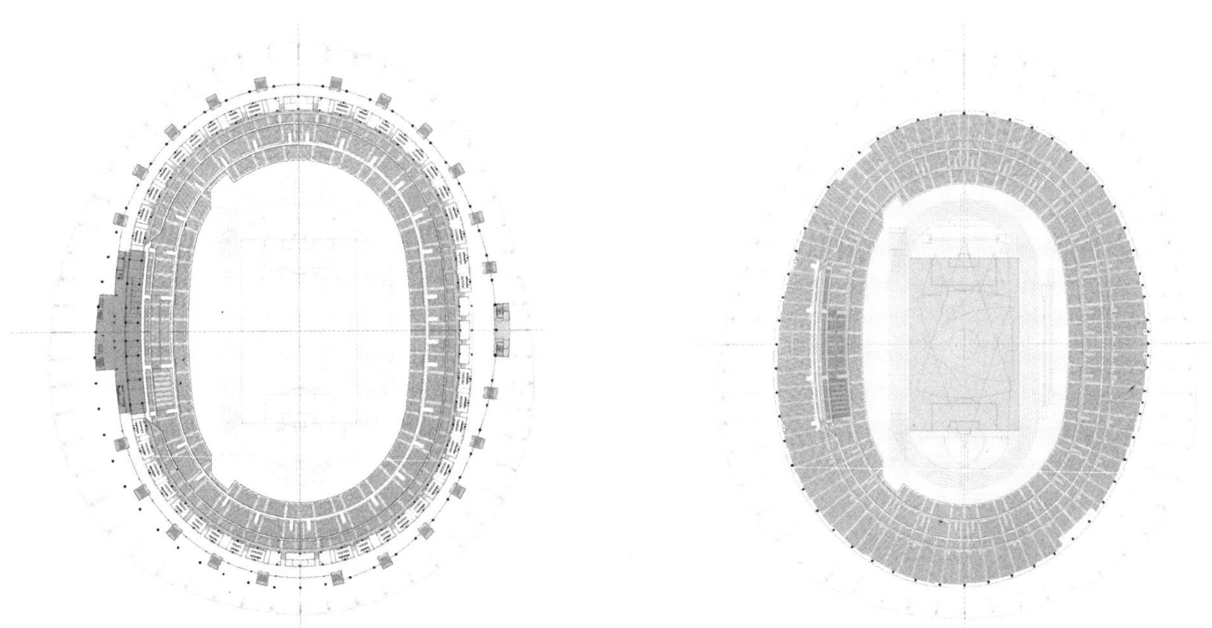

6

7

4 体育场一层平面
5 体育场二层平面
6 体育场四层平面
7 体育场看台平面

8 网球中心鸟瞰

8

will differ even though the material is the same, just because of adopting different surface texture treatments. The outer shield of Dalian Athletic Center mainly adopts the penetrating film materials which cannot only reduce the weight of the roof and the period of construction, but also can be repeated used after the building is dismantled, that follows the sustainable development and is really beneficial for the environment. The design of the stadium and the stand arrangement is presented as streamlined shape which looks like waves, and combines the curved line of the shield over the entrance of the stand on the second floor, the whole design presents a sleek line which flows elegantly. The whole of the roof, stand, canopy and the outer shield is pieced together by the punched aluminium alloy boards and the transparant spot ETFE inflatable film material in crosswise lines. The penetrating material provides a fantastic feeling of sailing a kayak on the sea, hence it goes without saying the meaning of the symbol. The concise bearing and the romantic penetrating surface of the ETFE inflatable film with the high-tech light effects impart an amazing visual feeling of the beauty of ocean to the stadium.

Tennis center

Tennis center lies in the western part of the sports center, neighboring the main gymnasium. It occupies an area of 110,000 square meters, with a construction area of 35,950 square meters. It consists of a main court, an indoor training hall of 4 standard courts, 2 semi-final courts and 14 outdoor warm-up and training courts and parking lot in the basement.

The court takes the shape of an oblong shape. The spectators sit outdoors, with no shelter from the rain. In order to highlight the prominent status of the main gymnasium, the tennis court and indoor training halls adopts a sinking layout, which not only reduces the height of the building, but also goes in harmony with the gym. The two semi-final courts can hold 2,000 people each. Mobile seats help save space for the small building.

The design connects tennis court and training gym with green belts. The main tennis court, the gym and the stadium form a harmonious disposition. Meanwhile, the design magnifies the size of the square to the east and north of the main court. It not only creates a large public space and public visual experience, but also resolves the pressure of the in-game and urban traffic.The main tennis court takes an oblong shape in contrast to the curving main gymnasium and stadium. At the same time, it considers the demand of the landscape of the city and the main square. The image of the building combines concreteness and emptiness, using 2 pieces of neat, varying greenish tone, half-transparent metal wall with holes in it. The walls wrap up the complicated internal structure of the multifunctional rooms, striving for integrity without losing diversity.

9

9 综合训练馆鸟瞰

Athletes Training Base

Dalian Sports Center Athletes Training Base, located on the east side of the Sports Center grounds, is divided into two main areas: training area and living and scientific research area. As the supporting facility for the sports center, the training base takes economy and practicality as its plan principles. By utilizing some design methods, such as efficient concessions and implied forms, the new building's planar layout and the volume are consistent with the main buildings, such as the sports field, the sports stadium, and the indoor swimming pool.

The layout of the integrated training stadium utilizes a modular combination. The construction model building is divided in to two volumes connected by an accessible atrium. The overall design abstracts the image of a "flowing ocean wave", and utilizes the form of a flowing space. It is stretched and flowing, and full of dynamism. The design uses hidden technology to deal with the volume of the indoor track-and-field stadium. The stadium is sunk 2 meters lower in order to blend in with its surroundings. Most of the roof utilizes the green roof design (growing plants in the earth cover), blending its large volume into the surrounding green environment, which coordinates the environment of the whole area.

The living and scientific research area is arranged in a "z" shape. By using a continuous linear volume, it tightly integrates the office buildings' space for scientific research, the academic buildings' space, the dormitories, and the public service buildings' space, uniting these four functional spaces together, creating an entirely flowing space. Most functional spaces are located along a south-north orientation, which allows in excellent daylight; at the same time, the overall planar form matches the sports center's master plan suitably and uniquely. The construction model focuses on coordinating with the sports center's buildings, and takes the form of the whole sports center's buildings as a matrix, abstracts the elements from all the buildings, imitates an ocean wave's dynamism, and represents the purity of a blue sky with white clouds, their delicacy, distributions of different heights, mellowness, and smoothness. The overall building's appearance is vigorous and condensed. Its grey metal plate and crystal glass give it the nature of a vivid and modern construction.

大庆市奥林匹克体育中心

Daqing Olympic Center, Daqing, China

■ 哈尔滨工业大学建筑设计研究院　■ ADRI

项目概况

项目名称：大庆市奥林匹克体育中心

建设内容：体育馆、速滑馆、游泳馆

基地面积：2.73hm^2

建筑面积：31200m^2（体育馆），22760m^2（速滑馆），19500m^2（游泳馆）

坐席数量：6500（体育馆，其中固定坐席 5000）

3050（速滑馆，其中固定坐席 2100）

3000（游泳馆）

设计单位：哈尔滨工业大学建筑设计研究院

设计时间：2009 年 5 月至今

体育建筑具有鲜明的个性、优美的形态和深邃的内涵，建筑师需要综合社会、技术、人文的因素，运用结构逻辑和形象思维赋予体育建筑理性秩序和艺术品质。在大庆市奥林匹克体育中心的设计中，对体育建筑本体内涵的时代诠释以及其所处地域特征的深刻解读是方案创作的基点。

从体育容器到城市触媒——作为城市公共空间的重要组成部分，当代体育建筑所承载的城市功能逐渐复合化，并更多地作为城市触媒来提升城市品质与文化价值。因此体育建筑设计也逐渐从单纯解决技术性问题逐渐拓展至城市维度的综合考量。关注大庆市奥体中心作为大庆城市空间系统、城市公共领域的重要节点所应具有的开放性与示范性，是设计之初的基本定位。

从石油之城到绿色之城——大庆是中国重要的石油、石化生产基地，随着时代的发展，其魅力已不再仅仅局限于石油所创造的巨大财富。作为中国“国家环境保护模范城市”之一，大庆以其“千湖之城”的美誉向世人展示着“水美”、“天美”、“景美”的环境友好城市形象。因而，以生动的主题表达与恰当的建筑语汇彰显城市特色——张扬但不过度、多义而不杂乱是建筑形态塑造的基本原则。

大庆市奥体中心的规划设计以“水舞欢腾”为基本理念，意在构筑一个浓缩大庆自然风貌精华的绿色体育公园，再现大庆草原湿地、百湖辉映的生机与活力。场地布局从汉字“水”追本溯源，将其原始的象形文字与场地的基本条件结合。贯穿基地的水系恰似古汉字“水”字中间一笔，也是基地的主要脉络；主园路采用“一线一环”的方式连接三个场馆与其所附属的景观。在以水为母题的前提下，建筑与景观要素各具特色。生机勃勃的水系消弭了庞大的建筑体量对环境的压迫感。在满足集散功能的前提下，草坪、植被、路径取代了传统的硬质广场。三个不同的功能区域内设置了多样的体育活动及游憩设施，并尽可能地结合水面设置亲水、望水、戏水等景观休闲设施。在这样一个百花惊艳、水美风华的体育公园中徜徉，行人可以充分领略大庆“百湖之城”的意韵。

大庆市奥体中心以“水之本”、“水之气”、“水之源”作为各分馆建筑形态塑造的主题，以充满柔性与张力的建筑形态充分展现水的“灵动、飘逸、自然”。

水之源——体育馆。古人云：水万物之本源也。水以其生生不息的渊流孕育生命，滋养万物。体育馆的形态设计意构水流不息的意境。在保证体育馆内部空间使用合理性的前提下，采用层叠错落、极富韵律的网壳结构屋盖，利用网壳间的高差设置采光带，屋盖起伏、流畅的形体如奔腾的波涛，呼应了基地内动感的水体。

水之本——速滑馆。“水之本”所要传达的是水洁冰清的纯粹、水滴石穿的坚韧。速滑馆如水滴一样的完整形态从环境中凸显，面向城市的一侧是圆润的界面，基地内侧的表皮则变化为充满力量感的结构构件，强烈的虚实对比意在体现大庆的寒地气候赋予水体的不同形态——水的柔美与冰的坚韧，隐喻体育运动中冰上项目的竞技、拼搏之力。

水之气——游泳馆。游泳馆的形体跌宕起伏、简洁利落，以表现水的气韵流动、汩汩上升。翻卷的表面似一抹汇聚灵气、腾空而起的水体，与体育公园起伏的青松翠柏交相呼应。

A Sports venue is of distinctive individuality, beautiful style and deep connotation, and the task for its architect is integrating social, technological and cultural elements, utilizing structural logic and image thinking while giving to the building rational order and artistic qualities. The design of Daqing Olympic center, therefore, takes the basis of interpreting the features of the architecture itself in the new era and explaining the regional characters of its location in depth.

Modern sports venues, as an important part of the urban public space, have developed from sports containers to urban catalyst. The single urban function they bear has multiplied, and the architectures, more often as urban catalyst, have begun to promote urban quality and cultural values. And the designing of such venues has expanded from resolving technological problems to urbanism. The starting point of the design of Daqing Olympic center is its openness and exemplary role as the essential landmark of space system and urban public of the city.

Daqing, home to both oil and vegetation, is one of the key oil and petrochemical production bases, and as time advances, we could no longer restrict its glamour only to the great riches of oil. Being one of the cities entitled with National Environmental

1 奥体中心鸟瞰

2 总平面

Protection Model City, Daqing, known as "the city of a thousand lakes", is presenting to the people its image of environmental friendly city with beautiful water, sky and landscape. Therefore, lively thematic expression and appropriate architectural language to show forth the features of the city, which will be neither unduly displayed nor overly diversified, is the fundamental principle of architectural shaping.

The basic idea of the planning of Daqing Olympic center is "dancing water in jubilation", aiming at building a green sports park with Daqing's natural landscape in miniature and reproducing not only Daqing's grassland and wetland but the vitality and vigor of its thousand lakes. The source of the site's layout is "水",a Chinese character which means water (annotated by translator). The basic site condition is integrated with the original shape of the ancient pictographic version of this character. The water features running through the whole area, as the major line of the plot, is shaped like the middle stroke of the ancient version of "水"; its main roads link the three venues with their accessory features in the style of "one line and one circle". With the precondition of one motif-the water, architectures and landscapes vary from one another. The water of vigor eases the sense of pressure exerted by huge building volumes. Lawns, vegetations and paths substitute hard ground squares without influencing the function of people's gathering. Various sport and recreation facilities will be installed in three areas of different functions, and landscape recreation facilities are to be set to integrate and to make most of the water features. Walking in such a sports garden of flowers' blossom

3

and elegant water landscape, people could feel the ambience of Daqing as the "city of a thousand lakes".

The flexible yet tensile architectural form of Daqing Olympic center takes respectively "the essence of water", "the energy of water" and "the source of water" as the design theme of each venue, giving a full play of water's features-agile, elegant and natural.

The source of water-the indoor stadium. As an old saying goes, water is the source of all living things. Water breeds all lives with its stream of vigor. The form of the indoor stadium bears the conception of water's restless torrent. Under the precondition of well organizing the indoor space, disorderly overlapping meshwork shell structure is to be utilized in roof design which implies the sense of rhythm. The ribbon skylines are to be set between meshwork of different heights. The flowing shape of the roof looks as if surging waves, echoing the lively water features in the plot.

The energy of water-the speed skating rink. It is to convey the conception of water's crystal-clearness and persistence. The speed skating rink is shaped as a complete drip of water. The façade facing the city is rounded, while the façade in the plot varies into structural elements of great power. This sharp contrast is to highlight the different states of water in the cold climate of Daqing: the softness of liquid water and the hardness of ice are the metaphor for competition in ice sport.

The essence of water-the natatorium. The form of natatorium is like waves rolling on in simple and direct order, which shows forth the torrent of water. The rolling surface resembling a living body of water which is about to take off, echoing the green waves of trees in the sports garden.

3 体育馆鸟瞰
4 体育馆一层平面
5 体育馆二层平面
6 体育馆三层平面
7 游泳馆三层平面
8 游泳馆二层平面
9 游泳馆一层平面

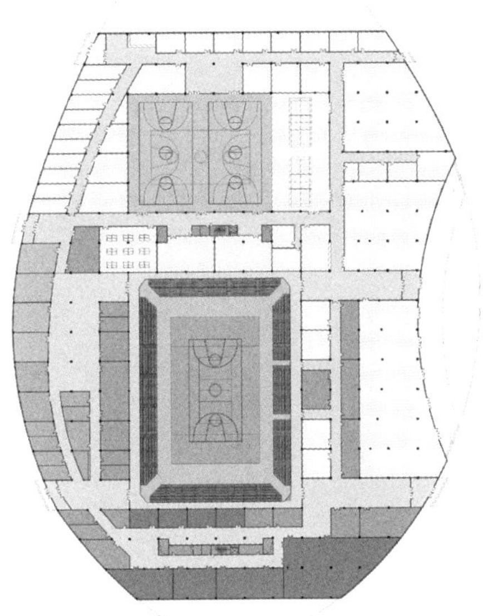

4

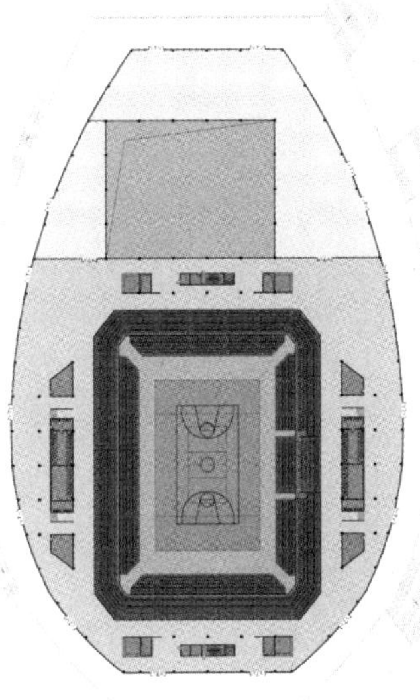

5

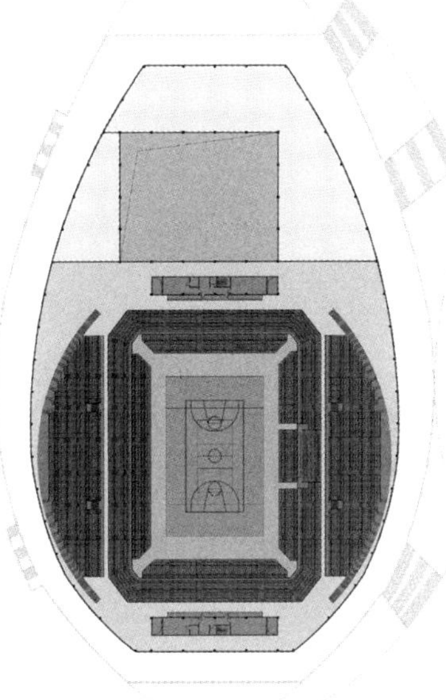

6

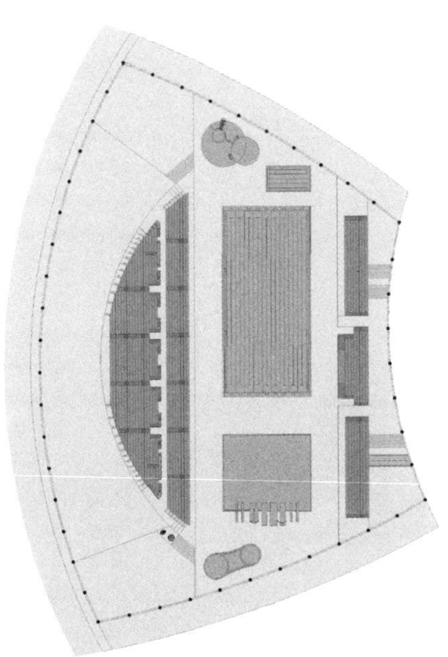

7

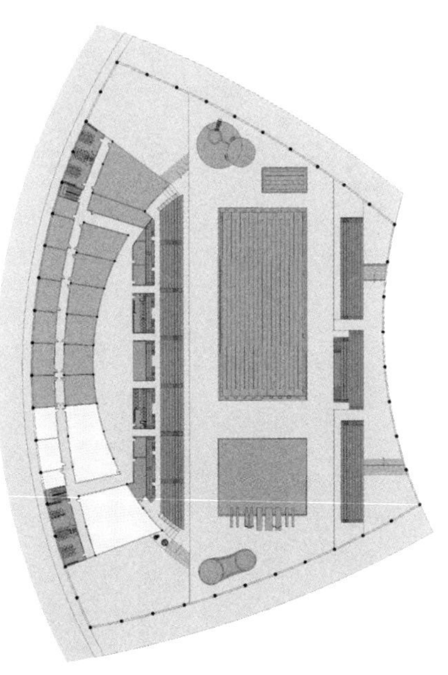

8

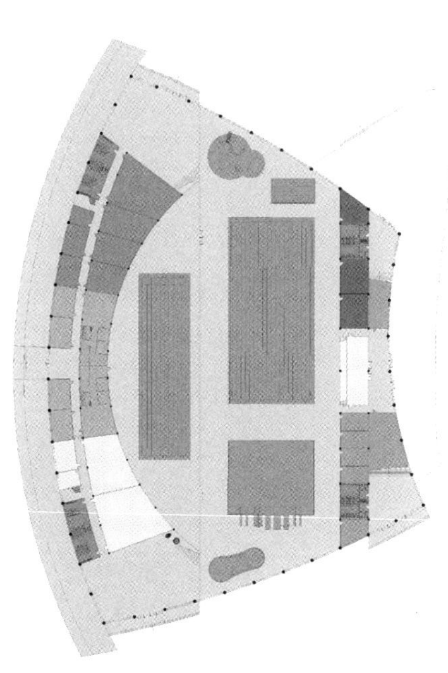

9

10

11

10 游泳馆鸟瞰
11 游泳馆透视
12 速滑馆透视
13 速滑馆一层平面
14 速滑馆二层平面
15 速滑馆三层平面

12

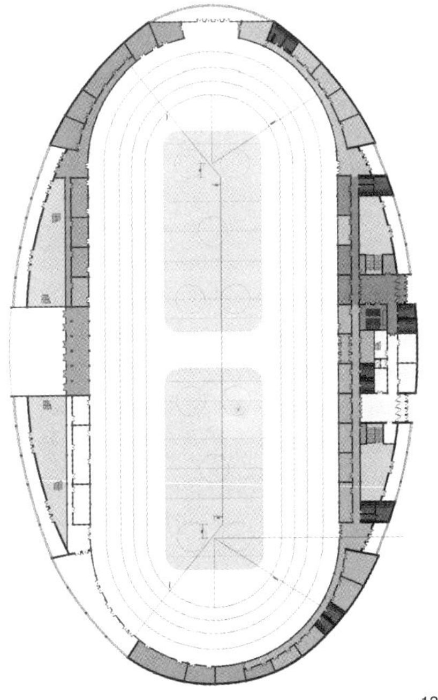

13

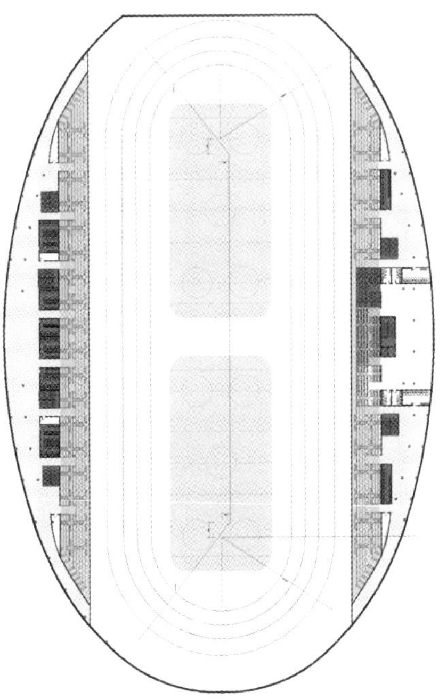

14

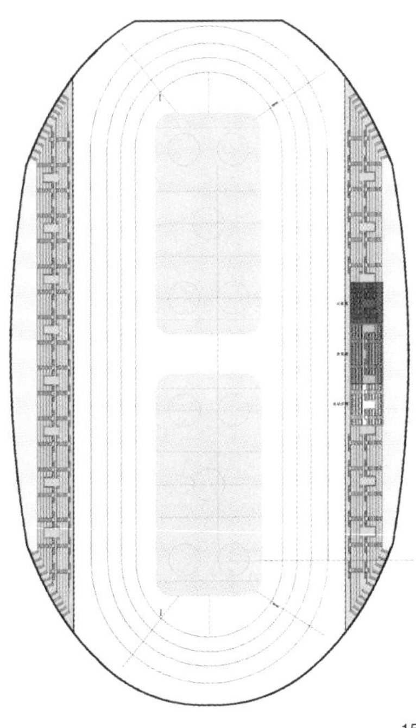

15

丹东市体育中心

Dandong Sports Center, Dandong, China

■ 哈尔滨工业大学建筑设计研究院 ■ ADRI

项目概况

项目名称：丹东市体育中心

建设内容：体育场、体育馆、游泳馆、训练馆

业　　主：丹东市建委

用地面积：17.88hm^2

建筑面积：46395m^2（体育场），16836m^2（体育馆），8915m^2（游泳馆），7869m^2（训练馆）

坐席数量：30180（体育场），5500（体育馆），800（游泳馆）

设计单位：哈尔滨工业大学建筑设计研究院

设计时间：2009 年 3 月至今

丹东市体育中心位于辽宁省丹东市浪头产业园区内，基地南临鸭绿江，距离中朝国界仅 600 余米。中心由体育场、体育馆、游泳馆、训练馆、动力站以及休闲健身广场和室外附属设施组成，建成后将成为当地竞技体育比赛中心和市民休闲健身中心。

限制中寻求和谐有机的总体布局

基地南北方向 551m，东西方向 367m，用地十分紧张，在限制中追求和谐，创造与环境有机结合的“美丽画卷”成为建筑创作的出发点。

总体规划以斜穿地段的景观轴带为规划结构的基础，将场地分为南、北两部分。体量较大的体育场布置于场地北端，以山岭为背景，更显恢宏气势；体量相对较小的体育馆、游泳馆、训练馆形成建筑群，布置在场地南端。各场馆围合形成的圆形中心广场是外部空间的景观核心，赛时可作为人流集散主要空间，平时可作为群众休闲健身的户外场地。

基于地域环境特色的形象创新

丹东北屏青山，南接黄海，体育中心建筑形象创作紧扣当地自然和人文环境特点，寓情山水，创造兼具地域特色和时代精神的标志性建筑景观。

体育场屋盖选用拱与桁架构成的组合结构体系，塑造出中部隆起、四周舒展的建筑形体，简洁、大气的曲线形轮廓线与远处起伏的山脉遥相呼应，共同谱写着一幅壮丽的“乐章”。

体育馆、游泳馆、训练馆突出滨水建筑特质，利用相同的屋面形式统一建筑形态，菱形的平面形态和具有韵律变化的屋顶开窗，使三馆的屋面如同三片杜鹃花（丹东市花）的花瓣，轻盈地飘落在鸭绿江畔，又如同三叶轻舟，象征着承载体育核心精神的和平与友谊之舟。由通透、明丽的玻璃幕墙构成的沿江立面造型象征着滔滔涌动的江水，跌宕起伏一浪推一浪的建筑动势，意喻着体育中心所在的浪头产业园区蓬勃的发展势头，也展现出了体育建筑形态应具有的动感和张力。

碧水浪头劲，江城杜鹃红，这不仅是对丹东市体育中心创作中利用艺术的建筑语汇营造建筑意境，更是对丹东城市文化内涵的完整诠释。

复合高效的功能空间设计

为场馆的运营和使用提供灵活高效的空间，实现场馆功能的可持续发展，是丹东市体育中心建筑创作的目标。

体育场临近城市道路，因此附属用房设有商服、健身、会议、办公等多元化的经营性空间，为场馆的日常运营提供了物质基础。体育馆除了满足篮球排球、羽毛球、乒乓球等比赛要求外，还能为杂技表演、会议、展览及演出提供场地。游泳馆设有一个标准比赛池和一个短池，可满足国际游泳比赛的要求以及平时训练和开展群众性休闲健身活动的需要，另外还设置一个专供儿童使用的浅水池，充分满足不同年龄层次市民的使用要求。训练馆一层可满足篮球、排球、羽毛球的训练需求，二层可进行网球训练，平时可作为市民健身的室内场地。连接三馆的平台下空间布置有经营性商业附属用房，包括管理办公、休闲健身、商服、餐饮等，在平时可对外开放，形成集健身、餐饮、旅游、休闲购物为一体的综合功能体，提高场馆的生存能力，为以馆养馆提供可能性。

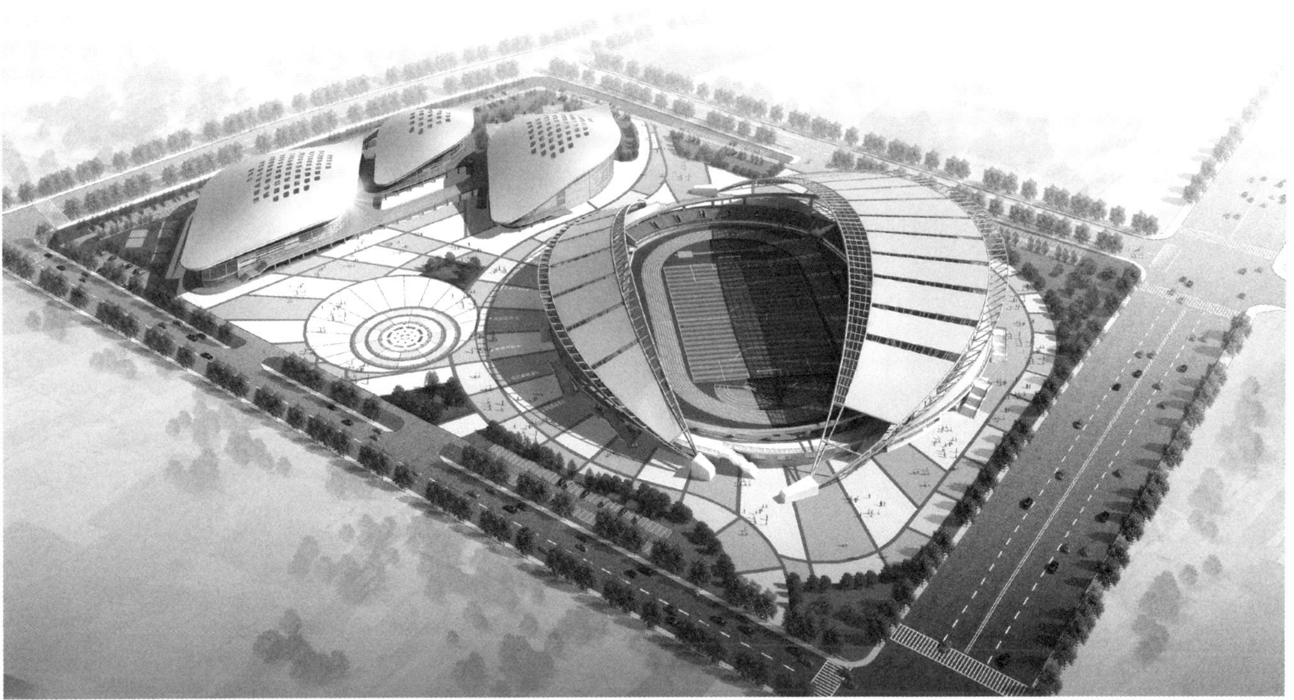

1

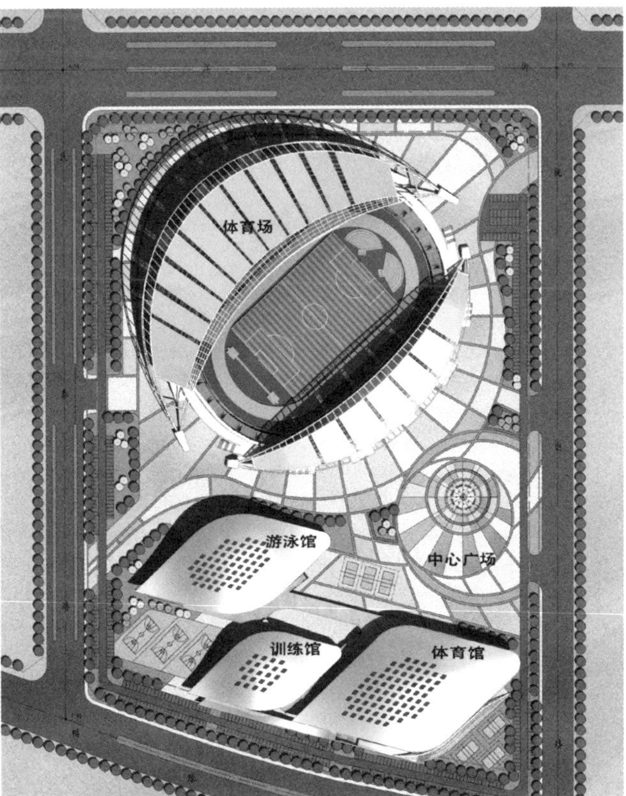

2

Dandong Sports Center is located in the Liaoning Province Dandong Langtou Industrial Garden, with a total area of 18.79 hectares. It lies on the north bank of Yalv River and is only 600 odd meters away from the border between China and North Korea. The center consists of a stadium, gymnasium, swimming pool, training gym, power station, squares and outdoor facilities. With a construction area of 80988.4 square meters, it is a modern, high-quality sports center for athletic sports games and leisure and fitness activities for the citizens.

Pursuit of harmonious and organic layout within the restrictions

Dandong Sports Center measures 551 meters from south to north and 367 meters from east to west. With strict restrictions of land area, the design strives to achieve a harmonious and organic combination of buildings and the environment.

The general layout features the landscape lying from north end to south end which divides the ground into two parts. The stadium, being gigantic in size, lies in the north, presenting a powerful figure against the mountains on its north side. While the smaller constructions—gymnasium, swimming pool, training gym—are designed in the south in a unified plan. The venues form a circular center square which serves as center of external landscape.

Innovation in image based on features of local environment

The building image of the sports center enhances the harmony between nature and humanistic environment and is a representative

1 体育中心鸟瞰
2 总平面
3 体育场
4 体育馆建筑群

3

4

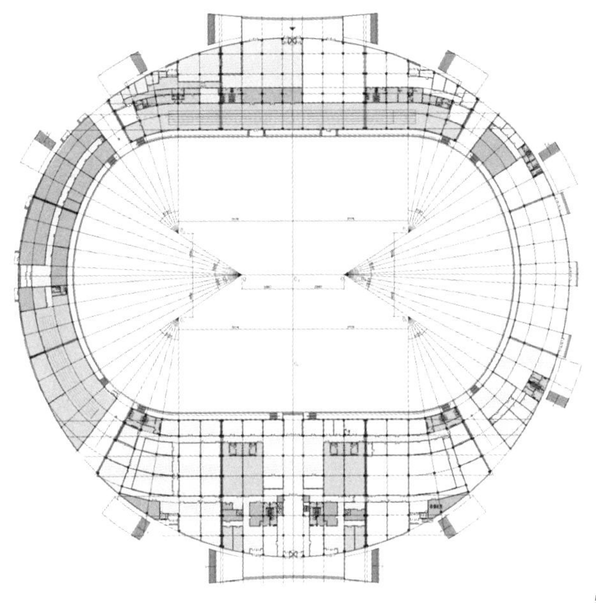
5

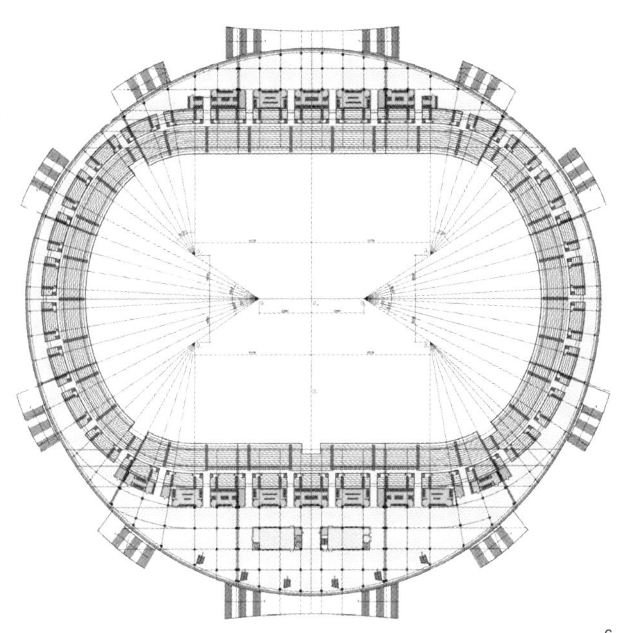
6

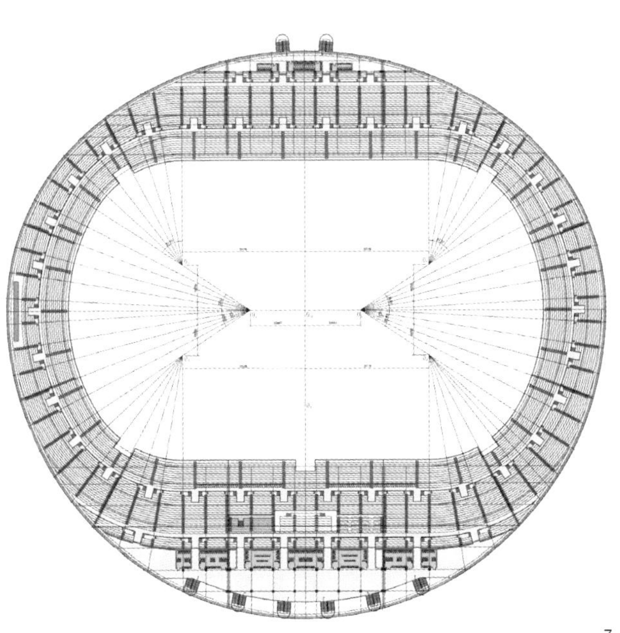
7

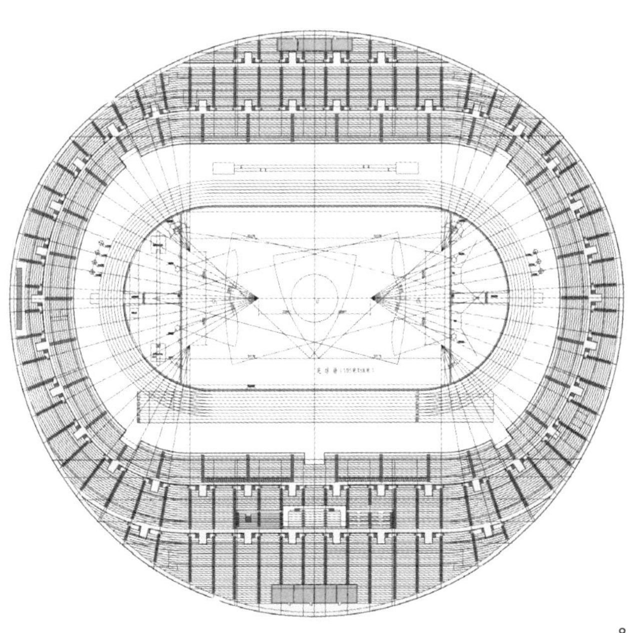
8

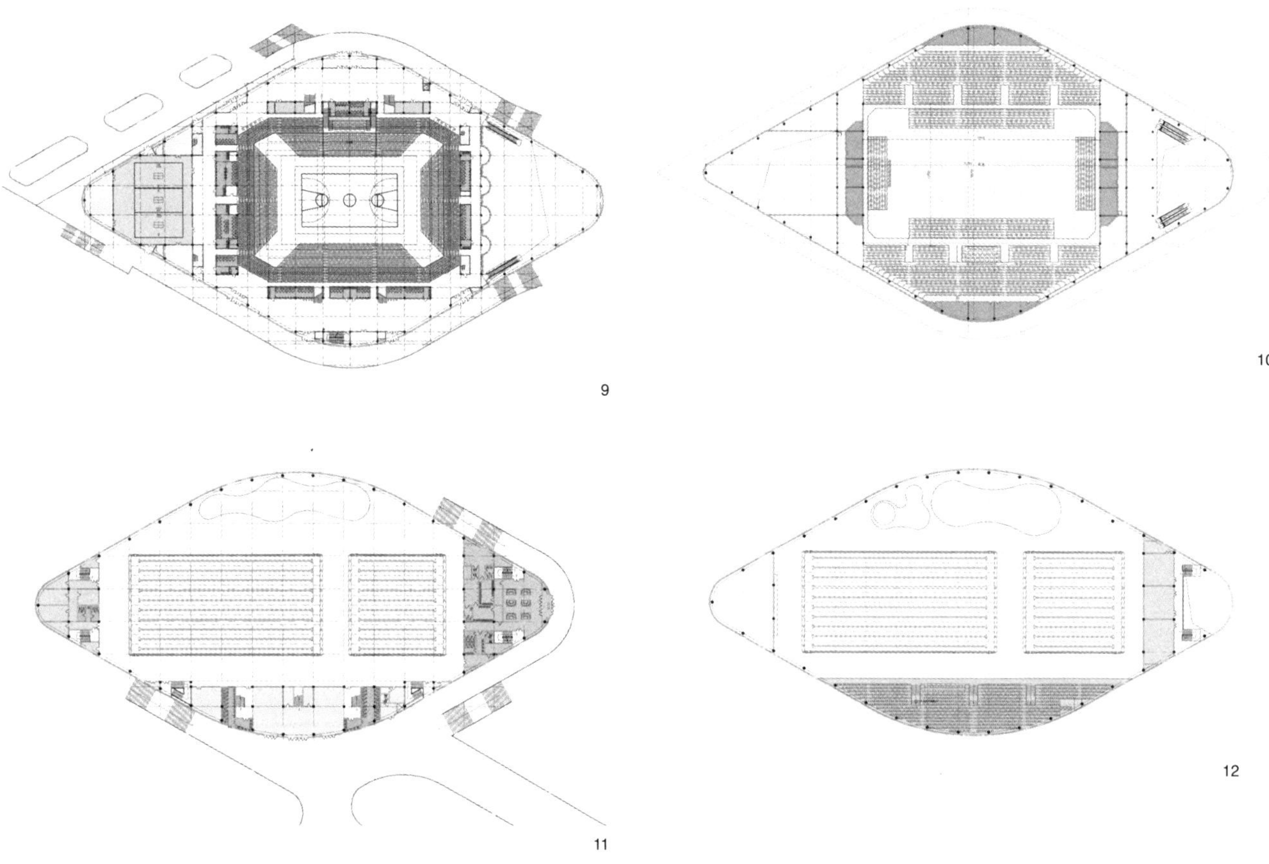

5 体育场一层平面
6 体育场二层平面
7 体育场三层平面
8 体育场看台平面
9 体育馆二层平面
10 体育馆坐席平面
11 游泳馆二层平面
12 游泳馆三层平面

landscape with both local feature and spirit of the times.

The stadium roof adopts a combination of arch and truss frame, creating a form of raised center and spreading peripheries. The grand and powerful image goes in harmony with the skyline of distant mountains like a magnificent symphony.

The design of gymnasium, swimming pool, training gym highlights the merit of their waterside location, adopts the uniform rhombus shape, and assumes rhythmic variation in windows on rooftop. They look like three azalea (city flower) petals or boats, which embodies ships of peace and friendship—the core spirit of sports. Glass walls looking to the direction of the river represents choppy water, and the building together form a momentum of wave after wave. The image of dynamism and power is a metaphor of the boosting of Langtou Industrial Garden and the manifestation of the municipal culture.

Complex and efficient functional space design

The beautiful shape of the buildings featuring both expressiveness and embodiments provides flexible and efficient functional space. It enables sustainable development of venue functions.

The stadium lies near major streets. The attached facilities such as business center, fitness center, conference center and office building provide material basis for daily operation. The gymnasium can meet the demand of basketball, volleyball, shuttlecock, table tennis games, and acrobatic show, conference, exhibition and performance as well. The swimming pool has a standard pool and another shorter pool to cater for the need of international competition, daily training and citizens' leisure and fitness activities. The addition of a shallow pool for children further enhances the diversified demands of the people. First floor of the training gym is for basketball and volleyball training, second floor is for tennis training, both of which are wonderful indoor courts for physical exercise of the citizens. The roads linking the three gyms are equipped with business buildings, including management office, leisure and fitness facilities, business and service center, restaurants, etc., fulfilling comprehensive functions of fitness, dining, traveling, leisure and shopping. This enhances the survival capacity of the venues and provides possibility of the venues supporting themselves.

韩国华城运动中心

Hwaseong Sports Complex, Hwaseong, Korea

■ DRDS建筑事务所 ■ DRDS

项目概况

项目名称：韩国华城运动中心

建设内容：足球场、体育馆、训练场

业　　主：Hyundai/Samsung Consortium

建筑设计：DRDS 建筑事务所

合作设计：Junglim，DMP，Haenglim，A&U

基地面积：28.7hm^2

建筑面积：80073m^2

坐席数量：35000（足球场），5000（体育馆），2000（训练馆）

运动中心包括一座拥有 35000 个坐席的足球场、一座可容纳 5000 人的室内体育馆以及一块设有 2000 个坐席的训练场地，于 2010 年对外开放。各场馆规模宏大，对城市而言意义非凡。建筑最简约的造型修饰营造出了特立独行的抽象艺术效果。整个设计融多用途中心的各项功能于单一造型之内。这套最终的组合方案效仿因自然之力而生的海浪造型，让人不禁想起百川朝海、风轻云淡的美妙意境。它以激情澎湃的城市地标形象，令华城同其他大都市的建筑发展保持同步。

这座顶级的体育建筑配置了全部体现当代体育建筑潮流特点的设施，成为华城的建筑典范，其精致独特的造型早已超越了体育建筑的界限，同周边的自然地貌完美融合，为当地民众带来了和谐的社会气氛。室内馆同体育场的接合营造了全新的协同效应，绝非其他一般运动中心可以企及。

该建筑的一项卓越设计便是主体育场同室内馆间的“协同区”。这一加盖顶篷的广场设施的特点是拥有一块有机的开放空间，作为中央大厅与商服购物区的通路。它通过创造功能间的直接联系突出优化了商服购物的布局设计。因此，无论主体育场及室内体育馆举行赛事与否，它所带来的空间感都是颇为突出的。当场馆中有赛事进行时，它卓越的连接功能能够将众多因观赛而来的观众汇聚于购物区之内。无论赛前还是赛后，体育迷们均可享受购物与饮食的乐趣，从而刺激了各类商品的销售。这一区域还提供了一块全天候的公共集会场地，也将成为各类活动的举办场所。“协同区”这一卓越非凡的设计必将空前强化、提升华城运动中心的价值，令其鹤立于韩国众多体育建筑之中。

场馆顶盖和面墙采用曲面金属材质，突出了建筑活力十足的雕塑“主体”。技术信息所营造的神秘气息更强化了建筑“体验的奇观”。建筑的墙体采用曲面带孔金属，外观光鲜、平滑。带孔金属板材令场馆内部中央大厅自外向内的景致朦胧含蓄，用现代方法再现了韩国传统建筑中常见的半透明幕墙效果。墙孔的开度从首至尾各不相同，创造了渐倾的视觉效果，沿立面移步换景，场馆内部空间若隐若现，进一步提升了场馆的视觉体验。照明系统自外部透射出雕塑般的建筑体量，再次提升了设计品质。每逢赛事，场馆照明系统会随赛事进程变化风格，实时向场外传递赛事信息。观众席围绕场地而建，并在各边缘区域增添坐席，以有效利用最佳观赛角度，同时限制边缘坐席的数量，使观众更容易观赏建筑周边环境和远山景色。同时，也有助于提升场馆内外的联系，从而使当地民众也可享受几分场内赛事的惊心动魄。

主广场位于主体育场及室内体育馆以西，建筑造型别具特色。这是建筑融合的另一优势所在。进一步加强的封闭空间设计匠心独具，令初次进馆的观众顿觉它与众不同。大斜面自“协同区”起坡，通过变换的层面将广场整合起来。这一区域专供赛前活动及庆典使用，地处场馆同西南住宅区接合部，有助于区块功能衔接。而且，西广场得益于日间的阳光，必将成为主体育场及室内馆赛事的完美赛前活动场地。无赛事时，它将作为购物休闲场所向公众开放。

华城体育场依绵延起伏的山地而建，主建筑设计的灵感来源于背景景观，它作为整体规划的关键部分，同工程其他部分一样反映了和谐流动的自然主题。建筑与景观遥相呼应，同自然环境完美融合。

1

1 运动中心设计灵感来源于延绵起伏的山峦

Hwaseong Sports Complex is scheduled to open in 2010, including a 35,000 seat soccer, 5000 seat arena and 2000 seat practice field. Stadiums have significant impact on cities because of their size. We have created a harmonious and fluid design that speaks to the civic aspect of sports architecture, one in which the local community can take great pride in. The building geometry is minimal, creating a sense of abstract artistry that is individual. The design merges multiple complex programs into a singular vision that is bold. The final composition, with its undulating geometry (emulating the forces of nature), is reminiscent of mountains, rivers and cloud forms. The building aligns Hwaseong beside other great cities by providing an exciting civic landmark.

The program consists of a 35,000 seat stadium for soccer/track + field, 5000 seat arena and 2000 seat practice field. It is a state of the art facility with all of the modern features that represent current trends in Sports architecture. The building is an architectural showpiece for Hwaseong, projecting a sophisticated image that transcends sports and creates harmony with the local community and the natural topography surrounding it. The arena and stadium, by their connectivity, create new synergies that are not typical of other sport complexes.

A dramatic feature of the design is the "synergy zone" between the stadium and arena. This covered plaza is defined by an organic opening that defines an area of vertical access between the main public concourse and retail space. It reinforces the retail diagram by creating a direct link that creates a sense of place and space during times when the stadium/arena are operational or not in use. When in use, it creates a dramatic connection that will enhance retail by capturing the many spectators that gather for games. Fans can shop and eat both before and after events stimulating sales. The space also provides a congregation zone for public gathering that is sheltered from the weather. This will be a hub of activity uniting multiple events into a vibrant mixing and gathering zone. It is a grand and unique space that will enhance the Hwaseong sports complex like no other sports facility in Korea.

The roof and side walls of the building are curved metal, creating an organic and sculpted "body" for the building. Not unlike automotive design where a beautiful form is created to cloak "the machine" within, our philosophy of creating a sublime and natural shape enhances and blurs the more technical message of sports architecture. This creates mystery and enhances the "spectacle of experience". The walls of the building are curved and perforated metal, creating a sleek look for the outside of the building. The perforated metal allows for veiled views from the various concourses of the facility. This is a modern interpretation of translucent scrims often seen in Korean traditional buildings. The perforation also varies in openness from one end to the other creating a gradient effect that will further enhance the building as it will change characteristics as you move along the façade, subtly revealing some of the building interior.

The lighting enhances the design by washing the building from the outside to illuminate a sculptural mass most times. During an event, the lighting can change to reveal more of what happens within, communicating to the outside world the excitement of the game. The seating bowl undulates at the perimeter. We put

2

3

more seats on the sides to taking advantage of optimal spectator views while limiting end zone seating. Lowering end zone seating increases views to surrounding context and the mountains beyond. It also allows for views from outside the facility so the local community can partially share in the excitement of the game.

There is a main public plaza to the west of the stadium/arena. It is cradled by the distinct building geometry creating a more contained space. This is an additional advantage of combining the buildings. The enhanced sense of enclosure creates a strong identity as one first approaches the building and also experiences the space. The plaza is activated by retail at the base of the arena and a sunken courtyard that links the plaza with the lower level. A grand ramp originating from the "synergy zone" also unites the plaza with various levels of the site. This area, a place for pre-game events or celebration, is positioned for connectivity with the residential neighborhoods to the west and south. The west plaza also benefit from sunshine throughout most the day. It will be the perfect spot for pre-game activities whether for the stadium or the arena. When there is not a function it will be a pleasant space for those accessing the retail or enjoying the cafe.

The site is surrounded by subtle and undulating mountains that create a natural backdrop for Hwaseong Stadium. A source of inspiration for the main building, they also inspire the landscape. A critical component to the design of the master plan, it reflects the same harmony and fluidity with nature as the rest of the project. The building and landscape take their cue from each other and the natural setting beyond.

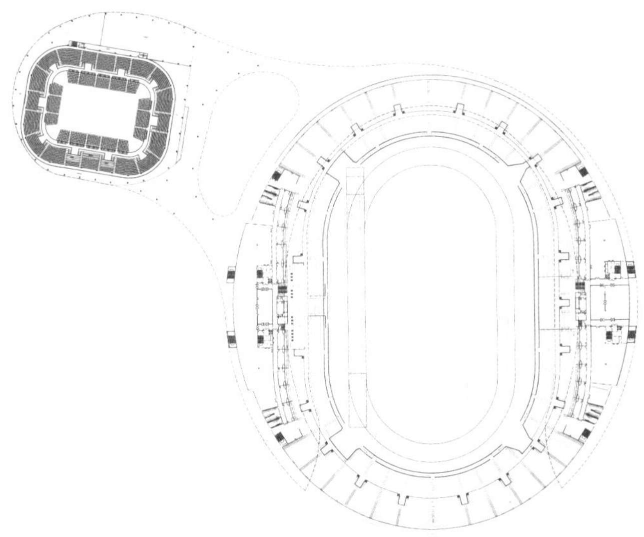
4

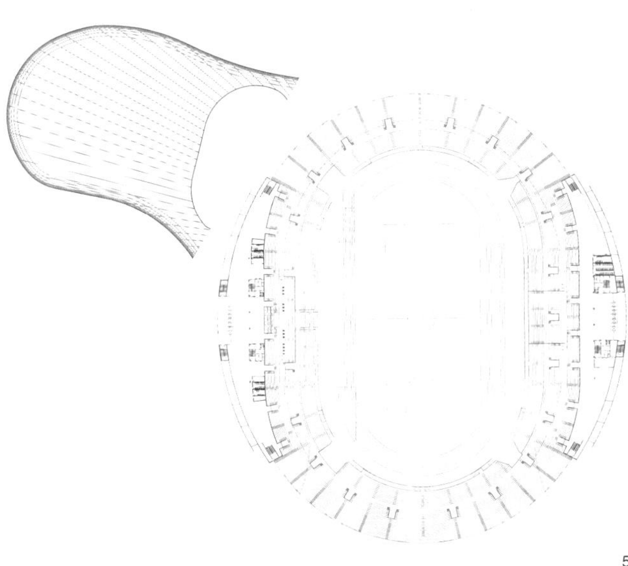
5

2 顶篷下空间模拟
3 简约的造型营造出特立独行的艺术效果
4 三层平面
5 四层平面

美国达拉斯牛仔队橄榄球场

Cowboys Stadium, Arlington, USA

■ HKS建筑设计公司 ■ HKS Inc.

项目概况

项目名称：牛仔队橄榄球场

建设地点：美国德克萨斯州阿林顿

业　　主：Dallas Cowboys Football Club

用地面积：29.5hm^2

建筑面积：27.87万m^2

坐席数量：100000

建筑高度：89m

内场尺寸：126.5m × 78m

屋面结构：Steel truss with PVC membrane and Teflon-coated fiberglass fabric

设计单位：HKS, Inc.

设计总负责：Bryan Trubey, AIA
Mark A. Williams. AIA LEED AP

建筑专业：Mike Rogers, AIA

结构专业：Walter P. Moore and Associates, Inc.
Campbell & Associates, Inc.

设备专业：M-E Engineers, Inc.

施工单位：Manhattan Construction Company

设计时间：2005年1月~2006年5月

建成时间：2009年7月

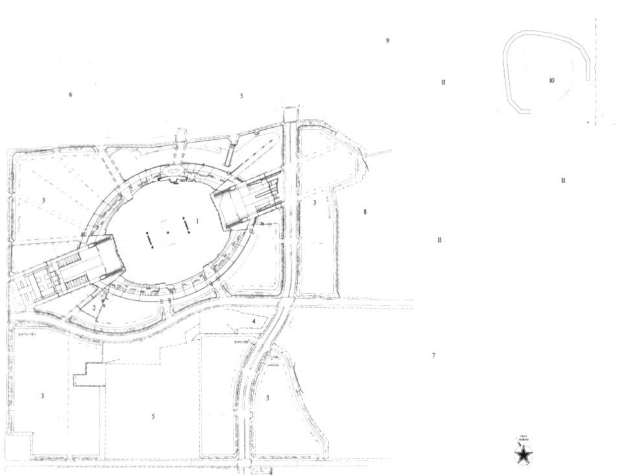

1　总平面

达拉斯牛仔队（Dallas Cowboys）是美国国家橄榄球联盟在得克萨斯州达拉斯的一支球队。1960年该球队以扩建队伍的身份加入了大联盟，是大联盟历史上较为成功的一支球队。目前牛仔队保持着8次出席超级碗的记录，并且和旧金山49人队并列成为5次夺得超级碗、次数排名第二多的球队，此外，牛仔队是大联盟历史上第一支在短短4年赢得3次超级碗的球队。也正因此，牛仔队拥有了达拉斯地区之外的大批球迷，有时被称为“美国之队”。2008年9月福布斯杂志（Forbes Magazine）将牛仔队列为美国最有价值的体育专业队，以约十六亿一千二百万美元的总价值位居世界第二（仅次于英国的曼彻斯特联队），同时牛仔队还以近二亿六千九百万美元的年收入，成为美式橄榄球场上最富有的球队之一，

美国橄榄球联赛日，所有的欢庆如同皇室的传统盛典一般，是全美各比赛城市球迷们共享的仪式。接近中午时，球迷们便聚集在一起，怀着对球赛胜利的期望共同涌向赛场的大门迈进。在任何一个这样的周末，球迷们随着比赛的高起低落而高声呐喊，情绪激昂。现如今球赛战术已有了大幅度的提高，但球迷们比赛日的传统却与百年前没有什么两样。

与此同时，美式橄榄球联盟的业主正面临这新的挑战，即如何使赛场给球迷们留下深刻印象。高清晰度的电视实况转播和超级的音响效果是他们竞争的主要方面，如何能够在设计新球场设计上改变球迷们以往的比赛日经历，则是HKS建筑师们面临的最新挑战。设计力求在这个明确目标指引下，创造一个新的标准并以此作为今后所有运动设施的参照，最终创造一个未来新球场。

达拉斯牛仔队的标志就是其头盔上的那颗五角星。没有一支美式橄榄球队能比牛仔队拥有更高的全球知名度，而那颗五角星的力量和得克萨斯州球场的特色则是牛仔队品牌在全球形象的代表。这座体量庞大、伴随着牛仔队四十年的得克萨斯州球场设计伊始，设计者着重考虑如何建立牛仔队的品牌，赛场的标志包括屋顶上开洞的形状以及中央象征队标的五角星都是球队在国际市场上的标志，这也从侧面反映了达拉斯牛仔队总是作为联盟中开先河的尖兵。新球场设计的主要理念为游行性（Procession）、通达性（Access）、开放性（Openness）和融入性（Immersion）。

游行性

从建筑设计角度出发，人流的隆重到达和游行式移动的概念通常不用在大体量的体育建筑上，而是用于许多意义深远的建筑，如

2 球场的可开合屋顶

圣彼得大教堂、华盛顿市史密森尼博物馆群体。但牛仔队球场的设计打破了常规，为所有的球迷提供了一条理想的到达路线。支撑屋顶的纪念性钢桁架勾画出两个灵活的广场，这两个由端区延伸出来的大型广场既是比赛日各类活动的场所，又是进入球场的通道；球场外迎接球迷的是世界上最大的活动门（高 40m，宽 60m），开启的大门可把球迷的视线一直引向球场内部的观众席，室内外紧密联系在一起；另有四个贵宾入口，也利用建筑的缝隙把贵宾的视野直接带入赛场。

通达性

球迷们与新闻媒体都非常想接触到球员与教练，寻找赛场通行证或尽量近地接近球员是他们的最大心愿。HKS 设计师们充分考虑了这点，设计的第一个通达性环境就是赛场边线的套间，这是以前任何一个橄榄球场设计都未有过的尝试，观众可以走出套间与球员、教练相隔咫尺。第二个通达性环境是在美式橄榄球联盟球场首创的赛场俱乐部，其设计除与赛场套间有类似之处外，HKS 还提出让球员上场必经赛场俱乐部的流线设计，另外主队的赛后记者招待会会议中心也被设在赛场俱乐部的隔壁，仅由一片隔声的玻璃墙分开，在俱乐部内的球迷们可以直接观看到球员入场以及赛后的新闻发布会。

开放性

在规模巨大的美式橄榄球联盟球场实现开放性的理念是一个非常大的挑战，现代的球迷希望享受室外的美好天气，同时渴望方便舒适的室内环境，可移动的屋盖将一切变为现实。它可使日光及外部环境通过开敞的屋盖流动到球场内，与著名的得克萨斯州球场屋顶开口不同，天气不好时屋盖还可关闭以保证比赛的顺利进行。同时设计师把观众席设立在长轴两侧，而在球场的两个端区设置可自由开启的大型玻璃平拉门，打开时日光和新鲜空气可直接进入球场的深处。

融入性（Immersion）

观众席上热烈的气氛与赛场上激烈的对抗息息相关，球迷们沉浸在比赛之中，热切地期望着能听到比赛的声音，感觉到赛场上的冲撞，甚至嗅到球员的汗水。如何能让他们特别是坐在上层看台的球迷有这种亲密的感受？HKS 建议在赛场中央悬挂世界最大的电

3

视屏幕，这也是美式橄榄球联盟中的首次尝试。这个高清晰度的屏幕尺寸为 21m×49m，比球迷在家看 50 英寸的高清晰度电视转播效果还要好，彻底改变了球迷们的传统观摩方式。另外还在内看台设置两条不间断显示的 LED 显示带，这既是这对中央悬挂式电视屏幕的补充，更把几层看台统一在一起，增加了上层看台的价值。

虽然达拉斯牛仔队的成功取决于他们在赛场上的表现，但牛仔队赛场的成功则是从 HKS 创意性的设计与业主们有远见的决定开始的。

The Dallas Cowboys are a National League Football (NFL) team in Dallas, Texas. In 1960, the Dallas Cowboys joined the NFL as an expansion team and has been the most successful team in the NFL's history. Currently it holds the record for qualifying for the Super Bowl and is tied with the San Francisco 49ers in holding the second place position for Super Bowl championships with five Super Bowl wins. Aside from this, the Dallas Cowboys was the first football team to win three Super Bowls in four years in the NFL's history. As a result, the team has a lot of fans outside of Dallas and is sometimes referred to as the "USA Team". It is the second most valuable professional sports team in the world (just behind the UK's Primer League Manchester United) with a value of 1.612 billion dollars. Additionally, it is the richest football team in American football with an annual income of 269 million dollars.

On the day of the American football tournaments, fans in cities across the USA share in celebrations that are as exciting to them as royal ceremonies. As noon approaches, football fans come together and rush into football stadiums anticipating victory. On these weekends, football fans cheer on their teams and get excited with the ups and downs of the matches. Although today's strategies have greatly improved, the football fans' time honored activities have not changed compared to earlier years.

Meanwhile, the owner of the American Footballl League is facing a new challenge: how to make the football stadium leave a deep impression on fans. HD live broadcasting and high quality audio are their main competitors. When designing the new stadium, architects from HKS faced a new challenge in improving on football fans' previous match experiences. Guided by this clear target, the design will create a new standard to be used as a benchmark for later sports facilities while also creating a new future for football stadiums.

The Dallas Cowboys' symbol is a five pointed star placed on the helmet. No other American football team is more well-known around the world than the Dallas Cowboys. The symbolic strength of this five pointed star and the features of its Texas stadium are representative of the Cowboys' brand image around the world. When beginning to design the Texas stadium, with its huge volume and 40 year connection with the Dallas Cowboys, we focused on how to build-up the brand of this team. Icons of this stadium include the shape of the opening in its roof and the five pointed star, representing the team, in the center of the roof, both of which are the team's symbols within the international market as

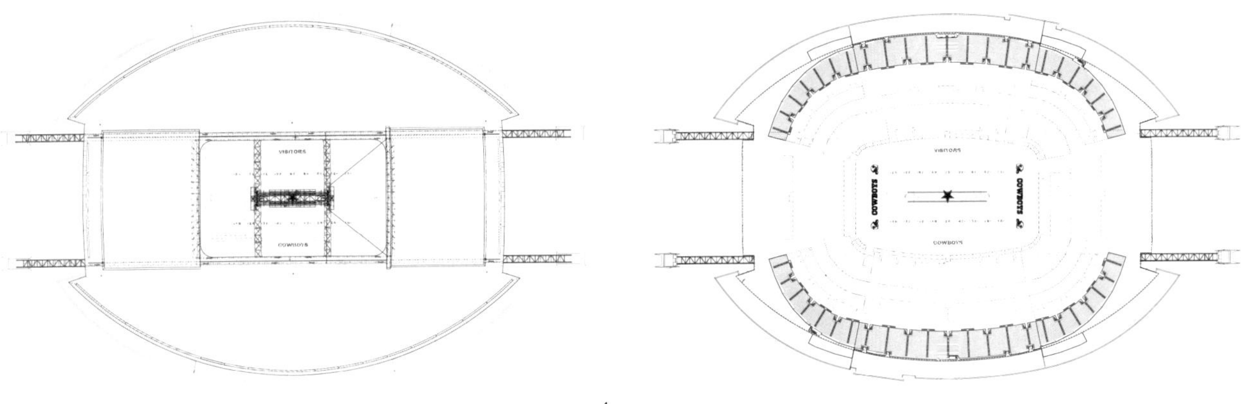

4

5

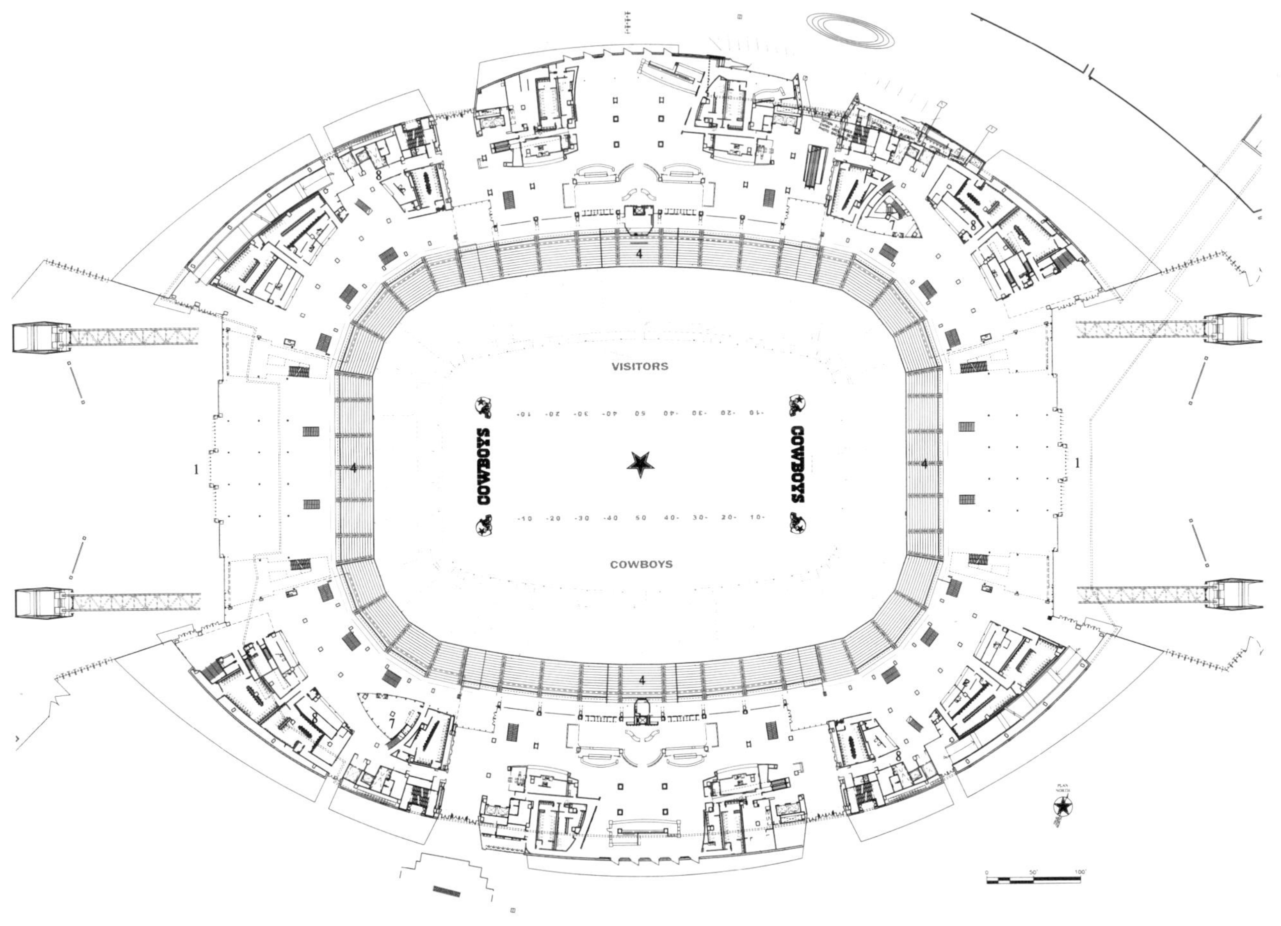

6

3 屋顶开启时的内场
4 屋顶平面
5 顶层平面
6 入口层平面

7 球队俱乐部
8 宽敞的观众平台

well as reflections of the Dallas Cowboys role as a pioneer within the NFL. The main design concepts for the new stadium are procession, access, openness, and immersion.

Procession

From the perspective of construction design, the concept of treating the arriving audience as a moving procession is rarely used in large volume sports buildings but is commonly seen in historically significant buildings like St. Peter's Basilica or the Smithsonian Museum in Washington D.C. The design of the Cowboys' stadium, however, breaks this general rule and provides football fans with an ideal route for arrival. Memorial-style steel trusses which support the roof form an outline of two flexible squares. These two squares are extended by the end zones, and they are both the sites of all activities on game days as well as provide access to the stadium. An adjustable door (height 40m, width 60m) on the outside of the stadium is the largest of its kind in the world. The open door draws the football fans' attention to the audience seats within the stadium, connecting the inside and outside of the stadium. The stadium also has four VIP entrances, which provide the VIPs with views of the game field through gaps between structures.

Access

Both football fans and the media want to get in touch with the players and coaches, so their best wish is to find a game field pass or get as close as they can to the players. HKS architects fully explored this, so the first accessible environment they designed is a set of units located on the side line. This design has never been tried before in any American football stadium. The audience can walk outside of these units and get close to the players and coaches. The second accessible environment designed is the first game club in any American Football League stadium. Besides making its design similar to the game units, HKS created a streamlined design which makes the players pass the game club. Aside from this, the host team's after game press conference center is also located near the game club. Because the conference center and game club are separated by a sound-proof glass wall, the football fans within the game club can view the players as they go to the field and during the post-game press conference.

Openness

It is a big challenge to realize the design idea of openness in a massive American football league stadium. Modern football fans want to enjoy fine weather outside as well as the convenience and comfort of an indoor environment, and a moveable roof can realize this wish. It can allow daylight and air from outside into the stadium by opening the roof. However the new roof differs from the famous Texas stadium in that it can close if the weather is bad and therefore guarantee that the game can continue smoothly. Additionally, architects placed the audience seating on two sides along the larger axis and the massive automatic glass plug door on the two end zones. This allows daylight and fresh air to go directly into the depths of the stadium.

Immersion

The exciting atmosphere of the audience seats is tied to the players' actions on the game field. Fans want to fully participate with the game, and so they are eager to hear the sounds of the game, feel the collisions in the game, or even smell the sweat of the players. How is it possible to make all of these fans, especially those who sit in the upper seats, have such a close experience? HKS suggested hanging the world's larges TV screen in the middle of the stadium, also a first for the American Football League. This HD screen is 21mx49m, far better than watching the game on a 50 inch HD TV, and it changes the traditional way for fans to watch the game. Aside from this, two LED display belts are set in the inner stands which, in addition to the central hanging big screen, serve to unite the various stands together, increasing the value of the upper stands.

Although the Dallas Cowboys' success is determined by their performance on the game field, their game field's success starts from HKS's creative design and the property owners' visionary decision.

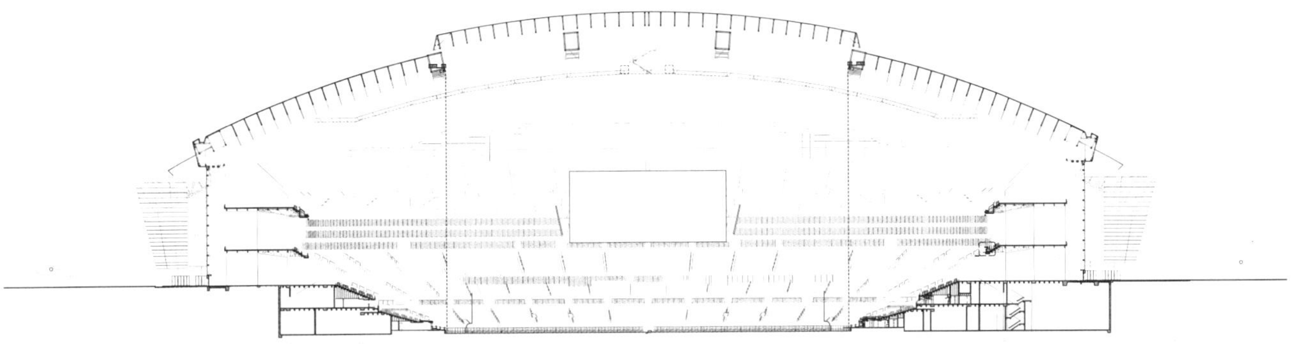

9

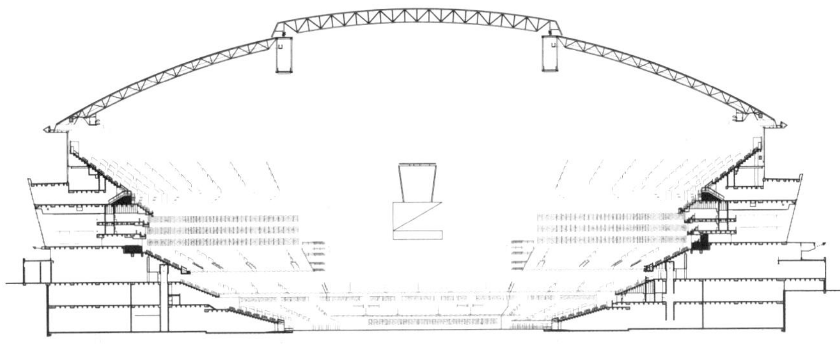

10

11

12

9~10 剖面
11 球场两端可自由开启的大型玻璃平拉门
12 支撑屋顶的钢桁架

美国华盛顿国民队新棒球场

Nationals Park, Washington D.C., USA

■ Populous建筑事务所　■ Populous

项目概况

项目名称：国民队新棒球场

建设地点：美国华盛顿

业　　主：D.C. Sports and Entertainment Commission

工程造价：3.11 亿美元

建筑面积：10.22 万 m^2

坐席数量：41888

建筑设计：HOK Sport Architecture（现 Populous）

合作设计：Devrouax + Purnell Architects

结构设计：ReStl / Thornton Tomasetti, a Joint Venture

建成时间：2008 年 3 月

摄　　影：Dougherty

耗资 3.11 亿美元的美国华盛顿国民队新棒球场坐落在阿纳卡斯蒂亚河附近，已于 2008 年年初开放，并获得美国绿色建筑协会 LEED 银质认证，是美国首个获得此项认证的大型专业体育场馆。

拥有 41888 个坐席的新球场不同于一般的棒球场，呈现出一种新的风格。HOK 体育通过透明、集中、开敞的造型手法与简单醒目的几何体量使体育场与周围环境协调、融合，以现代且具有纪念性的形象对首都城市的文脉进行回应。同时工程中也引入了大量的可持续设计手段。

选址

新球场是阿纳卡斯蒂亚河附近一块废弃地的再生项目，设计目标是以新建球场带动所在地区的复兴，使其成为一个新的混合使用的娱乐服务区。球场所处地区已被列入志愿者清洁计划，为其环境的改善提供了条件，使得这块 10hm^2 用地的环境大幅改善。目前环境改善工作仍在加紧进行。球场选址靠近城市公共交通设施，附近设有地铁车站和公交线路。

材料选用

球场中应用了大量节水管件，每年能够节约用水 113.6 万升，减少 30% 的耗水量。大量节能电灯组件的应用减少了光污染，场地照明的耗电量降低约 21%。球场使用的建筑材料有至少 10% 可回收再利用，室内使用的黏合剂、地毯胶和油漆等也基本为低挥发性有机材料。另外，大部分建筑材料都在当地生产加工，既降低了交通运输成本，又推动了当地经济的发展。同时建造过程中产生的 5500 吨建筑垃圾也得到了回收利用。景观绿化大多采用抗旱节水树种，减少了灌溉的需要，从而达到节水的目的。屋面材料反射系数较高，极大降低了建筑向环境中排放的热量。在左侧场地旁的卫生间与休息室区域上方有一个 585m^2 的绿色顶板，能够降低热量吸收。

地下水与雨水过滤系统

因为项目选址紧邻阿纳卡斯蒂亚河，所以需要对雨水与地下水的排放问题进行重点考虑。设计最终采取了独特的排水过滤系统，将冲洗棒球场的水与雨水区分开，并且在将两种非清洁水排入清洁水之前进行净化处理。在这种大型体育建筑场馆内，经常可能出现如花生壳之类的有机垃圾碎屑，设计对此也进行了特殊处理，以便能够将这些垃圾碎屑从排水系统中分离出去。

设计

球场的不对称设计与其周围的城市环境正相互呼应。与南首府街的林荫大道相对应，球场以预制混凝土、金属及玻璃的组合呈现出一种纪念性建筑物的形象，并且与周边传统的城市建筑和谐一致。建筑底层的多处开口为其纪念性立面增添了活力，街道上的人们透过这些开口和玻璃幕墙可以看到体育场内部的碗形坐席。

场馆的大部分由混凝土和钢结构建造而成，碗形坐席向东、南方向倾斜，从而提供了面向场外阿纳卡斯蒂亚河的开阔视野。场地内的所有元素形式都与场地南端简单而生动的三角点相统一，呼应了法国工程师 L' Enfant 对华盛顿特区几何形式（菱形）的规划，也巧妙地使人们联想起简单而庄严的国家纪念碑，既能够使观众一览国会大厦的整个南立面，又能够使人们的视线穿过广场与场内坐席直达场馆东侧，营造出从南部通往整个城市的动感的门户形象。

棒球场被一个如刀刃一般的独特太阳屏环绕，看上去好似一道天际线分隔天地。夜幕降临，球场内灯光亮起，场内比赛画面将通过太阳屏传送至场外。沿棒球场周边设置了从看台底层至最高处的坡道，观众们可在观看球场内赛况的同时欣赏场外的城市景象。

1

1 体育场外观

Set near the Anacostia River, the USD $311M Nationals Park, in Washington D.C. opened earlier this year and is the first professional stadium in the U.S. to become LEED Silver Certified by the U.S. Green Building Council. LEED stands for Leadership in Energy and Environmental Design and the rating system was developed by the US Green Building Council, in Washington DC. It is a performance orientated rating system where building projects earn points for satisfying criterion designed to address specific environmental impacts inherent in the design, construction, operations and management of a building. The LEED rating system was designed to guide and distinguish high performance buildings that have less of an impact on the environment, are healthier for those use the building and more profitable than their conventional counterparts.

The 41-888-seat Nationals Park marks a new genre in ballpark design. It is a modern response, a monument, fitting for the Capitol City. It seeks to relate to its environment through transparency, massing and openness and a strikingly simple gesture of geometric volumes. The project incorporates a variety of sustainable design elements.

The site

Nationals Park is categorized as a brown field redevelopment that is located near the Anacostia River. The ballpark will serve as an anchor for urban revitalization of the area, including a new mixed-use entertainment zone. The ballpark site was enrolled in the Voluntary Clean Up Program and therefore provides an opportunity to leave the roughly 25-acre site a much better environment then when it was received. Environmental remediation efforts are ongoing. The ballpark's location that is easily accessible to public transportation, including access to a nearby metro stations and local bus routes.

The use of materials

Water conserving plumbing fixtures are used throughout the project, saving an estimated 3.6 million gallons of water per year and reducing overall water consumption by 30 percent. Energy conserving light fixtures help reduce light pollution and realize a projected 21 percent energy savings over typical field lighting. Content of building materials used on the project contain a minimum of 10 percent recycled content, and other interior materials including adhesives, carpet glues and paints were specified with low VOC contents. Many of the building materials used on the project were produced regionally, which cut down on transportation costs while promoting the local economy. 5,500 tons of construction waste was recycled. Landscape plant

2 赛时内场

2

materials specified are drought resistant, conserving water by eliminating the need for irrigation. Roof materials offer a high degree of reflectance, minimizing the amount of heat released to the environment. A 6,300 square foot green roof above a concession/toilet area beyond left field minimizes roof heat gain.

An intricate ground and storm water filtration system

Because the site is within close proximity to the Anacostia River, much care was taken to treat storm and ground water runoff. The result is a unique, intricate water filtration system that separates water used for cleaning the ballpark from rainwater falling on the ballpark and treats both sources of water before it is released to the sanitary and storm water systems. Special care was also given to screening organic debris such as peanut shells that are unique to this building type from the storm water system.

Design

The asymmetrical massing of the ballpark responds to each aspect of its surrounding urban context. To the envisioned grand boulevard of South Capitol Street, the ballpark presents a monumental façade of architectural precast concrete, metal and glass with features and articulation consistent with the traditions of D.C.'s best civic buildings. This monumental façade is enlivened by hints of the excitement within the ballpark through ground-level openings, offering views into the interior of the seating bowl at street intersections and through the glass curtain wall enclosing spectator functions that serve the upper levels.

Anchored by this mass, the seating bowl sweeps to the south and east in a circular expression of steel and concrete that offers openness and promontory views out to the Anacostia waterfront. The composition is unified by a simple yet dramatic gesture of a triangular point at the south end that is evocative of the geometry of L'Enfant's plan for the District and is subtly reminiscent of the majestic simplicity of our nation's monuments. This structure, allowing views both up the South Capitol façade and through an open plaza to the sweep of the seating bowl to the east, present a dynamic gateway element to the approach into the city from the south.

The structure is crowned with a unique blade-like sunscreen structure that will serve as a recognizable icon from the ground and across the City's skyline. When illuminated from beneath at night, it will signal the drama of the activity within. A pair of vertical circulation ramps running the full height of the building affords fans alternating views into the ballpark and out to the surrounding city, including the Anacostia River, the Capitol Dome and other landmarks such as the Washington Monument.

3

4

5

6

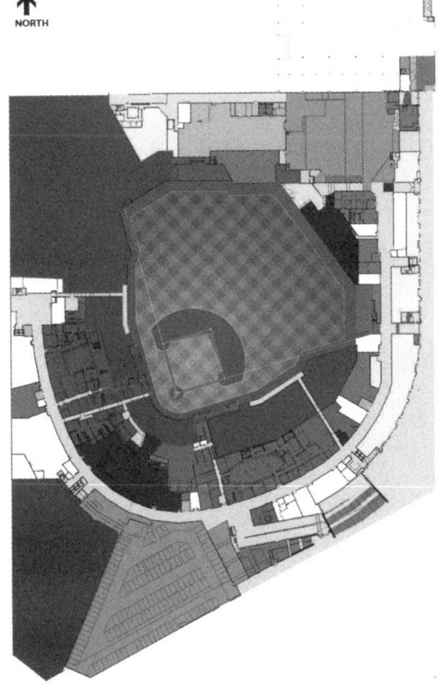

7

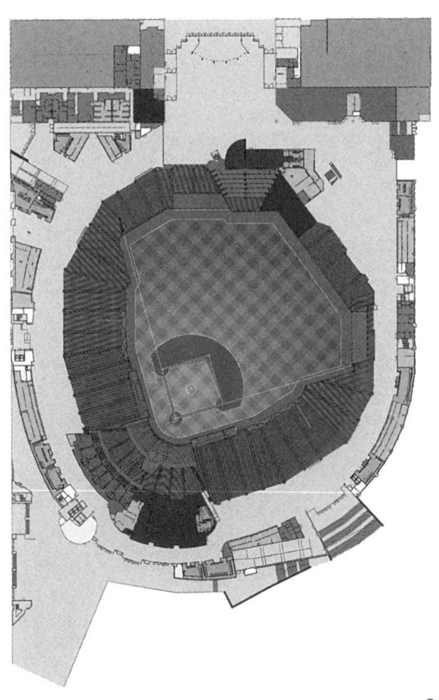

8

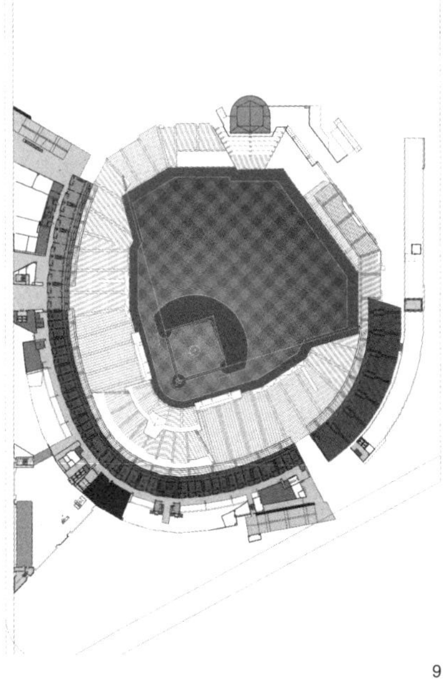

9

3 VIP 坐席区
4 VIP 坐席区
5 餐饮服务区一
6 餐饮服务区二
7 服务层（service level）平面
8 平台层（main level）平面
9 VIP 包 厢 层（suite level）平面

10

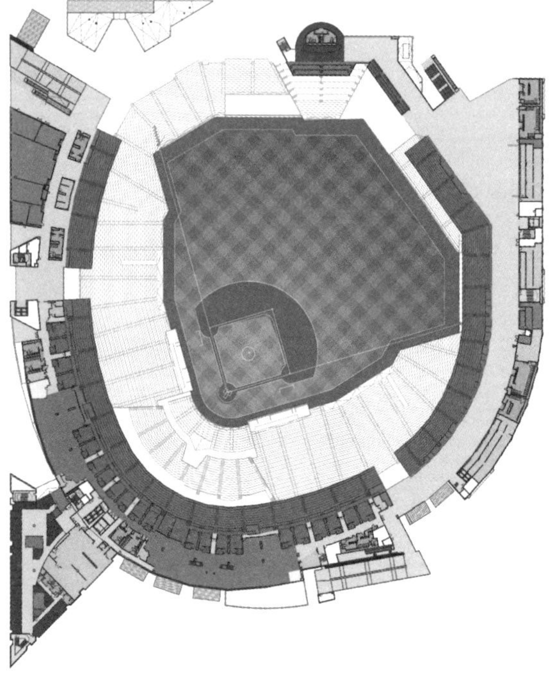

11

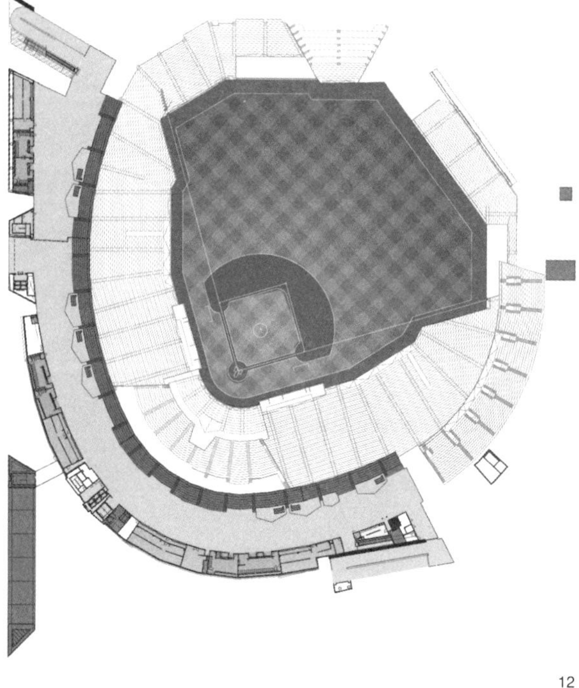

12

10 覆以绿色屋顶的场外零售区
11 俱乐部层（club level）平面
12 上层观众等候厅（upper concourse）平面
13 媒体区低层（lower press level）平面
14 媒体区高层（upper press level）平面
15 零售服务区
16 观众等候厅

13

108-143
Suites 1-30, 41-79
Elevators
PNC Diamond Club
119-126
Presidents Club
Sections A-E
Stars&Stripes Club
206-221
Suites 31-40
Conference Center
301-420
201-205

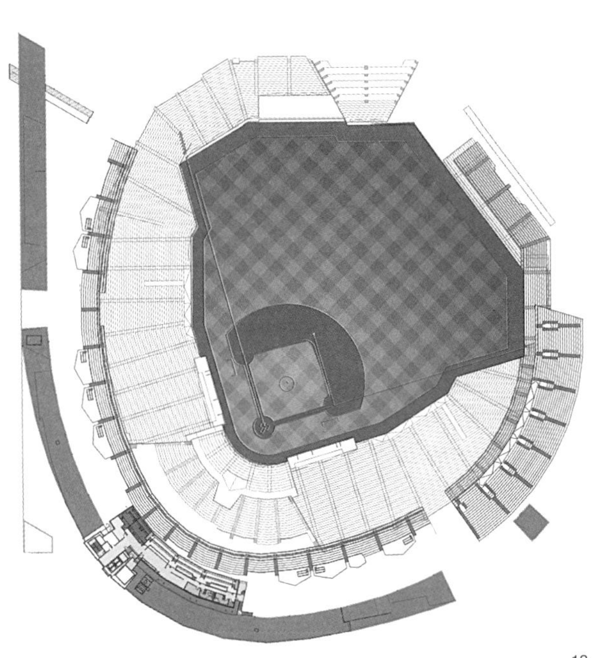

15

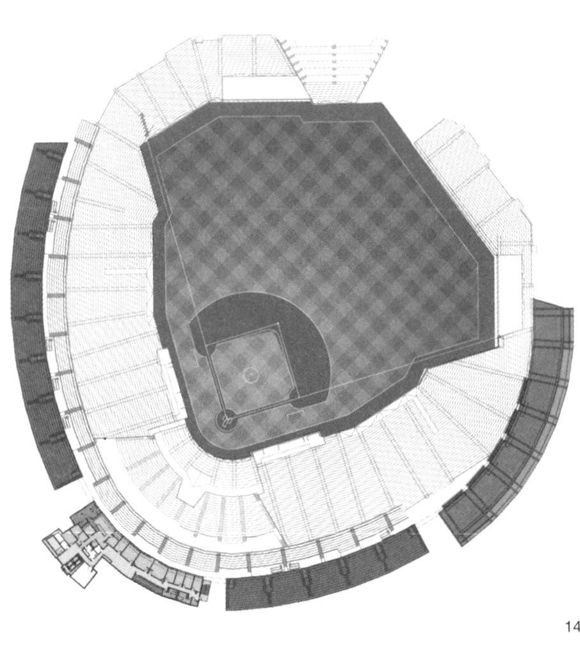

14

16

美国纽约花旗棒球场

Citi Field, New York, USA

■ Populous建筑事务所 ■ Populous

项目概况

项目名称：花旗棒球场

业　　主：大都会棒球队

建设地点：美国纽约

用地面积：$17hm^2$

坐席数量：45000

建筑设计：Populous 建筑事务所

结构设计：WSP Cantor Seinuk

设备设计：M-E Engineers

设计时间：2005 年

建成时间：2009 年

Populous 事务所始终引领着全球棒球场的设计。纽约的洋基队和大都会棒球队都是世界闻名的美国职业棒球大联盟棒球队。2009 年，由 Populous 事务所设计的两支球队的新主场球场——新洋基体育场和花旗球场开始启用。

花旗球场与大都会棒球队原主场——谢亚球场（Shea Stadium）毗邻，搭乘城市公共交通即可方便到达，是一个融合了历史元素的现代化设施，设计师利用砖拱、裸露的钢架和花岗岩为球场打造出引人注目的形象。

耸立于球场前、高 19.8m 的杰克·鲁宾逊大厅（以前布鲁克林·道奇斯棒球队的队员杰克·鲁宾逊的名字命名）是球场的主入口。贯穿棒球场的钢铁桁架寓意与纽约市区相连的桥梁。棒球场几何形状的变化为每层观众都提供了独特的视觉体验。设计根据球场几何形状的变化精心设计不同的看台区，水平和垂直方向均有细致处理。现代化的球场内设有多种娱乐活动和餐饮设施，以吸引球迷们结伴而来支持主队。

球场沿街的造型设计意图很明确，即呈现过去城市棒球场的形象，表达怀旧的情绪。设计利用大部分预制构件和色调独特的定制砖块，塑造了布满拱形开口的整体形象。除此之外，建筑还使用了金属板和地面混凝土砌块，以再现著名的艾伯兹球场（Ebbets Field）风貌。

观众可以通过棒球场内的钢架桥到达所有的娱乐场所，并且一览 126 号暖场区入口的全貌，以及其中正在热身准备上场的球员。钢架桥邻球场一侧为阶梯状看台，设有多排座椅及餐桌，人们可以一边就餐一边观看场内的比赛。总统套房和贵宾俱乐部则通过箱型梁桥与办公楼相连。

除了球场周边另外 3 个主要入口之外，大部分观众会从杰克·鲁宾逊大厅进入。大厅内矗立着杰克·鲁宾逊的塑像，并展示着鲁宾逊时代棒球队的光辉影像及说明。观众可以通过大厅内的 2 个弧形楼梯和 4 部自动扶梯去往球场的 3 层坐席，并从多个休息厅内俯瞰这个令人印象深刻的入口空间。

著名的“本垒打苹果”在花旗棒球场内再现，设置于球场围墙之后，在主队打出本垒打的时候会被升至空中以示庆祝。原来谢亚体育场时期的“本垒打苹果”现在也还保留着，存放于新球场内。

原来在谢亚体育场记分板顶部显露的纽约天际线极具象征意义，被制作成霓虹板安装在食品售卖处的屋顶之上。谢亚球场外的霓虹球员人像也被复制在定制的瓷砖墙和地板砖上，用于俱乐部的室内装饰。

球场设有多样的休闲场所，意在为球迷们提供各种娱乐体验，使其保持对棒球运动的热爱。外场以外的区域为人们提供了多样的娱乐选择，例如可以看到客队和主队队员的暖场区、酒吧、设有灯光及具有即时回放功能的视频信息板的儿童迷你棒球场。球场右侧围墙外设有一处团队聚会空间，在这里观众可以看到外场手的表现。在本垒板之后、面向球场的步行区还设有一个别致的餐饮区。同时球场内还进驻了纽约知名商家联合广场酒店集团（与格拉姆西酒店、Shake Shack 餐厅、Blue Smoke 酒店等同为纽约知名的酒店），为人们提供熟悉的食品种类，同时也为球场引进了新的餐饮理念。场地左侧界外球杆之外的贵宾俱乐部可提供更完美的就餐体验，观众在此也可观看场内的比赛。

球场在绿色设计方面也进行了精心的考虑，包括使用可回收的建筑材料和高效节能的照明设备、节省水资源以及在球场墙体和屋顶设计上进行能源优化利用等。

Populous continues to lead the world in baseball design, and 2009 saw the opening of new grounds for two of the world's best known Major League Baseball teams, and both resident in New York. They were the new Yankee stadium, and Citi Field for the New York Mets.

Citi Field is a blend of modern-day amenities and historic charm, and is easily accessible by public transportation. Brick arches, exposed steel and granite combine to create a striking presence adjacent to the Mets' former home, Shea Stadium.

Defining the entry experience is the soaring, 65-foot-tall Jackie Robinson Rotunda, the ballpark's main entry, named after the famed Brooklyn Dodger. Steel trusses throughout the ballpark reflect the

1

1 球场主入口

bridges connecting the New York boroughs. Changes in the ballpark's geometry create unique views to the field at every level, and multiple entertainment and dining options create a modern ballpark designed to draw fans together to support the Amazin' Mets. All seating levels have unique views of the playing field accomplished through changes in the ballpark's geometry with both angular and vertical variations between seating sections. The Pepsi Porch is a unique area of the ballpark that overhangs the right field wall area bringing the spectators close to the action for a unique experience.

The ballpark's purposeful street-edge presence creates a nostalgic take on the urban ballparks of yesteryear. The ballpark's predominantly precast and brick exterior features arched openings and custom brick shapes in a unique color blend. In addition to the precast and brick curtainwall, metal panels and ground face concrete masonry blocks provide the ballpark's enclosure with designed similarities to the famed Ebbets Field.

The ballpark's steel bridge at the Field Level provides connection for spectators to access all amenities and dramatic overviews to the Bullpen Gate Entrance at 126th and the bullpens themselves. Located on the field side of the bridge is the Bridge Terrace, providing picnic seating with terraced views of the playing field. The Empire Suite and Excelsior Club Levels are connected to the Administration Building via box girder bridges.

In addition to the three other major entries around the ballpark, the Jackie Robinson Rotunda will welcome the majority of guests. The Rotunda features a '42' sculpture of Jackie Robinson, images and statements representing historical moments in Mr. Robinson's life and the values by which he lived. The Rotunda provides access to three levels of the ballpark and features two curved stairways, four escalators and balconies overlooking the dramatic entry.

The famed "Home Run Apple" is being recreated within the new ballpark just beyond the centerfield wall and will rise to celebrate the Mets home runs. The previous Home Run Apple has been retained from Shea Stadium and will be displayed within Citi Field.

The symbolic New York Skyline displayed at the top of Shea's scoreboard will be displayed atop a Field Level concession stand. The neon player figures outside of Shea have been replicated on custom pieces of ceramic wall tile and floor coverings within the clubhouse finishes.

Citi Field features a variety of unique amenities designed to bring a taste of the city into the ballpark and to provide experiences to retain spectators' interest time and time again. Areas beyond the outfield offer a variety of entertainment options, including a bullpen gathering area overlooking the visiting and home team bullpens, a beer island concession and a kids' mini Citi Field playing field with lights and its own video-board for instant replays. A group party area at field level beyond the right field fence offers views matching those of the outfielder himself. A unique food and beverage venue at the Promenade Level is located behind home plate with views to the playing field. Union Square Hospitality Group, well known for popular and innovative New York restaurants such as Gramercy Tavern, Shake Shack and Blue Smoke, will bring familiar restaurant offerings as well as new restaurant concepts to the ballpark.

At the left field corner, just beyond the foul ball pole at the Excelsior Club Level is a multi-tiered dining experience with spectacular views of the playing field and game action.

Green aspects of Citi Field include recycled construction materials, efficient lighting fixtures, water conservation and optimized energy performance through wall and roof designs. The Mets also plan to continue their energy conservation operations at the new ballpark.

2

2 赛时内场
3 入口层（sterling level）平面
4 平台层（concourse level）平面
5 总统套房层（empire suites）平面
6 俱乐部层（club）平面
7 暖场层（promenade level）平面
8 通过钢桥可到达场内任意处
9 杰克·鲁宾逊大厅
10 对于原有体育场极具象征意义的图案被制作成霓虹板安装在食品售卖处的屋顶之上

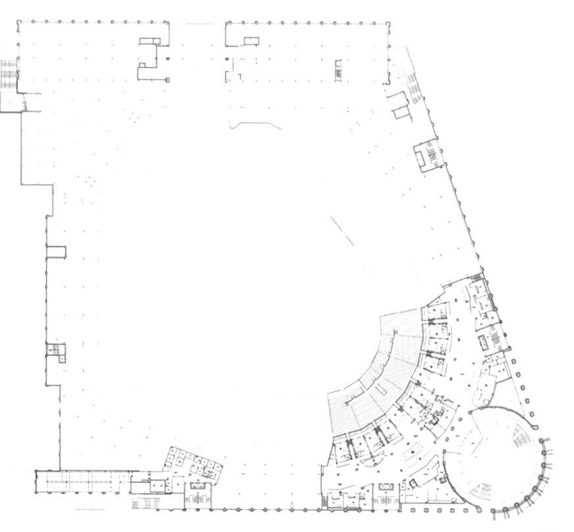

3

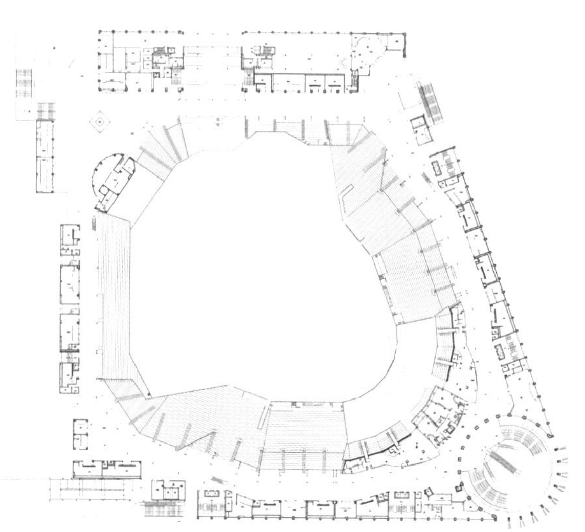

4

5

6

7

8

INTEGRITY
9

SHAKE SHACK
BEER HOT DOGS SHAKES SODA BURGERS FROZEN CUSTARD HOT DOGS
Mets
10

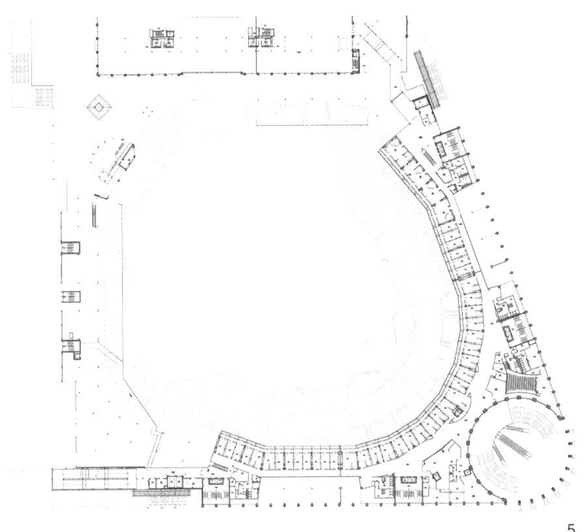

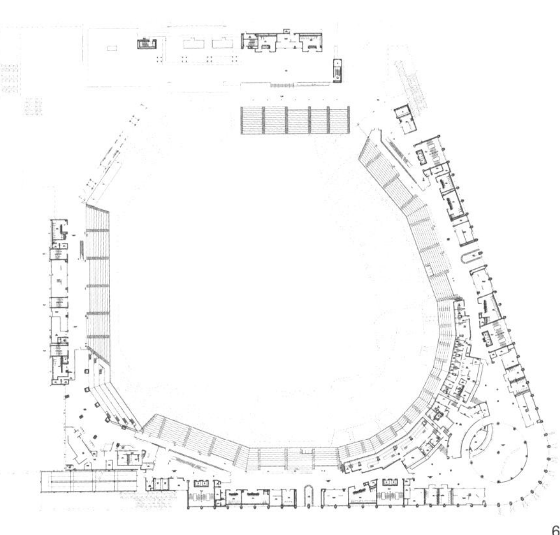

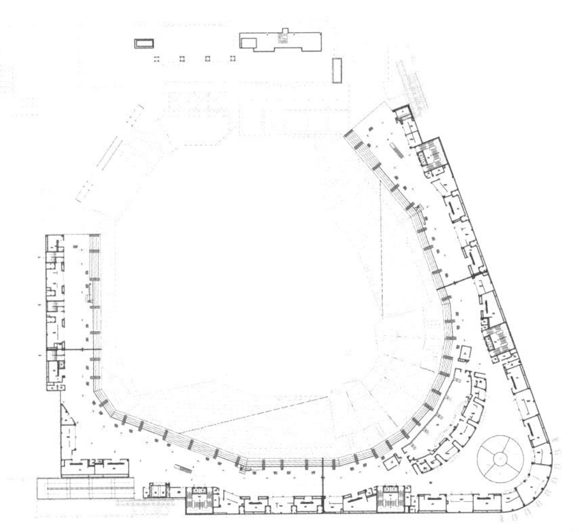

英国伦敦温布尔顿网球场重建

Redevelopment of Centre Court at Wimbledon, London, UK

■ Populous建筑事务所 ■ Populous

项目概况

项目名称：温布尔顿网球场重建

业　　主：全英草地网球俱乐部（AELTC）

建设地点：英国伦敦

用地面积：17hm^2

坐席数量：15000

建筑设计：Populous 事务所

结构设计：Main/ Capita Symonds，Sub consultant/ Edge Structure，Concept Structural Engineers /anchi Morley

设备设计：M&E Equipment/ Moving roof subcontractors-SCX，M&E Engineers（Bowl/ Lighting/ AC）/ ME Engineers，M&E Engineers/ Foreman Roberts

设计时间：2002 年

建成时间：2008 年

摄　　影：Fisher Hart（室外及鸟瞰），AELTC（室内）

温布尔顿网球场的重建是一个在体育界有着重大意义的项目。该项目的主管、Populous 事务所高级负责人罗德·谢尔德（Rod Sheard）认为，全英草地网球俱乐部在传承与创新基础上对球场进行的一系列改建为所有人提供了最完美的赛事体验。中心球场新屋顶的首次亮相是在 2009 年 5 月 17 日的一场特殊赛事中，随后又在 6 月到 7 月举办的网球锦标赛中得到进一步检验。

中心球场的屋顶是重建工程的四大组成部分之一，也是重建工程中最重要的部分，不仅是对原有球场的完善，也确保锦标赛期间的赛事不受恶劣天气的影响。第二个部分是保留球场原有的特征和历史感，塑造和谐、统一的建筑形象。因此我们拆除球场的东侧部分和 1980 年代建造的屋顶，并借鉴 1922 年该球场的原型，设计了几处转角的“门户”，将新立面与球场东侧、保留的早期重建部分与球场北侧联系起来。第三部分的挑战在于提升看台的坐席容量和宽度，将坐席数量从 13800 增加至 15000。为了实现这个目标，中心球场的看台增加了 6 排共计 2500 个坐席。第四部分则是对球场现有酒吧间、餐饮空间及网球场地进行整体更新和完善。

温布尔顿中心网球场新屋顶的结构设计体现了当前全球最高科技水平，在遭遇恶劣天气情况时，屋顶可在几分钟内快速关闭，“因雨停赛”的情况将不再出现。在用地如此紧凑、设有 15000 个坐席的草地赛场上空加建一个可持续的开合屋盖使设计面临着前所未有的挑战，事实上还未有过这样的先例让我们去借鉴，因此我们不得不通过一些创新型的方式去探索这一课题，从可折叠机械装置到制冷和湿度控制系统无不精心考虑。

新屋顶设计的一个关键部分是为草场引入足够的自然光，为了这一目标，我们进行了为期两年的专项研究。屋顶架设在拥有近百年历史的建筑之上，或许也正因为如此，建筑上已经没有任何空间再放置其他装置。当屋顶打开的时候，建筑之上已没有放置机械装置或大型制冷与除湿系统的空间。因此，屋顶只能是尽可能大的“固定”形式，其开口可折叠的部分则需要尽可能地小，以便为扩大的看台提供有效的遮蔽。事实上，开口并不是特别小，其剖面的跨度已达 75m。

与足球场或橄榄球场的草地相比，网球场的草地状况对比赛结果有着关键性的影响，因此空调系统必须确保比赛场地干燥，不会过度湿润。温布尔顿网球场的屋顶在下雨时关闭后，空调系统能够确保在比赛重新开始前清除掉球身、草地上、空气中、球员和观众衣服上凝结的水。

这次重建将温布尔顿球场原有的实心材料大部分替换为轻盈的半透明材料，可为赛场引入充足的自然光，所以即使屋顶处于闭合状态，人们依然感觉比赛是在户外进行。虽然屋顶的透明度是可以控制的，但是也要避免过多的光线射入而导致钢架结构的阴影影响场内比赛的进行。同时，不断发展的材料技术已经能够确保纤维结构屋顶的长久使用，在频繁开合的情况下不会发生断裂。

屋顶是温布尔顿网球场重建中最明显的增建部分，但它的意义却远非仅此而已。尽管电视机前的观众无法看到大部分的设施完善部分，但改建后的中心球场将提升网球运动所带来的体验。现在，温布尔顿网球场已经成为全球新一代体育建筑的典范。

The redevelopment of Centre Court at Wimbledon is a significant step forward in sport. Project Director of the redevelopment, Populous Senior Principal, Rod Sheard believes The All England Lawn Tennis Club (AELTC) has blended heritage with innovation and produced a range of improvements to ensure the best event experience possible. The new roof over Centre Court was used for the first time at a special event on 17 May, and then during this year's Championships in June/July.

The roof, designed to enable all weather play during the Championships and to complement the original stadium, is at the heart of the redevelopment vision. It was one of four major

1 球场鸟瞰

elements to the overall masterplan. The second was to preserve the identity and history of the stadium, yet redefine a coherent building. The basis of the approach was to remove the east side of the stadium and the 1980's roof, and draw on the form of the original 1922 design, and create corner 'portals' which linked the new façade to the east and the retained earlier redevelopment to the north. The third challenge was to increase spectator capacity and seat width from 13,800 to 15,000 seats. To achieve this, six rows and 2,500 seats were added to the existing stadium. And the fourth element was to improve the bars and dining facilities of Centre Court as well as to the grounds as a whole.

Wimbledon now operates one of the most technologically advanced roof structures in the world. From now on, Wimbledon officials will be able to close the retractable roof of Centre Court to the elements within a few minutes and never again will "rain stop play". Designing a sustainable closing roof over a grass tennis court with 15,000 spectators around a very tight site was one of the greatest challenges. Virtually nothing could be done the way anyone had done it before; Populous had to approach the issues in some very original ways, from the actual folding mechanism of the roof covering, to the cooling and humidity control systems.

A key part of the roof design was to allow enough natural light to reach the grass, and involved two years of light studies. The roof was also to be placed on an existing building, one that had been there for almost 100 years and, in addition, or perhaps because of that, there was nowhere to locate anything. There was no overrun to take the roof to when it was open, no large areas to place the mechanical plant or areas to accommodate the large cooling and dehumidifying systems. The Wimbledon solution had to be a 'fixed' roof that was as large as possible and a 'collapsible' roof over the opening, as small as possible, but with the added complication of increased spectator capacity. In fact the opening is not that small after all; the span of the opening section of roof at Wimbledon is 75 metres.

In addition the air condition system had to be developed to provide a perfect surface free of excessive moisture, unlike a Football or Rugby stadium where the "condition" of the grass surface was less crucial. At Wimbledon, if the roof is closed because of rain, the air control system needs to be able to remove the condensation from the ball, the grass, the air, the players, and even the clothes of spectators, before play can resume.

The solid roof of the past has, largely, been replaced at Wimbledon by lighter translucent materials, to enable maximum light onto the playing surface. Significant amounts of daylight can pass through; it feels "open" even when it is closed to retain the feel of an outdoors event; but even this translucence is controlled, so that not too much light passes through, to avoid shadows from the supporting steel structure. The development of materials' technology also meant a fabric could be used that would not crack when folded open and closed many times.

Whilst the roof is the most obvious new addition the redevelopment of Wimbledon's Centre Court, it is a great deal more than. It is about improving the entire tennis experience and much of the upgrading will never be seen by the television audiences. Wimbledon has now set the benchmark for a new generation of sports facilities around the world.

airflow under roof
airflow to bowl
airflow to court
airflow to bowl

2

5

trusses 'parked'

trusses 'deployed'
1 control gear boxes
2 bogies
3 truss
4 end arms
5 'batwing' end closer
6 sports lighting

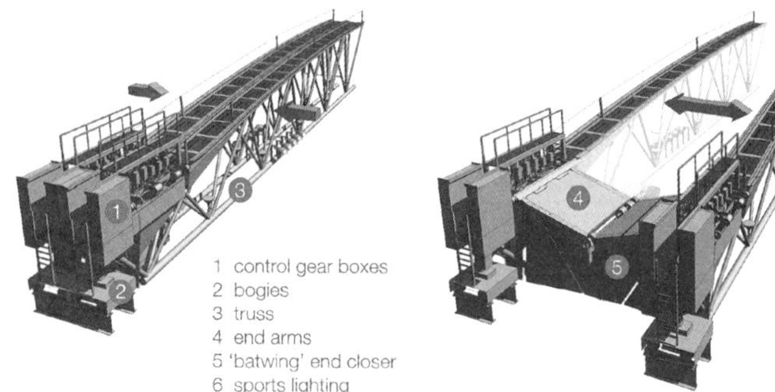

3

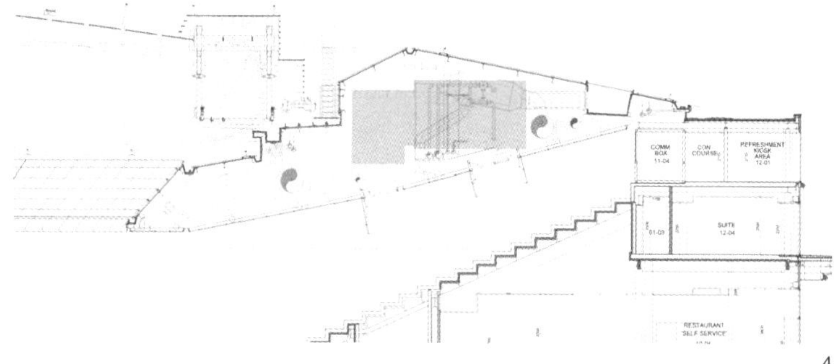

4

6

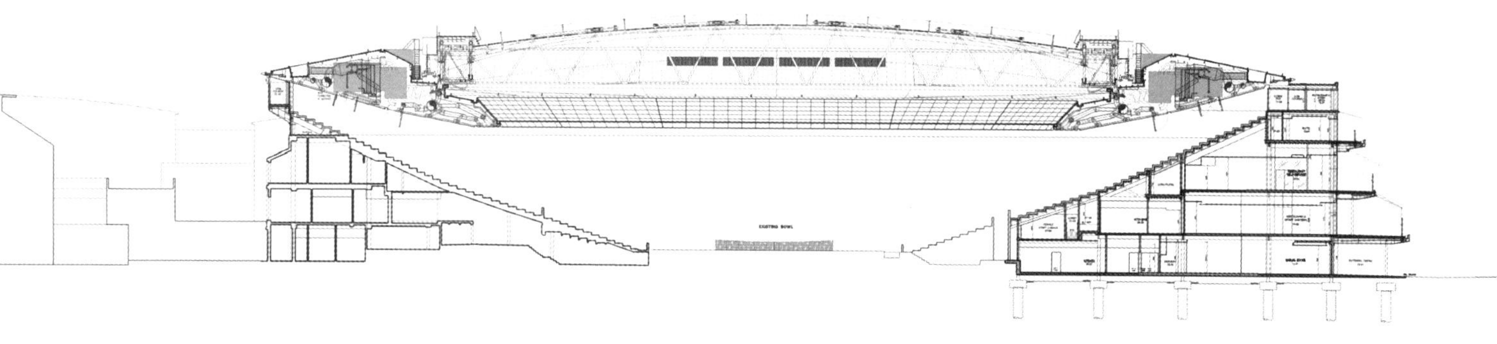

7

8 9

10

11

2 内场通风设计示意
3 可开启屋顶结构示意
4 东翼屋顶细部
5 屋顶关闭时的内场
6 屋顶开启时的内场
7 剖面
8 问询处
9 餐饮区
10 小型会议区
11 休息区

澳大利亚布里斯班昆士兰网球中心

Queensland Tennis Center, Brisbane, Australia

■ Populous建筑事务所 ■ Populous

项目概况

项目名称：昆士兰网球中心

业　　主：昆士兰体育场集团

建设地点：澳大利亚布里斯班

用地面积：17hm²

坐席数量：5500

建筑设计：Populous 建筑事务所

合作设计：HPA

结构设计：SKM

设备设计：Civil engineers/ Cardno Young，Services engineers/ Lincolne ScottHydraulic，Engineers/ Steve Paul & Partners

设计时间：2005 年

建成时间：2008 年

摄　　影：Aperture Architectural Photography (Scott Burrows)

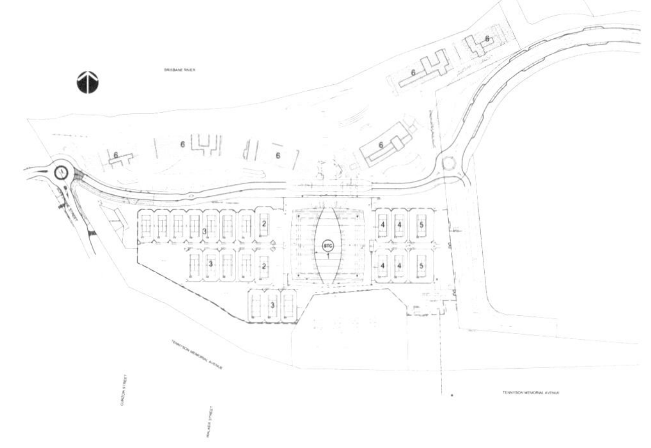

1

2

1 总平面
2 帕特·拉夫特球场

昆士兰的新网球中心位于布里斯本的城市南部，可全年作为顶级赛事场地及社区网球中心。Populous 建筑事务所受邀加入设计团队当中，以保证该网球中心的设计和建造达到世界顶级水平。布里斯班夏季炎热，中心球场地面最高气温可超过 50℃，所以为了能全年举办赛事，特别是夏季的重要赛事，中心球场——帕特·拉夫特球场（Pat Rafter Arena）的主要特色为一个固定式的屋顶，在永久性地为 5500 名观众遮光挡雨的同时，也营造了良好的室外运动的氛围。像阳伞一样笼罩在赛场和看台上方的屋顶是一种高性价比的实用设计，同时也提升了网球比赛的观赏性。

这座耗资 8200 万澳元的网球中心选址于已关闭的 Tennyson 发电站原址，与新建的豪华住宅及河畔公园开发区毗邻，不仅是培养昆士兰未来世界网球冠军的摇篮，而且提供符合国际赛事标准的网球设施。网球中心归澳大利亚政府所有，由昆士兰体育场集团经营。

网球中心共有 22 块比赛场和训练场，拥有大满贯赛事的全部三种场地——草地球场、红土场地及硬地场地。作为 $12hm^2$ 居住、休闲及河滨公园开发区的一部分，网球中心北部拥有 400m 长的沿河界面，人们可由此去往布里斯班河岸。设施的灵活性以及与社区的便捷联系是该网球中心的特色所在。

在赛时，分层式的中心球场达到举办洲际、国家级、国际性及各类场地网球赛事的标准，届时，供日常使用的丙烯酸塑料硬地场地很快即可转变为所需要的场地。传统上，举办戴维斯杯赛时，澳大利亚人更喜欢草地场，所以球场被设计为必要时维护车辆能够进入，以安装临时的组装草坪系统。

这座新的网球中心同时也是昆士兰网球管理和发展机构的总部。管理者和网球爱好者都坚信，如果要培养出新一代的网球冠军，那么这项运动应该更加普及，尤其面向小孩子。因此，作为培养冠军的摇篮，网球中心设立了专门的学院，以吸引全国的孩子们参与这项运动。

在不举办比赛的时候，网球中心变身为一个娱乐活动中心，向所有公众开放。白天，家长可以带着孩子在这里打球玩耍，晚间，网球爱好者可在此比赛、练习。

网球中心的建设也带动了附近相关行业和设施的发展，比如河畔的人行道和通往当地火车站的交通都得到一定程度的改善，同时内部道路及停车场的开通及使用大大降低了网球中心给城市街道的交通压力。在举办赛事期间，主要干道将被封闭变为景色壮观的步行街，两旁开设各式各样的食品饮料小站和纪念品售卖处，让球迷在观看比赛之余享受美食和娱乐。作为社区公共设施的组成部分，网球中心还设有一个互动式展馆，展示昆士兰网球发展的历史，既作为网球中心的入口形象，同时也作为网球中心的博物馆，寓教于乐。

帕特·拉夫特球场上方独特的屋顶使得建筑看起来更像是一个大剧场。这个固定的屋顶一部分是实心的金属板，一部分是 PTFE 膜结构。金属板的使用既保证了夏季球场内的干燥和凉爽，又隔绝了外部噪声，还能遮风挡雨，同时营造了赛场内的热烈氛围。而场地上空的开口将自然光线引入，使网球比赛更具有室外运动的氛围，这也使得赛场好似古代的角斗场，观众享有良好的观赛视野，感受着紧张的比赛气氛，整个人迅速融入比赛之中。

网球中心的设计进行了很多对环境可持续发展有益的尝试。球场地下安置的巨大水箱能够获取并储存 100 万升水，对于每日确保高质量赛场地表具有极其重要的作用。灵活性的多功能设施设计也考虑了未来长期使用对于环境的可持续建设。基于面向更广泛使用群体的设计目标，很多具有特定功能的活动场地都可以在赛后作日常使用，比如使用可拆卸墙体的企业包厢可改作大型宴会区或其他功能场地，重要赛事时供媒体使用的场地在平时可转变为训练场。

我们相信，为全民而建的昆士兰网球中心将成为顶级的体育设施，也必将成为布里斯班公众全新、持久的运动天堂。

The new home of tennis in Queensland, Australia, the purpose built Queensland Tennis Centre, on Brisbane's Southside, showcases both top class tennis and community tennis throughout the year. Populous (created by HOK Sport, Venue Event) formed a part of the design team to ensure the tennis centre was benchmarked against the best in tennis facility design, anywhere in the world. Catering for year round tennis, including events during the hot and balmy Brisbane summer when court temperatures can soar above 50 degrees, the significant feature of the Centre Court (the Pat Rafter Arena) is that it provides a fixed roof solution, permanently sheltering all 5,500 spectators from the heat and rain, while still maintaining the atmosphere and tournament status of an outdoor event. The inclusion of the roof, designed as a parasol over both the court and the spectator seating bowl provides a cost effective and practical solution that will also enhance the characteristics that are special to tennis.

Situated on the site of the decommissioned Tennyson Power Station, the AUS $82M tennis centre is linked to a new luxury residential and parklands riverfront development, and will be the vehicle to provide a 'nursery' for Queensland's future world champions, as well as an international standard tennis facility. The facility is owned by the Queensland Government and managed by Stadiums Queensland.

The purpose built facility features 22 match and training courts offering all three 'Grand Slam' surfaces – grass, clay and cushioned acrylic hard court, as part of a 12 hectare residential, recreational and parklands hub, including 400 metres of north facing river frontage, with public access to the Brisbane riverfront. A key feature of the facility is its flexibility and its connection to its local community.

In event mode, the tiered centre court is capable of hosting state, national and international standard tennis events on all surfaces and the everyday cushioned acrylic hard court surface can be easily adapted. Traditionally, Australia has preferred a lawn surface when playing Davis Cup matches and the facility has been

3

4

designed so that maintenance vehicles can, if necessary, access the arena and install a temporary modular turf system.

The new Centre is also the headquarters for Tennis Queensland's administration and development programs. Tennis administrators and advocates believe the game has to be more accessible, particularly to children, if tennis is to really inspire a new generation of champions. So the 'nursery', at the Queensland Tennis Centre offers an Academy that draws in children from all over the State.

When not in event mode the facility operates as a recreational tennis centre, catering to all age groups and levels of players such as mums and young children during the day and social players interested in fixture playing during the evening.

The development has also brought improvements to the surrounding infrastructure including pedestrian access along the riverfront as well as improved local access to the local Railway Station. Onsite parking has also been improved with construction of an internal road and parking onsite to minimize traffic on local streets. During events, the main thoroughfare is closed to traffic, creating a pedestrian boulevard, which can be dressed with pageantry, and lined with food and beverage stalls and merchandising outlets. As part of the community facility there is also an interactive museum, with memorabilia celebrating the rich history of tennis in Queensland, which operates as both an entry statement and a museum for the centre, intended to be informative, educational and fun.

The unique roof on the Pat Rafter Arena creates an intense theatre. The fixed roof is partially solid (metal sheet panels) and partially fabric (of PTFE fabric). Insulation within the metal sheet panels keeps the arena cooler and drier in summer, and cuts down the noise from the outside, particularly the heavy rain, while still retaining the intensity and theatre of the action inside. Its openness also allows for the best possible use of natural light, as the essence of tennis is all about being outdoors. The end result is a gladiatorial arena, where spectators feel part of the action, with great sightlines and an intimate atmosphere.

Environmentally sustainable elements introduced to the Queensland Tennis Centre, include huge water tanks buried underground, to capture and store up to one million litres of water, essential in the everyday maintenance of high quality tennis surfaces. Sports facilities which are flexible and multifunctional are most environmentally sustainable in the long term, because they are embraced and well used by a wide range of the community. Many of the specific function spaces for a major event are adaptable for everyday living. Corporate boxes have demountable walls and can be dismantled to make larger banqueting areas or function spaces. Facilities to be used by the media during a major competition can be converted into internal coaching spaces, at other times.

The Queensland Tennis Centre, with its deliberate community focus, will provide a magnificent sporting theatre while also creating a new and lasting facility for the wider Brisbane community in which it is situated.

5

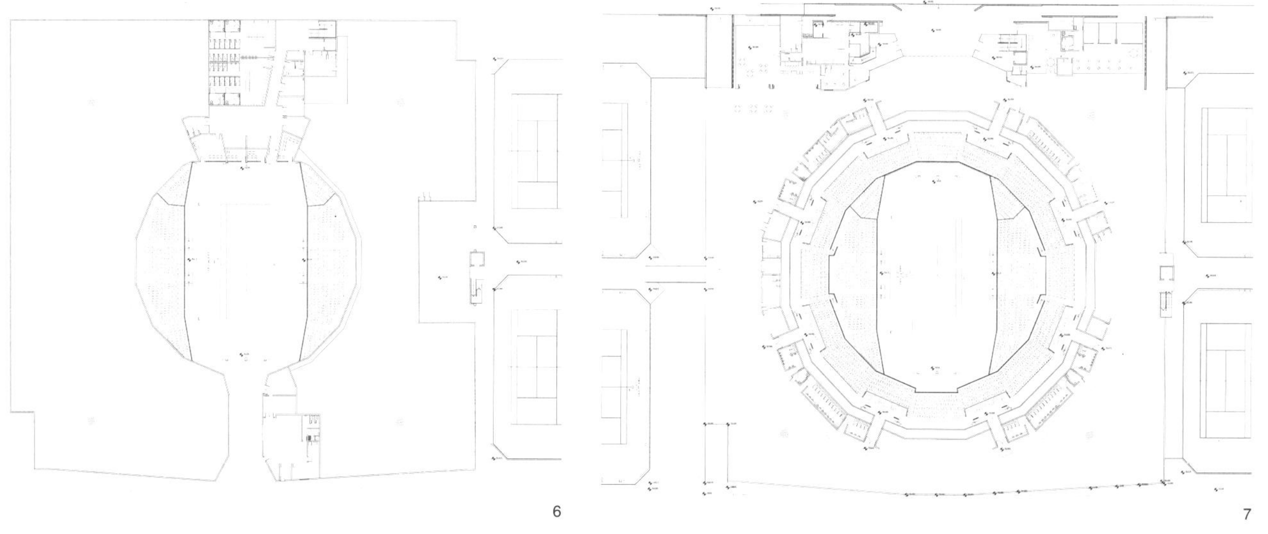

6

7

3 夜间赛事内场
4 屋顶金属般的使用能够隔绝外部噪音
5 如阳伞一般笼罩在赛场和看台上方的屋顶
6 帕特·拉夫特球场一层平面
7 帕特·拉夫特球场二层平面

8

9

10

8 网球中心在不举办比赛的时候是市民的娱乐活动场所
9 帕特·拉夫特球场三层平面
10 帕特·拉夫特球场四层平面

11

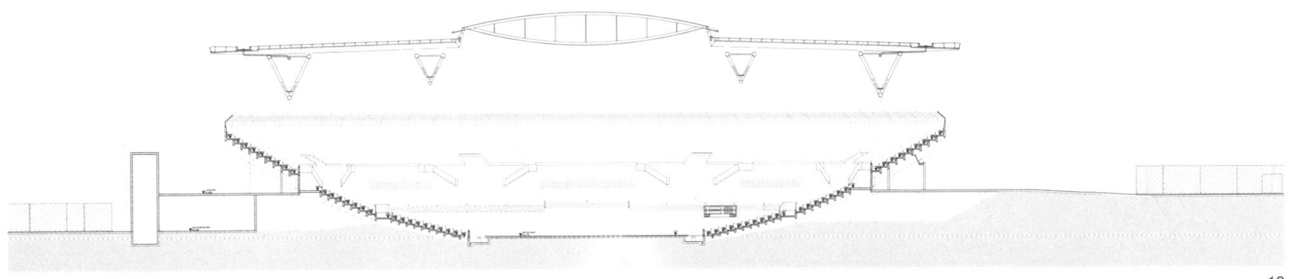

12

11 网球赛中心拥有大满贯赛事的全部三种场地
12 帕特·拉夫特球场剖面

澳大利亚墨尔本板球场重建

Melbourne Cricket Ground, Melbourne, Australia

■ Populous建筑事务所 ■ Populous

项目概况

项目名称：墨尔本板球场重建

建设地点：澳大利亚墨尔本

业　　主：Melbourne Cricket Club

坐席数量：101000

建筑设计：HOK Sport Architecture（现 Populous）

合作设计：MCG5 Architects，Hassell，The Cox Group，Daryl Jackson Pty Ltd，TS&E

设计时间：2002 ~ 2006 年

建成时间：2006 年 3 月

摄　　影：Blain Crellin

墨尔本板球场（MCG）是世界上最古老、容纳人数最多的运动场之一，距今已有153年的历史，是公认的世界最佳的体育场之一。它是澳大利亚板球和澳式橄榄球的发源地，对于墨尔本人具有重大的历史和精神意义。墨尔本板球场还是举行 1956 年奥运会和 2006 年英联邦运动会的主要场地。

作为 MCG 建筑设计联合体的成员之一，HOK 体育建筑（现 Populous 建筑事务所）提供了重建项目的整套建筑设计服务，联合体其他成员包括 Daryl Jackson、Hassel、COX 和 TS&E 等建筑设计公司。重建项目包括整个体育场 60% 的部分，以完成 1991 年进行的南看台改建工作的后续部分。

这一投资 4 亿澳元的项目对邦斯福、奥林匹克和墨尔本板球俱乐部会员看台进行了改造，形成了一个开敞、通透的现代化世界级

1

1　融合于周边野生动植物保护区的球场
2　建筑的设计灵感来自于科罗拉多峻峭的群山

体育设施。观众从全场 10.1 万个坐席观看比赛，视线均不受阻挡，还能领略赛场外壮观的城市风景。重建后的新板球场的每一个入口都有一个巨大的天井，并设有自动扶梯将观众送往高区看台。

体育场设计的关键在于通过独特氛围营造给予观众难忘的观看体验，设计师为新体育场提供了一个比原有看台更接近赛场的看台结构，并使其与原有建筑完美融合于一体。

宏伟的墨尔本板球场早成规模，然而进一步开发是重建区的重要组成部分。重建区的主要特色在于澳大利亚体育画廊和一个博物馆区；扩展迁移至墨尔本板球场的澳大利亚体育画廊内设有互动设备，将成为当地的一个新景点；博物馆区设有澳大利亚板球荣誉厅、奥林匹克展览中心、澳大利亚体育荣誉厅和极限体育展览中心。

The Melbourne Cricket Ground (MCG) is one of the oldest and largest capacity sporting venues in the world. It is now 153 years old and is recognized as one of the great sporting grounds in the world. It has great historic and spiritual significance for the people of Melbourne as the home of Australian Cricket and Australian Rules football. It was the main venue for the 1956 Olympic Games and the home of the 2006 Commonwealth games.

HOK Sport was commissioned to provide full architectural services for the redevelopment of the MCG as part of MCG5 Sports Architects. This was a joint venture between HOK Sport Architecture, Daryl Jackson Architects, Hassell, Cox Architects and TS & E and included 60 percent total redevelopment of the Ground, to compliment the redevelopment of the Great Southern Stand in 1991.

The $400M project involved the redevelopment of the Ponsford, Olympic and MCG Members' stands providing a modern world class facility, open and transparent, with uninterrupted sightlines from all 101,000 seats, and spectacular views back to the city. Each entrance to the newly redeveloped ground features a grand atrium serviced by escalators taking patrons to the upper levels and every aspect of the redevelopment has been made in line with world's best practice in future proofing the stadium for the 21st century.

The key to stadium design is the ability to create a unique atmosphere, to give patrons an experience to remember and allow them to fully experience the live event. The designer's skill is the ability to get people as close as possible to the action on the field. The designers of the new MCG have worked to ensure that the new structure provides a seating bowl that is much closer to the field of play than the stands it has replaced that seamlessly integrates with the building already in existence and enables spectators to truly be a part of the action.

The brand MCG was already well established but developing it further was an important ingredient in the redevelopment mix. A major feature has been the relocation and expansion of the Australian Gallery of Sport as part of MCG City, a seven day attraction, featuring interactive devices and a museum precinct embracing the Australian Cricket Hall of Fame, the Olympic Exhibition, Sport Australia Hall of Fame and an Extreme Sport exhibition.

2

3

4

5

3 改建后的会员看台
4 地下一层平面
5 地下二层夹层平面
6 地下二层平面
7 一层平面
8 二层平面
9 多元的服务设施
10 改建增设自动扶梯将观众送往高区看台

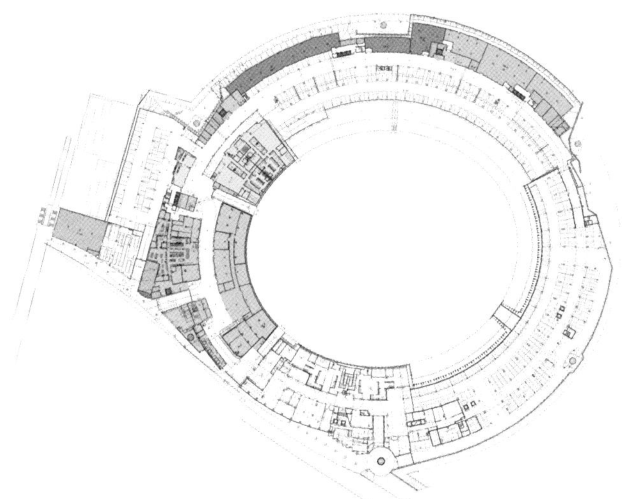
6

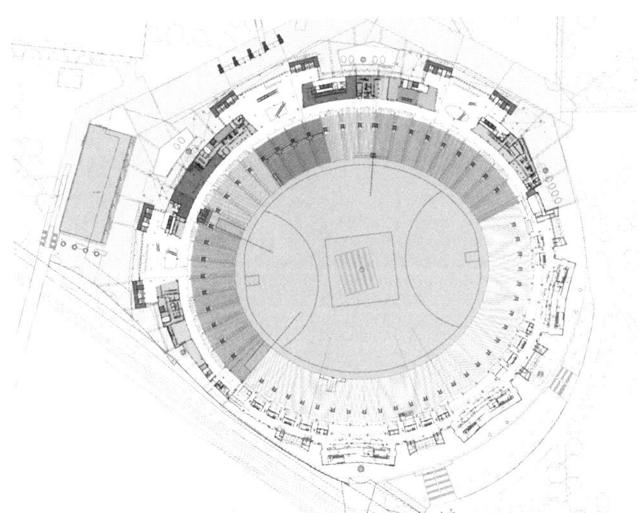
7

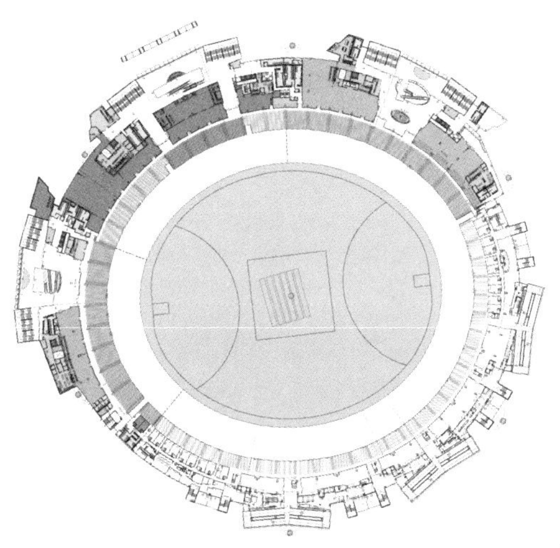
8

9

10

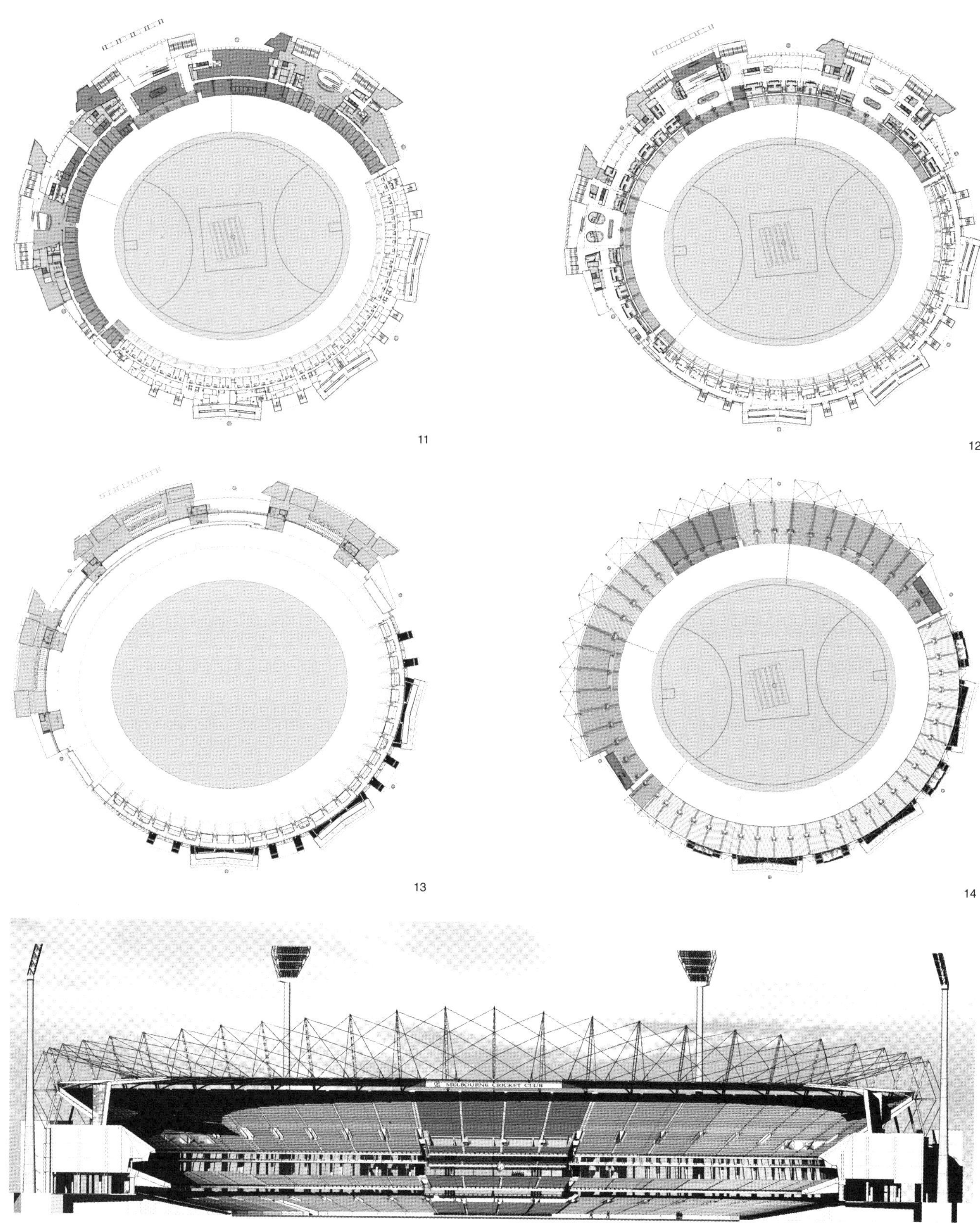

11 三层平面
12 四层平面
13 四层夹层平面
14 五层平面
15 剖面

英国伯克郡艾斯科特赛马场

Ascot Racecourse, Berkshire, UK

■ Populous建筑事务所 ■ Populous

项目概况
项目名称：艾斯科特赛马场
业　　主：艾斯科特赛马场
建设地点：英国伯克郡
坐席数量：30000
建筑设计：Populous 事务所
结构设计：Structural Engineers / Buro Happold and SKM，Services Engineers/ Buro Happold
设计时间：2001 年
建成时间：2006 年
摄　　影：Hufton + Crow

Populous 建筑事务所同样专注于赛马场的设计，并拥有 25 年以上的设计经验，多年来一直与香港赛马会密切合作，最近接受赛马会委托对位于沙田的主赛马场地设施以及跑马地赛马场进行了提升所有设施的总体规划研究。这一总体规划研究了香港赛马会如何进一步吸引范围更广的观众群体，为其提供更为舒适的观赛条件和更多的赛事选择。我们设计的最负盛名的赛马场作品是艾斯科特赛马场扩建项目，已于 2006 年举办的年度皇家赛马盛会开放使用。

位于英国伯克郡的艾斯科特赛马场自 1711 年开始举办赛马比赛，约每 50 年翻修一次。最近一次重大的改建于 2006 年完工，包括重建位于斜坡之上、俯瞰整个马场和温莎公园的 30000 坐席的大看台，保持了极具艾斯科特赛马场传统的观赛体验。

480m 长的大看台浅拱形双曲抛物面的设计源自“树木间的建筑”这一概念。建筑平面和立面上的曲线勾勒出修长、弯曲的轮廓，高大的建筑以新主入口为中心，南邻马匹亮相圈，北为皇家包厢。其平面曲线由沿着曲线方向的一系列直线元素构成，在整体环境中显得十分精巧，是一个可实施度和经济性较高的建筑解决方案。建筑平面中唯一的曲线元素便是皇家包厢正对面的巨型玻璃墙。这扇由强化玻璃制成的“巨窗”长 20m、高 2m 多，通过开关控制升降，对于观赛视线不会产生任何影响。崭新的大看台同场地边缘的保留建筑完美结合，与大面积的户外草坪一起，为观赛人群提供了一系列富于变化的空间体验。

宽敞明亮、贯通建筑内部 300 余米的长廊的平面圆心正位于整个赛马场的核心——马匹亮相圈。长廊之间的通桥作为人行通道及建筑的结构性连接，使观赛区和餐饮区功能既保持各自独立又相互连通。与长廊相对的建筑南侧立面的设计使看台能够享受到阳光的照射，并为有顶的中央大厅提供了良好的采光，在建筑的核心处为观赛者营造了一个相对平和的环境。

教堂般的长廊采用高耸的钢结构，设计原型来自于赛马场中生长旺盛的树木。长廊的巨大天井承担着大看台整体环境的“肺”的功能，顶部由钢制屋顶和轻质玻璃构成，巨大的顶篷形如阳伞，高悬于“钢制树木”之上。

设计亦对马匹亮相圈进行了扩建，可容纳 8000 名观马者，其规模居所有赛马场之最。设计将后台的诸项业务活动功能空间设置于地面层，因而确保观众在建筑的上层公共空间内能够俯瞰马场赛道的良好景致。

根据 5 年来的相关研究，重建工程还将赛马跑道向北移了 42m。全新的 1 英里直线赛马跑道不再有以往较大的道路交叉口，而且配备了顶级的灌溉系统，使得艾斯科特成为一块世界级的赛马草场。

Populous also specialises in racecourse design with more than 25 years experience. The firm has worked closely with the Hong Kong Jockey Club, for many years; its most recent commission the facility masterplan review for both the Club's main racecourse facilities at Sha Tin and Happy Valley Racecourses. The masterplan looked at how the Club can broaden its racing appeal to reach a wider variety of customers, who are also demanding a far greater degree of comfort and choice than ever before. Populous' best known racecourse is Ascot in the UK which was redeveloped in time for the Royal meeting in 2006.

Ascot Racecourse, in Berkshire, UK, has operated as a racecourse since 1711, with redevelopment occurring approximately every 50 years. A major part of the redevelopment, completed in 2006, included a new 30,000 seat grandstand perched on the brow of a hill with panoramic views of the course and Windsor Great Park beyond. This latest work included the design of a spectacular grandstand, while preserving the traditional characteristic experience of Ascot.

The 480 metre Grandstand takes the form of a shallow-arched hyperbolic paraboloid conceptualised as “a building between trees”. The curve in plan and elevation creates the long sweeping form of the building, with the highest point of the lofty structured architecture centering on a new Main Entrance and parade ring to the south and the Royal Box on the northern façade. The curves

1

2

3

1 赛马比赛实景
2 钢制屋顶和轻质玻璃构成的屋顶
3 如树木般的屋顶结构

in plan are achieved with straight elements forming facets along the length of the curve, which are small in the overall context, so tend to read as a continuous curve, achieving a cost-effective and buildable solution. The only element in the building that is actually curved in plan is the spectacular glass wall to the front of the Royal Box. This "window" is 20 metres long and over two metres high, built of toughened glass and can ascend or descend at the press of a button, providing uninterrupted views across the whole racecourse. The combination of large-scale dramatic new stands and retained buildings at the site edge with major public outdoor lawn spaces, distinguished by mature deciduous trees, provides the racegoer with a variety of different spatial experiences.

Running the length of the building, the spacious and well-lit galleria extends over 300 metres through the whole building, on a curving plan, with its centre aligned with the heart of the racecourse, the Parade Ring. Bridges across the Galleria form pedestrian pathways and structural links for the building, both separating and connecting the viewing and dining functions. The design of the southern elevation to the galleria allows natural light to flood the stand and into the covered concourse providing even-tempered environmental shelter at the heart of the building.

The soaring steel structure of the cathedral-like galleria was inspired by the forms of the superb trees in the racecourse grounds. The large atrium of the galleria acts as an "environmental lung" for the grandstand, which is topped by lightweight glass and steel roof; its form a dramatic sweeping canopy, like a spectacular parasol suspended on "structural trees".

The Parade Ring has also been expanded to allow viewing for 8,000 customers, which is the largest in any racecourse. Good elevated views to the track have been designed into the building by placing the back of house, operational activities on the ground level, so the main public Concourse has a panoramic view over the whole course.

As part of the redevelopment process the racetracks have been shifted 42 metres north, following five years of research. The new straight mile surface, the eradication of the major crossings and state of the art irrigation system has provided Ascot with a world class racing surface.

4

5

4 高耸的长廊
5 赛马场剖面

图书在版编目（CIP）数据

体育建筑创作新发展/李玲玲主编．—北京：中国建筑工业出版社，2011.8
建筑理论与创作丛书
ISBN 978-7-112-13308-6

Ⅰ.①体… Ⅱ.①李… Ⅲ.①体育建筑-建筑设计 Ⅳ.①TU245

中国版本图书馆CIP数据核字（2011）第117413号

责任编辑：徐　冉　何　楠
责任设计：董建平
责任校对：肖　剑　赵　颖

建筑理论与创作丛书
体育建筑创作新发展
李玲玲　主编　杨凌　副主编
*
中国建筑工业出版社出版、发行（北京西郊百万庄）
各地新华书店、建筑书店经销
北京嘉泰利德公司制版
北京云浩印刷有限责任公司印刷
*
开本：850×1168毫米　1/12　印张：$21\frac{1}{3}$　插页：2　字数：634千字
2011年9月第一版　2011年9月第一次印刷
定价：69.00元
ISBN 978-7-112-13308-6
（20819）